犬猫疾病
类症鉴别诊断与安全用药

汪恩强　主编

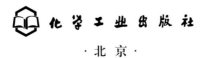

化学工业出版社

·北京·

图书在版编目（CIP）数据

犬猫疾病类症鉴别诊断与安全用药/汪恩强主编
. — 北京：化学工业出版社，2024.3
ISBN 978-7-122-44810-1

Ⅰ.①犬…　Ⅱ.①汪…　Ⅲ.①犬病-鉴别诊断②猫
病-鉴别诊断③犬病-用药法④猫病-用药法　Ⅳ.
①S858.2

中国国家版本馆CIP数据核字（2024）第007305号

责任编辑：邵桂林　　　　　文字编辑：刘　璐　陈小滔
责任校对：宋　夏　　　　　装帧设计：韩　飞

出版发行：化学工业出版社
　　　　　（北京市东城区青年湖南街13号　邮政编码100011）
印　　装：盛大（天津）印刷有限公司
787mm×1092mm　1/16　印张21¾　字数502千字
2024年5月北京第1版第1次印刷

购书咨询：010-64518888　　　　售后服务：010-64518899
网　　址：http://www.cip.com.cn
凡购买本书，如有缺损质量问题，本社销售中心负责调换。

定　　价：149.00元　　　　　　版权所有　违者必究

犬猫疾病类症鉴别诊断与安全用药

编写人员名单

主　编	汪恩强		
副主编	马玉忠	金东航	刘明超
	许立阳	倪耀娣	刘玉芝
参编人员	汪恩强	马玉忠	金东航
	刘明超	许立阳	倪耀娣
	刘玉芝	李睿文	张士霞
	李俊杰	卫顺生	申　珊
	罗飞飞		

随着社会的不断进步，人们生活水平的不断提高，宠物爱好者越来越多，但犬猫疾病表现比较突出，在一定程度上制约了宠物行业的发展。为了有效地预防、诊断和治疗犬猫疾病，将犬猫疾病的发病率和死亡率控制在最小程度，以便促进宠物行业健康、稳定地发展，根据我国当前宠物犬猫养殖的需要，我们着手编写了《犬猫疾病类症鉴别诊断与安全用药》，希望给广大的宠物爱好者提供一本实用而又全面的犬猫疾病诊治用书。

本书按犬猫不同系统疾病来编排，分别为以消化系统为主症的类症鉴别与安全用药、以呼吸系统为主症的类症鉴别与安全用药、以循环系统为主症的类症鉴别与安全用药、以泌尿生殖系统为主症的类症鉴别与安全用药、以神经和运动系统为主症的类症鉴别与安全用药、以营养代谢和内分泌系统为主症的类症鉴别与安全用药、以表被系统为主症的类症鉴别与安全用药。每个病分别介绍概念、发病原因、临床症状、病理变化、类症鉴别、预防措施和安全用药，并配以彩图，以做到直观明了、通俗易懂。

本书可作为宠物养护学专业和动物医学专业犬猫疾病防治课程教学的教材以及宠物医生、宠物养殖户的参考书。由于编者水平有限，难免存在疏漏，请批评指正。另外书中引用并参考了专家同行的资料，在此表示感谢！

编 者

目 录

第一章 以消化系统为主症的犬猫疾病类症鉴别与安全用药

第五章　以神经和运动系统为主症的犬猫疾病类症鉴别与安全用药

第六章　以营养代谢和内分泌系统为主症的犬猫疾病类症鉴别与安全用药

第七章　以表被系统为主症的犬猫疾病类症鉴别与安全用药

参考文献

以消化系统为主症的犬猫疾病类症鉴别与安全用药

一、犬细小病毒病

犬细小病毒病是由犬细小病毒引起的一种急性传染病，临床上以出血性肠炎综合征和非化脓性心肌炎综合征为特征。世界各地均有发生，幼犬发病率很高，死亡率可达10%～50%。犬细小病毒病常继发犬冠状病毒感染，因而使死亡率大大增加。

（一）发病原因

犬细小病毒属于细小病毒科细小病毒属，为单股线状 DNA 病毒，在抗原性上与猫泛白细胞减少症病毒和水貂肠炎病毒密切相关。细小病毒对外界理化因素抵抗力非常强，在粪便中可存活数月至数年，4～10℃可存活半年以上。对乙醚、氯仿、醇类和去氧胆酸盐有抵抗力，但对紫外线、福尔马林、β-丙内酯、次氯酸钠、氨水和氧化剂等消毒剂敏感。

犬细小病毒主要感染犬，各种年龄、性别和品种的犬均易感，但以2～4月龄的幼犬最易感，且以同窝暴发为特征，纯种犬易感性较高，病死率也最高。本病一年四季均可发生，以冬、春季多发，群养的犬感染率较高。饲养管理条件骤变、长途运输、寒冷、拥挤等均可促使本病发生。病犬为主要传染源，可通过粪便向外界排毒；康复犬仍可长期通过粪便排毒；健康犬主要通过饮水等经消化道感染病毒，病毒常经污染的饲具、垫草、用具、运输工具和周围环境等而使易感犬感染。

（二）临床症状

潜伏期为7～14天。多数呈现出血性肠炎综合征，少数呈现非化脓性心肌炎综合征，有时出血性肠炎型病例也伴有非化脓性心肌炎变化。

1. 出血性肠炎综合征

病犬一般先经1～2天的厌食、严重呕吐（图1-1），排黄色或灰黄色软便，间或体温升高40℃之后，迅速发展成为频繁呕吐和剧烈腹泻（图1-2），排出恶臭的酱油样或番茄汁样血便（图1-3）。病犬精神沉郁（图1-4），食欲废绝，并迅速出现眼球下陷、皮肤失去弹性等脱水症状（图1-5），很快呈现耳鼻发凉，末梢循环障碍，精神高度沉郁等休克状态（图1-6）。后期体温低于正常，尾部及后腹部常被粪便污染，严重者肛门松弛哆开。血液检查可见红细胞压积增加，白细胞明显减少，血清总蛋白和白蛋白下降，转氨酶升高。常因水、电解质严重失调和酸中毒，于1～3天内昏迷而死。

图1-1 患犬严重呕吐

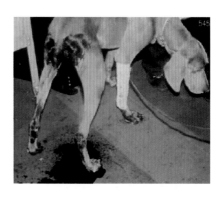

图1-2 患犬剧烈腹泻

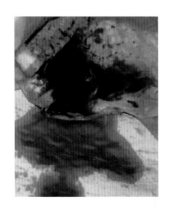

图1-3 排出恶臭的番茄汁样血便

图1-4 患犬精神沉郁

2. 非化脓性心肌炎综合征

多见于流行初期，或缺少母源抗体的4～6周龄幼犬。常突发无先兆的心力衰竭，或在肠炎康复之后，突发充血性心力衰竭。病犬脉快而弱，呻吟，干咳，可视黏膜发绀或苍白，呼吸困难。心脏听诊有心内杂音，心跳加快。濒死前心电图R波降低，S-T波升高。

常在数小时内死亡，致死率为 60% 以上。

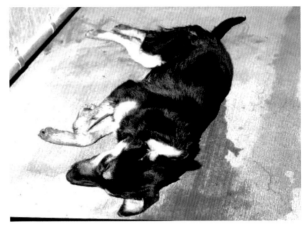

 图1-5 患犬脱水，皮肤弹性降低　　图1-6 患犬休克，自体中毒

（三）病理变化

1. 出血性肠炎综合征

剖检可见眼球下陷，腹部卷缩，极度消瘦，可视黏膜苍白，脱水及肛门周围附有血样稀便。小肠以空肠和回肠病变最为严重，小肠中段和后段肠腔扩张，浆膜血管明显充血，呈暗红色（图1-7），肠内容物呈酱油样或果酱样，小肠黏膜出血、坏死，甚至脱落（图1-8）；肠系膜血管呈树枝状充血，肠系膜淋巴结出血水肿（图1-9），切面呈大理石样；胃黏膜出血（图1-10），胸腺萎缩、水肿；肝、脾仅见瘀血变化。

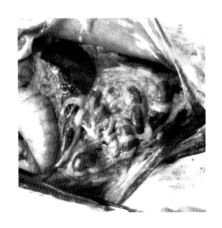

图1-7 小肠浆膜呈暗红色　　图1-8 小肠黏膜弥漫性出血

2. 非化脓性心肌炎综合征

肺脏局部充血、出血及水肿，肺浆膜有出血斑点；多数病例的心肌或心内膜有非化脓性坏死灶，心脏扩张，左心房和左心室松弛，心肌红黄色相间呈虎斑状，有时有灶状出血（图1-11）。

 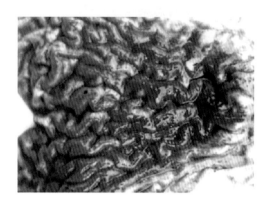

图1-9　肠系膜淋巴结肿大出血　　　　　　　　图1-10　胃黏膜出血

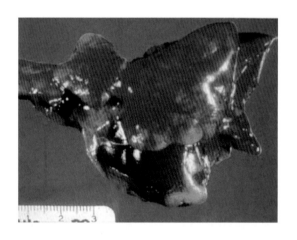

图1-11　心脏充血、出血，肺水肿

（四）类症鉴别

1. 肠炎型犬瘟热

肠炎型犬瘟热是由犬瘟热病毒引起，以春冬季（10月至翌年4月间）多发，体温升高，双相热型，里急后重，排脓血带黏液粪便，后期转为神经症状，核内及胞浆内均有包涵体，且以胞浆内为主。

2. 犬冠状病毒病

犬冠状病毒病是由犬冠状病毒引起，主要发生于 2 ~ 4 月龄幼犬，冬季多发，传播迅速，临床上主要表现剧烈呕吐，水样腹泻。剖检小肠臌气。

3. 犬轮状病毒感染

犬轮状病毒感染是由犬轮状病毒引起，多发生于晚冬至早春的寒冷季节，幼犬多发，临床上主要表现呕吐、腹泻，发病率高而死亡率低。

4. 胃肠炎

胃肠炎多由饲养管理不当引起，表现发热，以胃为主的炎症呕吐严重，饮后即吐，呈祈祷姿势，眼结膜黄染，黄色舌苔和口臭。以肠为主的炎症剧烈腹泻，粪便恶臭，脱水，自体中毒。

（五）预防措施和安全用药

1. 预防措施

本病发病迅猛，应及时采取综合性防疫措施，及时隔离病犬，对犬舍及用具等用 2% ~ 4% 火碱水（氢氧化钠溶液）或 10% ~ 20% 漂白粉液反复消毒。

预防犬细小病毒病的根本措施在于疫苗接种，目前常用的疫苗有英特威公司生产的犬二联苗（犬瘟热病毒、犬细小病毒）和犬四联苗（犬瘟热病毒、犬细小病毒、犬腺病毒和犬副流感病毒）、国产犬五联弱毒疫苗（犬狂犬病病毒、犬瘟热病毒、犬副流感病毒、犬传染性肝炎病毒）以及美国和法国犬六联弱毒疫苗（犬瘟热病毒、犬细小病毒、犬传染性肝炎病毒、犬腺病毒Ⅱ型、犬副流感病毒以及犬钩端螺旋体）。常用的免疫程序为：3 月龄以内幼犬，4 ~ 6 周龄使用进口犬二联苗首免，间隔 2 周（国产犬五联苗）或 3 周（进口犬四联苗或犬六联苗）二免，再间隔 2 周（国产犬五联苗）或 3 周（进口犬四联苗或犬六联苗 + 狂犬苗）三免。大于 3 月龄的犬，使用国产犬五联苗或进口犬四联苗或犬六联苗首免，间隔 2 周（国产犬五联苗）或 3 周（进口犬四联苗或犬六联苗）二免。成年犬每 6 个月（国产犬五联苗），或 12 个月（进口犬四联苗或犬六联苗 + 狂犬苗）加强免疫 1 次。

对有可能处于潜伏期的犬，必须先注射高免血清，观察 1 ~ 2 周无异常时，再按免疫程序免疫。

2. 安全用药

犬细小病毒病的特点是病程短急、恶化迅速，非化脓性心肌炎综合征型病例常来不及救治即死亡，出血性肠炎综合征型病例若及时合理治疗，可明显降低死亡率。

（1）抗病毒 早期大剂量注射犬细小病毒单克隆抗体或高免血清（每千克体重 1 ~ 2 毫升），肌内或皮下注射，每 24 小时一次，连用 3 ~ 7 次。犬舒乐（犬五联抗）0.1mL/kg 体重，肌内注射，每日 1 次，连用 3d。黄芪多糖注射液（0.1 ~ 0.2mL/kg），肌内或静脉注射，每天 1 ~ 2 次，连用 3d。犬干扰素、丙种球蛋白、巨力肽或转移因子能抑制病毒繁殖。此外，病毒唑、病毒灵以及犬瘟灵（中药制剂），亦有一定的抗病毒作用。

（2）抗细菌继发感染　抗继发感染最好选用庆大霉素、小诺霉素、喹诺酮类药物或头孢菌素类抗生素，配合应用地塞米松或氢化可的松，效果更佳。同时用0.1%高锰酸钾液灌肠。

（3）支持和对症治疗　加强保暖、禁食、禁饮等护理的同时，进行止吐、止泻、止血、强心补液、抗休克等对症治疗。

止吐：呕吐轻微者，不必止吐。呕吐剧烈时，可肌内注射溴米那普鲁卡因（爱茂尔）注射液、甲氧氯普胺（胃复安）注射液、维生素B_6注射液、氯丙嗪注射液等止吐。

止泻：口服次硝酸铋、鞣酸蛋白、药用炭、蒙脱石散等或灌服复方樟脑酊、磷酸霉素等。腹泻初期肠蠕动亢进时，应用东莨菪碱或阿托品等抗胆碱药，具有明显的止痛、止泻作用。

止血：可选用立芷雪（注射用血凝酶）、止血敏、维生素K、凝血酶、安络血、维生素C等止血药。血便不止者可输血。

强心补液：补液可根据犬的脱水程度与全身状况，决定所需添加的具体成分和静脉滴注量。一般用等渗或偏高渗溶液，如生理盐水、5%葡萄糖溶液、葡萄糖生理盐水溶液等，补液量为每千克体重40～60毫升，对幼犬补液的速度不宜过快，液体的温度不宜过低。对心肌炎型的病犬，可用三磷酸腺苷、肌苷或细胞色素c，肌内或静脉注射，也可经腹腔或皮下补液。

纠正电解质和酸碱失衡：肠炎型的细小病毒病，首选林格液或乳酸林格液与5%葡萄糖液，以1:1的比例静脉注射。呕吐严重的犬，丢失大量钾离子，应补钾；腹泻的犬，碳酸氢根离子丢失得多，初期可用乳酸林格液，持续腹泻应补给碳酸氢钠溶液。反复呕吐的犬，应补给氯化铵。长期补液应注意补充少量的镁离子和磷酸根离子，有助于维持心肌的正常功能。用口服补液盐（氯化钠3.5克、碳酸氢钠2.5克、氯化钾1.5克、葡萄糖20克，加水至1000毫升）深部灌肠，可纠正酸中毒、电解质紊乱和脱水。

抗休克：休克症状明显的可肌内注射地塞米松等药物。

二、犬传染性肝炎

犬传染性肝炎是由犬腺病毒Ⅰ型引起的急性败血性接触性传染病，临床上以体温升高、黄疸、贫血和角膜混浊为特征；病理上以肝小叶中心坏死、肝实质细胞和皮质细胞核内出现包涵体、出血时间延长和肝炎为特征。主要发生于犬，也可见于其他犬科动物。在犬主要表现肝炎和眼睛疾患，在狐狸则表现为脑炎。

（一）发病原因

病原体属于腺病毒科哺乳动物腺病毒属的犬腺病毒Ⅰ型。病毒对外界环境的抵抗力较强，对温度和干燥有很强的耐受力，50℃150分钟或60℃3～5分钟才能将其杀死。对乙醚、氯仿有抵抗力。病犬肝、血清和尿液中的病毒，20℃可存活3天。碘酚和氢氧化钠可用于消毒。

本病一年四季均有发生，以冬季发生较多。各种性别、年龄和品种的犬均易感，但以断乳至 1 岁的犬发病率和死亡率最高，如与犬瘟热病毒混合感染，死亡率更高。

病犬及带毒犬是本病的传染源，通过分泌物和排泄物排毒，尿液为最常见的传播媒介，污染周围环境、饲料和用具等。主要通过消化道感染，也可经胎盘感染。

（二）临床症状

本病的潜伏期较短，一般 6 ～ 9 天。临床上分最急性、急性和慢性 3 型。

最急性型见于流行初期，一般在呕吐、腹痛和腹泻等症状出现后数小时内即突然死亡。

急性型病犬则表现体温升高至 40℃ 以上，持续 2 ～ 6 天，一般出现双相热型，开始体温升高，持续 1 天，然后降至接近常温，持续 1 天接着第二次体温升高。畏寒，精神抑郁，食欲废绝，渴欲增加，眼鼻流水样液体，类似急性感冒症状（图 1-12）。病犬精神高度沉郁，蜷缩一隅，时有呻吟，剑突处有压痛，胸腹下有时可见有皮下炎性水肿。可出现呕吐和腹泻，吐出带血的胃液和排出果酱样血便。常在 2 ～ 3 天内死亡，病死率达25% ～ 40%。在急性症状消失后 7 ～ 10 天的病犬，约有 25% 的康复犬出现单眼或双眼的暂时性角膜混浊（葡萄膜炎）（图 1-13），其角膜常在 1 ～ 2 天内被淡蓝色膜覆盖（图 1-14），2 ～ 3 天后可不治自愈，逐渐消退，即所谓"肝炎性蓝眼"病变（图 1-15）。口腔黏膜发黄，齿龈有出血点（图 1-16）。

图 1-12　病犬眼鼻流水样液体

图 1-13　病犬角膜混浊

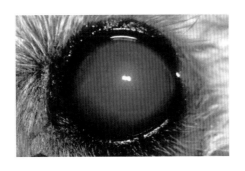

图 1-14　角膜被淡蓝色膜覆盖

图 1-15　肝炎性蓝眼

图 1-16　黏膜发黄，齿龈有出血点

慢性型病例多发于老疫区或疫病流行后期，病犬仅见轻度发热，食欲时好时坏，便秘与腹泻交替。此类病犬多不死亡，可以自愈，但生长发育缓慢，有可能成为长期排毒的传染来源。

实验室检验谷丙转氨酶、谷草转氨酶、碱性磷酸酶、乳酸脱氢酶等活性增高，白细胞减少，血小板明显减少，凝血酶原时间、凝血酶时间和激活凝血激酶时间延长。

（三）病理变化

皮下组织水肿、出血，腹腔内充满清亮、浅红色液体，含纤维蛋白，遇空气极易凝固。肝脏肿大，呈黄褐色，混有多量暗红色斑点（图 1-17），表面呈颗粒状，小叶界限明显，呈斑驳状，韧度易碎，表面有纤维素附着。胆囊壁水肿增厚、出血，整个胆囊呈黑红色，胆囊浆膜被覆纤维性渗出物，胆囊黏膜有纤维蛋白沉着，胆囊的变化具有诊断意义。约有半数病例，脾脏表现轻度充血性肿胀。肾出血，皮质区坏死。肺实变。肠系膜淋巴结肿大，充血，肠黏膜上有纤维蛋白渗出物。中脑和脑干后部可见出血，常呈两侧对称性。

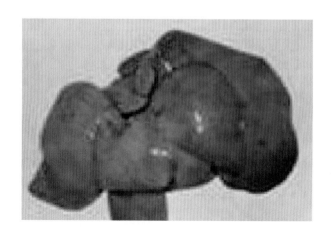

图 1-17　肝脏肿大，黄褐色，有暗红色斑点

（四）类症鉴别

1. 犬瘟热

由犬瘟热病毒引起，以春冬季（10月至翌年4月间）多发，1～12月龄的犬发病率最高，临床上以双相热型、白细胞减少、急性脓性鼻炎和脓性结膜炎、支气管肺炎、严重的胃肠炎和神经症状为特征。核内及胞浆内均有包涵体，且以胞浆内包涵体为主。

2. 钩端螺旋体病

由钩端螺旋体引起，多发生于夏秋季节，主要表现发热、呕吐、血红蛋白尿、出血性素质、流产、皮肤黏膜坏死、水肿和肾炎等。不发生呼吸道和结膜的炎症，但具有明显的黄疸。血清学试验阳性。

3. 狂犬病

由狂犬病病毒引起，有咬伤病史，地方流行或散发，主要表现极度兴奋，狂躁不安，行为反常，攻击性强，瞳孔散大，流涎，唾液黏稠，意识丧失，吞咽障碍，下颌、后躯麻痹。突然死亡少见，有内氏小体。

4. 副伤寒

由沙门菌引起，发病率低，临床上主要表现肠炎、肺炎、败血症和流产。实验室检查，血红蛋白增加，白细胞总数增加，血液、尿液发现沙门菌。粪便涂片检查时，粪便中有大量白细胞。

5. 犬副流感

由犬副流感病毒引起，发病急，传播快，主要感染幼犬，表现卡他性鼻炎、喉气管炎和肺炎症状。

（五）预防措施和安全用药

1. 预防措施

加强饲养管理和环境卫生消毒，防止病毒传入。一旦发病，需立即控制疫情发展，使用免疫血清紧急预防接种。

疫苗免疫是控制本病的根本措施，一般在6～7周龄时使用国产犬五联苗，或进口犬四联苗或犬六联苗首免，间隔2周（国产犬五联苗）或3周（进口犬四联苗或犬六联苗＋狂犬苗）二免。成年犬每6个月（国产犬五联苗）或12个月（进口犬四联苗或犬六联苗＋狂犬苗）加强免疫1次。

2. 安全用药

在病初发热期，可用抗传染性肝炎高免血清进行特异性治疗，以抑制病毒扩散。一且出现明显的临床症状，则效果不佳。对轻型病例，采取保肝、止血、静脉补液等支持疗法和对症疗法，有助于病犬康复。对严重病犬，每天应给予输血和静脉注射含 5% 球蛋白的葡萄糖生理盐水 250 ～ 500 毫升。此外，可用抗生素或磺胺类药物，防止细菌继发感染。

三、犬冠状病毒感染

犬冠状病毒感染是由犬冠状病毒引起的犬急性胃肠炎综合征，临床上以剧烈呕吐、腹泻、精神沉郁、厌食为特征。既可单独致病，也可与犬细小病毒、轮状病毒和产气荚膜梭菌等病原混合感染。幼犬受害严重，病死率随日龄增长而降低，成年犬几乎没有死亡。临床症状消失后 14 ～ 21 天仍可复发，对养犬业危害较大。

（一）发病原因

犬冠状病毒属于冠状病毒科冠状病毒属，为单股 RNA 病毒。不耐热，对乙醚、氯仿、去氧胆酸盐敏感，易被福尔马林、紫外线等灭活；反复冻融和长期存放使病毒感染性丧失，但在 20 ～ 22℃ 的酸性环境中不被灭活，在冬季其传染性可维持数月。

各种年龄、品种和性别的犬均易感，但以 2 ～ 4 月龄发病率最高；2 ～ 3 月龄仔犬常成窝死亡。犬冠状病毒感染一年四季均可产生，但冬季多发。犬冠状病毒大多是由病犬排出的粪便及污染物传播，感染途径是消化道。犬冠状病毒感染的发病率较低，约30%。过高的饲养密度，较差的饲养卫生条件，断乳、分窝、调运等饲养管理条件突然改变，气温骤变等都会提高感染和临床发病的概率。犬冠状病毒经常和犬细小病毒、轮状病毒、星状病毒等混合感染。

（二）临床症状

图 1-18 患犬腹泻，粪便呈橘红色

犬冠状病毒感染的潜伏期较短，一般为 1 ～ 3 天。本病传播迅速，数日内可蔓延全群，临床症状轻重不一，可能呈致死性的水样腹泻，也可能无临床症状。幼犬受害严重，主要表现为胃肠炎症状。病犬嗜睡、衰弱、厌食，最初可见持续 4 天的呕吐，随后开始腹泻，粪便呈粥样或水样，黄绿色或橘红色（图 1-18），恶臭，混有数量不等的黏液，偶尔可在粪便中看到少量血液。患犬因腹泻而迅速脱水，体重减轻，以及由此引起的微循环障碍、电解质紊乱、衰弱、末梢发凉等症状。多数病犬体温正常，如无继发感染，则白细胞数减少。常在 7 ～ 10 天内康复；

但有些犬，特别是幼犬在发病后 24 ～ 36 小时死亡。死亡率随日龄的增长而降低，成年犬几乎没有死亡。

（三）病理变化

尸体严重脱水，腹部增大，腹壁松弛。由于犬冠状病毒主要侵害小肠绒毛上 2/3 的柱状上皮细胞，剖检可见小肠臌气，浆膜紫红色，肠系膜血管呈树枝样瘀血，肠系膜淋巴结出血水肿，肠壁变薄，肠管扩张，肠内充满白色或黄绿色果酱样液体，肠黏膜充血、出血、脱落，小肠绒毛萎缩变短，胃黏膜出血、脱落，脾肿大，胆囊肿大，易发生肠套叠。

（四）类症鉴别

1.犬细小病毒病

由犬细小病毒引起，2 ～ 4 月龄的幼犬最易感，以冬、春季多发，且以同窝暴发为特征，呈急性经过，临床上以剧烈呕吐、出血性水样便、脱水、白细胞显著减少和非化脓性心肌炎综合征为特征。肠黏膜上皮细胞可检查到核内包涵体。

2.犬轮状病毒感染

由犬轮状病毒引起，多发生于晚冬至早春的寒冷季节，幼犬多发，临床上主要表现呕吐、腹泻，发病率高而死亡率低。

3.胃肠炎

多由饲养管理不当引起，表现为发热，呕吐，剧烈腹泻，粪便恶臭，脱水，自体中毒。

（五）预防措施和安全用药

1.预防措施

国内市场上的犬冠状病毒疫苗主要是弱毒苗，常与犬瘟热病毒、犬细小病毒、犬腺病毒等制成联苗一同注射。国外多用灭活苗，但无论灭活苗还是弱毒苗，均不能对犬冠状病毒感染起到完全保护作用。

2.安全用药

一旦有本病发生，如不进行粪便处理和适当的消毒，就会在犬群中迅速传播。1∶30浓度的漂白粉水溶液和 0.1% ～ 1% 的甲醛是经济有效的消毒剂。

对病犬利用抗血清进行特异性治疗，同时采取止吐、止泻、强心、补液、维持电解质和体液平衡等支持和对症治疗。此外，采用广谱抗生素以防继发细菌感染，要特别注意不能使用影响幼犬骨骼生长发育的抗生素（如喹诺酮类抗菌药），呕吐时要禁食，并给予良好护理。

四、猫肠道冠状病毒感染

猫肠道冠状病毒感染是由猫肠道冠状病毒引起的猫的一种肠道传染病，临床上以呕吐、腹泻和中性粒细胞减少为主要特征，42～84日龄幼猫多发。

（一）发病原因

猫肠道冠状病毒属冠状病毒科，冠状病毒属。该病毒与猫传染性腹膜炎病毒、犬冠状病毒有交叉免疫反应。猫肠道冠状病毒对外界理化因素抵抗力弱，一般消毒剂均可使其灭活。

猫肠道冠状病毒主要使42～84日龄的幼猫发病，经消化道传染。35日龄以下仔猫因初乳中含特异性抗体而很少发病。42～84日龄猫感染时常表现为肠炎症状。成年猫则多呈隐性感染。病后康复90～120天以内的带毒猫可随粪便排出大量病毒，引起易感猫发病。

（二）临床症状

本病常使断乳仔猫发病。病初仔猫体温升高，精神沉郁，食欲不振。随后发生呕吐、腹泻，肛门肿胀。严重时出现脱水症状。无继发感染多能自愈，死亡率较低。疾病急性期，血液中中性粒细胞降至50%以下。感染后10～14天，免疫荧光抗体滴度可达（1：32）～（1：1024）。

（三）病理变化

尸体剖检常无明显病变，自然感染的青年猫可见肠系膜淋巴结肿胀，肠壁水肿，粪便中有脱落的肠黏膜。

（四）类症鉴别

1. 犬冠状病毒感染

由犬冠状病毒引起，主要发生于2～4月龄幼犬，冬季多发，传播迅速，临床上主要表现剧烈呕吐，水样腹泻。剖检小肠臌气。

2. 猫泛白细胞减少症

由猫细小病毒感染引起，主要发生于1岁以下的幼猫，冬末至春季多发，发病急，流行迅速而广泛，临床上主要表现突发高热，双相热型，顽固性呕吐，白细胞严重减少，贫血和排水样血便，母猫流产、死胎。长骨的红髓变为液状或半液状。

3. 胃肠炎

多由饲养管理不当引起，表现为发热，呕吐，剧烈腹泻，粪便恶臭，脱水，自体中毒。

4. 弯曲菌病

由弯曲菌引起，有摄食未经煮熟的肉制品和牛奶的病史，多发生于4～6月龄幼犬猫，临床上主要表现为水样腹泻或血性黏液性腹泻，偶有呕吐。母犬猫流产和乳腺炎，尚可见败血症与关节炎等。细菌学检查发现弯曲菌。

（五）预防措施和安全用药

根据脱水严重程度及时补液，对症治疗。猫肠道冠状病毒广泛分布于猫群中，许多无临床症状的猫均可成为带毒者，并通过粪便排毒，因此，本病的预防较困难。加强饲养管理是预防本病的根本措施，平时应注意猫舍卫生，各年龄猫分开饲养，对失去母源抗体保护的断乳仔猫，加强护理，以降低发病率。

五、犬轮状病毒感染

犬轮状病毒感染是由犬轮状病毒引起的幼犬的一种急性胃肠道传染病。临床上以腹泻为特征，成年犬主要呈隐性感染。

（一）发病原因

犬轮状病毒属呼肠孤病毒科，轮状病毒属，为双股 RNA 病毒。轮状病毒对热抵抗力较强，粪便中的病毒可存活数月，对碘伏和次氯酸盐有较强的抵抗力，能耐受乙醚、氯仿和去氧胆酸盐，对酸和胰蛋白酶稳定。95% 乙醇和 67% 氯胺是有效的消毒剂。

本病传染源主要是发病幼犬和隐性带毒的成年犬。病毒存在于肠道，随粪便排出体外，经消化道传染。本病多发生于晚冬至早春的寒冷季节，幼犬多发。卫生条件不良，如有细菌和其他病毒（腺病毒）继发感染时，可使病情加剧，死亡率增高。

（二）临床症状

病犬精神沉郁，食欲减退，不愿走动，一般先吐后泻，排黄绿色稀便和黏液，有恶臭或呈无色水样便，可持续约一周。严重腹泻病犬粪便中混有血液，重症犬因脱水和代谢紊乱心跳增速，体温降低，多数死亡。无继发感染、体质好的病犬，虽然排稀便，但精神、食欲能基本保持正常并逐渐康复。

（三）病理变化

主要病变一般在消化道的小肠。

（四）类症鉴别

1. 犬冠状病毒感染

由犬冠状病毒引起，主要发生于 2～4 月龄幼犬，冬季多发，传播迅速，临床上主要表现剧烈呕吐，水样腹泻。剖检小肠臌气。

2.犬细小病毒病

由犬细小病毒引起，2～4月龄的幼犬最易感，以冬、春季多发，且以同窝暴发为特征，呈急性经过，临床上以剧烈呕吐、出血性水样便、脱水、白细胞显著减少和非化脓性心肌炎综合征为特征。肠黏膜上皮细胞可检查到核内包涵体。

3.肠炎型犬瘟热

由犬瘟热病毒引起，以冬春季（10月至翌年4月间）多发，体温升高，双相热型，里急后重，排脓血带黏液粪便，后期转为神经症状，核内及胞浆内均有包涵体，且以胞浆内包涵体为主。

4.胃肠炎

多由饲养管理不当引起，表现发热，以胃为主的炎症呕吐严重，饮后即吐，呈祈祷姿势，眼结膜黄染，黄色舌苔和口臭。以肠为主的炎症剧烈腹泻，粪便恶臭，脱水，自体中毒。

5.弯曲菌病

由弯曲菌引起，有摄食未经煮熟的肉制品和牛奶的病史，多发生于4～6月龄幼犬猫，临床上主要表现为水样腹泻或血性黏液性腹泻，偶有呕吐。母犬猫流产和乳腺炎，尚可见败血症与关节炎等。细菌学检查发现弯曲菌。

（五）预防措施和安全用药

1.预防措施

目前尚无有效的犬轮状病毒疫苗。因此，预防本病应加强饲养管理，提高犬的抗病能力，认真执行综合性防疫措施，彻底消毒，消除病原。

2.安全用药

发现病犬，立即隔离，对症治疗，重点是输液，补充水和电解质，同时使用抗生素控制继发感染。以经口补液为主，让病犬自由饮用葡萄糖氨基酸液或葡萄糖甘氨酸溶液（葡萄糖43.2克、氯化钠9.2克、甘氨酸6.6克、柠檬酸0.52克、柠檬酸钾0.13克、无水磷酸钾4.35克，溶于2000毫升水中）。呕吐严重者可静脉注射葡萄糖生理盐水和碳酸氢钠溶液。有继发细菌感染时，应使用抗生素类药物。

六、猫泛白细胞减少症

猫泛白细胞减少症又称猫瘟热或猫传染性胃肠炎，是由猫细小病毒感染引起的幼龄猫的一种高度接触性传染病。临床上以突发高热、顽固性呕吐、白细胞严重减少和肠炎为特征。本病流行迅速而广泛，多呈急性经过，死亡率达90%以上。

（一）发病原因

病原为猫细小病毒，属细小病毒科，为单股线状 DNA 病毒。病毒能抵抗 56℃ 30 分钟的加热作用，在低温条件下可存活较长时间。病毒对季铵盐类、碘酊和酚类消毒剂具有抵抗性，但可被 4% 的甲醛、1% 的戊二醛或 1∶32 稀释的漂白粉灭活。

各龄猫都可感染，但主要发生于幼猫，1 岁以下的幼猫发病率占 80% 以上。本病多发生在冬末至春季，12 月份至翌年 3 月间的发病率占全年的 55% 以上；全窝幼猫同时发病的也较多见。病猫和病愈后的带毒猫是本病的传染源，病毒随排泄物和分泌物污染饲料、饮水、用具及周围环境，主要通过直接接触或经消化道传染。

（二）临床症状

潜伏期 2 ～ 9 天。临床症状与年龄和免疫状态有关。怀孕母猫感染时，可导致流产、死胎，如果胎儿存活，通常发生脑发育不全和（或）视网膜发育异常。几个月的幼猫多呈急性发病，体温升高到 40℃ 以上，倦怠，呕吐，很多猫不出现任何症状，突然死亡。6 个月以上的猫大多呈亚急性发作，首先发热至 40℃ 以上，1 ～ 2 天后降到常温，3 ～ 4 天后体温再次升高，即双相热型。病猫精神不振，厌食，顽固性呕吐，呕吐物呈黄绿色，眼、鼻有黏性分泌物，腹泻，排带血的水样便，严重脱水，贫血，体重迅速下降。此时病猫精神高度沉郁，对主人的呼唤和周围环境漠不关心，通常在体温第二次升高达高峰后不久就死亡。年龄较大的猫感染后，症状轻微，体温轻度上升，食欲不振，白细胞总数明显减少。

（三）病理变化

除最急性病例外，剖检可见脱水和消瘦变化。病变主要在小肠，可见空肠和回肠充血、出血，脾肿大，肠系膜淋巴结水肿、坏死（图 1-19），肠腔中有条索状纤维素性渗出（图 1-20）。多数病例长骨的红髓变为液状或半液状，这点具有一定的诊断价值。

图 1-19　肠系膜淋巴结水肿、坏死

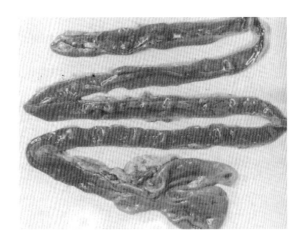

图 1-20　肠腔中有条索状纤维素性渗出

（四）类症鉴别

1. 猫肠道冠状病毒感染

由猫肠道冠状病毒引起，42～84 日龄幼猫多发，临床上主要表现体温升高、呕吐、腹泻和中性粒细胞减少。

2. 弯曲菌病

由弯曲菌引起，有摄食未经煮熟的肉制品和牛奶的病史，多发生于 4～6 月龄幼犬猫，临床上主要表现为水样腹泻或血液性黏液性腹泻，偶有呕吐。母犬猫流产和乳腺炎，尚可见败血症与关节炎等。细菌学检查发现弯曲菌。

3. 耶尔森菌病

小肠结肠炎耶尔森菌感染主要表现呕吐、腹痛、腹泻，粪便带有血液或黏液。在肠系膜淋巴结中可分离到小肠结肠炎耶尔森菌。

4. 蛔虫病

由蛔虫寄生于小肠和胃引起，主要发生于 2 周龄至 5 月龄幼犬猫，临床上以异食、呕吐、贫血、出血性肠炎、发育不良、生长缓慢、消瘦为特征。粪便检查发现蛔虫及虫卵。

5. 胃肠炎

多由饲养管理不当引起，表现发热，以胃为主的炎症呕吐严重，饮后即吐，呈祈祷姿势，眼结膜黄染，黄色舌苔和口臭。以肠为主的炎症剧烈腹泻，粪便恶臭，脱水，自体中毒。

（五）预防措施和安全用药

1. 预防措施

预防本病的有效措施是及时给猫预防接种。目前常用的有猫泛白细胞减少症、猫杯状病毒感染和传染性鼻气管炎三联灭活疫苗和弱毒疫苗，2 个月以上的猫需免疫（肌内注射）2～3 次，间隔 3～4 周，以后每年免疫注射 1 次。

2. 安全用药

目前尚无特效药，主要采用特异性疗法和对症、支持性疗法。患病期间应禁食和禁饮，特异性疗法可采用猫瘟热高免血清 2mL/kg 体重，皮下注射或肌内注射，每日 1 次，连续 2～3d。猫瘟热抑制蛋白 75 万 IU/kg 体重，肌内注射，每日 1 次，连用 3～5d。猫瘟热病毒单抗克隆抗体注射液 0.5～1mL，皮下注射或肌内注射，每日 1 次，连用 3d。猫干扰素 10 万～20 万 IU/ 次，皮下注射或肌内注射，隔 2 日 1 次。喵度稳达管剂口服液 5mL/ 次，口服，每日 2 次，连用 3～7d。双黄连注射液 60mg/kg 体重，肌内注射，每日 1 次，连用 3d。防止继发感染可采用氨苄西林 20～30mg/kg 体重，口服，每日 2～3 次；

或 10～20mg/kg 体重，皮下、肌内或静脉注射，每日 2～3 次。头孢唑啉钠或头孢曲松钠 15～30mg/kg 体重，肌内或静脉注射，每日 3～4 次。速诺（阿莫西林克拉维酸钾混悬剂）0.1mL/kg，皮下或肌内注射，每日 1 次。恩诺沙星 2.5～5mg/kg 体重，皮下或静脉注射，每日 2 次。柴胡注射液 0.3mL/kg 体重，每日 2 次，肌内注射。庆大霉素 1 万 IU/kg 体重，或卡那霉素 5 万～10 万 IU/kg 体重，每日 2 次，肌内注射。地塞米松注射液 0.5mg/kg 体重，肌内注射，每日 1～2 次。对白细胞减少者可用升白素（粒细胞集落刺激因子）0.4mL/kg 体重，皮下或者肌内注射，每天 1 次。增强机体免疫功能可用科特壮（复方布他磷注射液）0.5～5mL/kg 体重，静脉、肌内或皮下注射。巨力肽 10 μg/kg 体重，每日 1 次，连用 3～5 次。也可用维生素 B 族、维生素 C 等。剧烈呕吐者肌内注射盐酸甲氧氯普胺（胃复安）注射液 0.15～0.25mL/kg 体重，每日 2 次，肌内注射。补液可采用 25% 葡萄糖 5～10mL，5% 碳酸氢钠注射液 5mL，复方生理盐水 30～50mL，混合静脉注射，配合 ATP、辅酶 A、维生素 C 等。止血可用维生素 K_3 注射液 0.3mL/kg 体重，每日 2 次，肌内注射。

七、猫传染性腹膜炎

猫传染性腹膜炎是由猫冠状病毒引起的一种猫的慢性进行性致死性传染病。本病有渗出型（湿型）和非渗出型（干型）两种形式，前者以体腔（尤其是腹腔）内体液蓄积为特征，后者以各种脏器出现肉芽肿病变为特征。

（一）发病原因

猫冠状病毒为冠状病毒科冠状病毒属的成员，可能与猪传染性胃肠炎病毒、犬冠状病毒等来源于同一病毒，是种间交叉传染的变异株。猫冠状病毒有两个生物型，即猫传染性腹膜炎病毒和猫肠道冠状病毒，两者在生物学特性方面有所区别，但在形态和抗原性上则是相同的。猫传染性腹膜炎病毒常引起传染性腹膜炎，猫肠道冠状病毒只引起自愈性轻微肠炎。猫冠状病毒抵抗力较弱，大部分的消毒剂都能将其杀灭，但在外环境物体表面可保持感染性达 7 周以上。

所有年龄猫均易感。仔猫的母源抗体通常在 8 周龄时消失，至 10 周龄时即可被感染，故 6 个月至 2 岁幼猫最易感，13 岁以上猫也易感。家猫死亡率很低，约为 0.02%，纯种猫死亡率约达 5%，感染初期猫场中的病猫死亡率甚至可达 40%。青年猫在怀孕、断奶、移入新环境等应激条件下，以及患有猫免疫缺陷病等均是促使发病的重要因素。本病可通过接触传播，临床健康带毒者也是重要的传染源之一。

（二）临床症状和病理变化

猫冠状病毒感染导致的肠炎通常较轻，呈亚临床感染，主要发生于断奶后的仔猫。初期症状不明显，可能出现食欲减退，精神沉郁，体重下降，持续发热，体温达

39.5 ～ 40.6℃，暂时性呕吐和腹泻。后期出现干性型和湿性型典型症状，湿性腹膜炎较干性腹膜炎发展快，两种腹膜炎均出现慢性、波动性发热，缺乏食欲和体重减轻。

湿性传染性腹膜炎：患猫多于发病 2 个月内死亡。随着病程的发展，75% 的病猫出现腹水，腹围渐进性无痛性增大（图 1-21），公猫阴囊变大（图 1-22），腹腔穿刺见大量粉红色渗出液（图 1-23），有时腹水呈无色透明，淡黄色胶冻样（图 1-24）。患病后期累及肝脏，出现黄疸；25% 病猫出现胸腔渗出液，根据胸腔积液多少，病猫出现从无症状到气喘或呼吸困难，心包积液增多，心音沉闷。临床检查，脊椎两旁肌肉进行性消瘦，可能出现呕吐、下痢，中至重度贫血。剖检腹腔大量腹水（图 1-25）。

图 1-21　患猫腹围渐进性无痛性增大

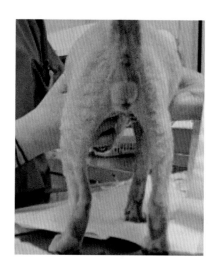

图 1-22　患猫阴囊变大

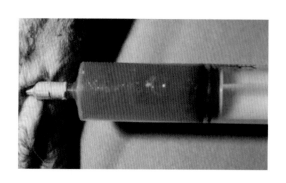

图 1-23　腹腔穿刺见大量粉红色渗出液

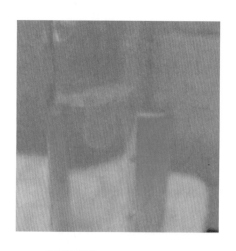

图 1-24　淡黄色胶冻样腹水

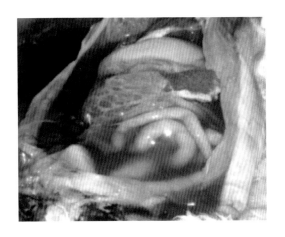

图 1-25 腹腔大量腹水

干性传染性腹膜炎：病猫进行性消瘦，各种器官出现肉芽肿（图 1-26），并出现相应的临床症状。肝脏、肾脏、脾、肺、网膜及肠系膜淋巴结出现结节病变，腹部触诊可摸到肠系膜淋巴的结节。其他受影响部位包括中枢神经系统和眼，病猫呈现共济失调、轻度瘫痪、定向力障碍、眼球震颤、癫痫发作、感觉过敏及外周神经炎等。典型的眼病是葡萄膜炎（如虹膜炎、前葡萄膜炎）（图 1-27）、脉络膜及视网膜炎等，有时眼部病变是本病唯一临床表现，还有贫血、黄疸。

图 1-26 脾脏出现结节病变

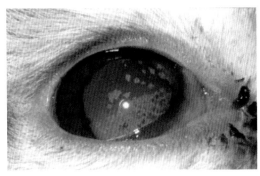

图 1-27 葡萄膜炎，角膜出现角蛋白沉淀物

干性和湿性传染性腹膜炎常被描述为两种不同的综合征，但某些患猫同时具有两种综合征表现。湿性传染性腹膜炎中只有 10% 的病猫具有中枢神经系统和眼部症状。少数干性传染性腹膜炎病猫出现腹水。此外，有些干性传染性腹膜炎可发展成湿性传染性腹膜炎。

（三）类症鉴别

1. 急性腹膜炎

由于炎症或刺激引起，发病急，主要表现体温升高，呕吐，剧烈持续性腹痛，腹壁紧张，呈弓背姿势，腹腔积液。腹腔穿刺，穿刺液相对密度大，李凡他反应阳性。内脏没有肉芽肿和眼部病变。

2. 慢性腹膜炎

发展缓慢，体温正常，一般无腹痛症状，有腹水。X 射线检查腹部呈毛玻璃样、腹腔内阴影消失。内脏没有肉芽肿和眼部病变。

3. 腹水症

由于心、肝、肾功能障碍或严重贫血引起，体温正常，四肢水肿，下腹部两侧对称性膨大，触诊腹壁不敏感，冲击触诊呈击水音。腹腔穿刺为透明的漏出液，相对密度低于1.015，李凡他反应阴性。内脏没有肉芽肿和眼部病变。

4. 肝硬化

发生缓慢，呈慢性消化不良，可视黏膜黄染，有腹水及皮下水肿，转氨酶升高。内脏没有肉芽肿和眼部病变。

5. 结核病

由结核分枝杆菌引起，表现渐进性消瘦，咳嗽，肺部听叩诊有啰音，顽固下痢，体表淋巴结肿大等，剖检以多种组织器官形成肉芽肿和干酪样钙化结节为特征。细菌学检验发现结核分枝杆菌，结核菌素试验阳性。

（四）预防措施和安全用药

1. 预防措施

猫传染性腹膜炎的常规疫苗和重组疫苗使用效果均不佳，常采用综合性预防措施，降低环境中冠状病毒的粪便感染的机会，一个砂盆至多只能供给 1 ～ 2 只猫，砂盆和外围环境需每天清洗，砂盆清掉猫砂后，需用 1∶32 倍的漂白水或使用热肥皂水清洗消毒，砂盆与食盆应尽量隔开，并置于易清理的地方。有条件时定期做血清学抗体检测，隔离冠状病毒阳性猫；种母猫在分娩前应做血清学检测，阳性母猫于仔猫 5 ～ 6 周龄时就要将之隔离，并定期消毒。

目前美国辉瑞公司上市的猫传染性腹膜炎 Primucell 疫苗，通过鼻内接种，可预防本病发生。适用于 16 周龄以上的猫，投予两剂，间隔 3 ～ 4 周。

2. 安全用药

无特异性治疗措施，一旦发病，死亡率几乎是100%。通常采用支持和对症疗法，只能缓解症状，往往会恶化以致安乐死。延缓生命的措施有强制进食，输液用以矫正脱水，胸腔穿刺术用以缓解呼吸困难。常用药物有美洛昔康（非甾体消炎药）、泼尼松龙（皮质类固醇）、盐酸曲马多（中枢止痛药）。另外应用环磷酰胺及干扰素等可在一定程度上延长病猫生命。为预防继发感染，使用广谱抗生素，如速诺（阿莫西林克拉维酸钾混悬剂）

0.1mL/kg，皮下或肌内注射，每日 1 次。

目前抗病毒药 GS-441524（441）油性针剂（15mg/mL），前三天 0.6mL/kg，以后 0.4mL/kg，皮下注射，连用 30 ~ 60d，有较好的治疗效果。此外，配合应用补血肝精、丹诺士、护肝片、肝肾康、白蛋白粉、益生菌宠特宝等。

八、沙门菌病

沙门菌病又称副伤寒，是由沙门菌属细菌引起的人畜共患传染病。临床上以肠炎、败血症和流产为特征。虽然犬、猫沙门菌病不常见，但健康犬、猫却可携带多种血清型沙门菌，对公共卫生安全构成一定的威胁。

（一）发病原因

引起犬、猫发病的主要有鼠伤寒沙门菌、肠炎沙门菌、亚利桑那沙门菌及猪霍乱沙门菌，其中以鼠伤寒沙门菌最常见。鼠伤寒沙门菌属革兰氏阴性杆菌，该菌能运动，不产生芽孢和荚膜，为兼性厌氧菌或需氧菌。该菌对干燥、腐败、日光等因素具有一定抵抗力，在外界条件下可以生存数周或数月。该菌于 60℃经 1 小时、70℃经 20 分钟、75℃经 5 分钟死亡，对化学消毒剂的抵抗力不强，一般常用消毒剂和消毒方法均能达到消毒目的。

本病主要经消化道传播，偶尔经呼吸道感染。饲养员，污染的饲料、饮水，空气中含沙门菌的尘埃，盛装食粮的容器，医院的笼具、内窥镜及其他污染物也可成为传播媒介。圈养犬、猫常因采食未彻底煮熟或生肉而感染，散养犬、猫在自由觅食时，因吃到腐肉或粪便而感染。当饲养管理不当，劳累和气候条件变化时，都可诱发本病。

（二）临床症状

沙门菌病的临床表现与感染细菌数量、机体免疫状态以及是否有并发感染等有关，临床上可分为胃肠炎、菌血症和内毒素血症、局部脏器感染以及无症状持续性感染等几种类型。

胃肠炎型：多数在感染后 3 ~ 5 天发病，常以幼年及老年犬、猫较为严重。开始表现体温升高达 40 ~ 41℃，精神沉郁，食欲下降，呕吐，腹痛和剧烈腹泻。粪便由最初的水样逐步变为黏液样，带有大量纤维素和肠黏膜（图 1-28），严重者粪便中带血、腥臭，猫还可见流涎。几天内出现明显的消瘦，体重减轻，黏膜苍白，严重脱水，毛细血管再充盈时间延长，最后虚脱乃至休克。

菌血症和内毒素血症型：这两种类型前期症状一般为胃肠炎过程，有时表现不明显，但幼犬、幼猫及免疫力较低的犬猫，其症状较为明显。主要表现为幼犬、幼猫极度沉郁，体温

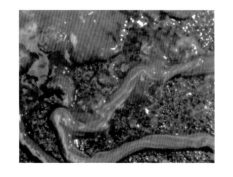

图 1-28　排大量纤维素和肠黏膜

降低，虚脱，毛细血管充盈不良，出现休克和中枢神经系统症状，甚至死亡，有神经症状者，表现为机体应激性增强，失明，后肢瘫痪、抽搐。有些病例前期不一定有胃肠炎症状。菌血症出现后可发生转移性感染，并在应激因素作用下出现明显的临床症状。

其他症状：细菌侵害肺时可出现肺炎症状，咳嗽、呼吸困难和鼻腔出血。子宫内发生感染的犬、猫，还可引起流产、死产或产弱仔。患病犬、猫仅有少部分（＜10%）在急性期死亡，多数 3～4 周后恢复，少部分继续出现慢性或间歇性腹泻。康复和临床健康动物常可携带沙门菌 6 周以上。

（三）病理变化

最急性死亡的病例可能见不到病变，病程稍长的可见到尸体消瘦、脱水、黏膜苍白，并伴有较大面积黏液性至出血性肠炎。肠黏膜变化由卡他性炎症到较大面积坏死、脱落，病变明显部位往往在小肠后段、盲肠和结肠，肠系膜及周围淋巴结肿大并出血。大多数实质器官（肝脏、脾、肾脏）表面密布出血点（斑）和坏死灶，脾脏肿大，肝脏脂肪变性，胆囊增大，肺脏变大（小叶性肺炎），心脏有外膜炎和心肌炎等。

（四）类症鉴别

1. 犬细小病毒感染

由犬细小病毒引起，2～4 月龄的幼犬最易感，以冬、春季多发，且以同窝暴发为特征，呈急性经过，临床上以剧烈呕吐、出血性水样便、脱水、白细胞显著减少和非化脓性心肌炎综合征为特征。肠黏膜上皮细胞可检查到核内包涵体。

2. 犬冠状病毒感染

由犬冠状病毒引起，主要发生于 2～4 月龄幼犬，冬季多发，传播迅速，临床上主要表现剧烈呕吐，水样腹泻。剖检小肠臌气。

3. 猫泛白细胞减少症

由猫细小病毒感染引起，主要发生于 1 岁以下的幼猫，冬末至春季多发，发病急，流行迅速而广泛，临床上主要表现突发高热，双相热型，顽固性呕吐，白细胞严重减少，贫血和排水样血便，母猫流产、死胎。长骨的红髓变为液状或半液状。

（五）预防措施和安全用药

1. 预防措施

加强饲养管理、消除发病诱因是预防本病的重要环节。保持犬、猫房舍的卫生，笼具、食盆等用品应经常清洗、消毒，注意灭蝇灭鼠。新引进的有腹泻和呕吐症状的犬、猫应严格隔离。禁止饲喂不卫生的肉、蛋、乳类食品，尽可能采用煮熟的饲料（尤其是动物性饲料）喂犬、猫，杜绝传染病。严禁耐过犬、猫或其他可疑带菌畜禽与健康犬、猫接触。患病动物住院或治疗期间，应专人护理，防止病原人为扩散。发病后，要将病犬隔离治疗，被污染的犬舍应彻底消毒。死亡的犬应深埋或烧毁，严禁食用。病犬、猫房舍清洗后，要用 2% ～ 3% 氢氧化钠消毒。

2. 安全用药

对患病犬、猫应加强护理，给予易消化的流质饲料。

抗菌消炎：抗菌药物是较常用的治疗方法，应用抗生素、磺胺类、喹诺酮类药有一定疗效，如阿米卡星 1 万单位 / 千克体重，肌内注射，每日 2 次；恩诺沙星，5 ～ 10 毫克 / 千克体重，静脉注射。但沙门菌易产生耐药性，如使用一种药品无效时，应换另一种药品治疗。

补液：为缓解脱水症状，以 40 ～ 50 毫升 / 千克体重的剂量，经非消化道途径补液，选择林格液和 10% 葡萄糖 1∶1 配合，静脉滴注。酸中毒时使用 5% 碳酸氢钠注射液。对脱水而无呕吐的犬、猫，可用口服补液的方式补液，常用的有等渗盐水、口服补液盐等。

对症治疗：心脏功能衰竭者，肌内注射 0.5% 强尔心或樟脑磺酸钠、三磷酸腺苷、辅酶 A 等；有肠道出血症者，可内服安络血，或肌内注射止血敏、维生素 K、氨甲苯酸、凝血酶等；呕吐不止者，肌内注射甲氧氯普胺、溴米那普鲁卡因、维生素 B_6 等；肠音亢进者使用消旋山莨菪碱；清肠止酵，保护肠黏膜，可应用 0.1% 高锰酸钾溶液或活性炭和碱式硝酸铋混悬液做深部灌肠。同时补充维生素 A 和复合维生素 B 等。

九、弯曲菌病

弯曲菌病原名弧菌病，是主要由弯曲菌属细菌所致的人畜共患传染病。临床上以腹泻、流产、不孕和乳腺炎为特征，尚可见败血症与关节炎等症状。

（一）发病原因

病原为弯曲菌属中的空肠弯曲菌、结肠弯曲菌和胎儿弯曲菌等，细菌菌体弯曲呈逗点状、"S"形或海鸥展翅状，革兰氏染色阴性。空肠弯曲菌通常与腹泻有关，偶尔也从腹泻动物体内分离到结肠弯曲菌，另从患腹泻犬及无症状犬、猫中分离到乌普萨拉弯曲菌。胎儿弯曲菌多致肠道外感染，如心内膜炎、心包炎、肺部感染、关节炎、死胎和流产等。该菌抵抗力不强，对干燥、日光和消毒药敏感，易被杀灭。

本病多见于 4 ～ 6 月龄以下的幼犬、猫，主要是直接接触传染，病原菌随患病动物和无症状带菌者（家禽、猪）的粪便排出体外而污染食物、饮水、饲料及周围环境，也可随牛奶和其他分泌物排出散播传染。犬、猫的一个重要感染途径是摄食未经煮熟的肉制品，特别是家禽肉和未经巴氏杀菌的牛奶。

（二）临床症状

弯曲菌病的临床表现与摄入的细菌数量、毒力、动物是否具有保护性抗体和其他肠道感染有关。环境、生理、手术应激及并发其他肠道感染可加重病情。犬、猫对弯曲菌感染的抵抗力比较强，多数为无症状带菌者，临床病例多见于 6 月龄以下的幼犬、猫，尤其是受到某些应激因素的影响。主要症状表现为水样腹泻或血性黏液性腹泻，病犬精神沉郁，嗜睡，厌食，偶有呕吐。个别犬可能表现为急性胃肠炎（此时应注意与犬细小病毒感染区别），症状可持续 1 ～ 3 周。妊娠中期感染，可导致死胎和流产。

（三）病理变化

剖检可见胃肠道充血、水肿和溃疡；常可见结肠充血、水肿，偶见小肠充血；急性或慢性回肠结肠炎。

（四）类症鉴别

1. 犬细小病毒感染

由犬细小病毒引起，2 ～ 4 月龄的幼犬最易感，以冬、春季多发，且以同窝暴发为特征，呈急性经过，临床上以剧烈呕吐、出血性水样便、脱水、白细胞显著减少和非化脓性心肌炎综合征为特征。肠黏膜上皮细胞可检查到核内包涵体。

2. 沙门菌病

由沙门菌引起，发病率低，临床上主要表现肠炎、肺炎、败血症和流产。实验室检查，血红蛋白增加，白细胞总数增加，血液、尿液发现沙门菌。粪便涂片检查时，粪便中有大量白细胞。

3. 犬冠状病毒感染

由犬冠状病毒引起，主要发生于 2 ～ 4 月龄幼犬，冬季多发，传播迅速，临床上主要表现剧烈呕吐，水样腹泻。剖检小肠臌气。

4. 犬轮状病毒感染

由犬轮状病毒引起，多发生于晚冬至早春的寒冷季节，幼犬多发，临床上主要表现呕吐、腹泻，发病率高而死亡率低。

（五）预防措施和安全用药

1. 预防措施

弯曲菌的抵抗力较弱，加热、消毒药和 pH3.0 以下均可致死。氯制剂可迅速杀死该菌。感染的犬、猫能传染人，尽量不要和小孩接触。

2. 安全用药

一旦发现应尽早进行治疗，首选红霉素，口服，连用 5 ～ 7 天。也可选用庆大霉素、多西环素、四环素、卡那霉素、氨苄西林等，但很易诱导耐药性。喹诺酮类药物治疗效果不错，但本病主要发生于幼犬、猫，此类药对软骨发育有一定的毒性作用，应予以考虑。在药物治疗的同时应考虑其他并发疾病的防治，特别是对腹泻幼犬、猫，需注意补充体液和电解质。对败血症患者，应用有效抗生素治疗 2 ～ 3 周。

十、耶尔森菌病

耶尔森菌病是由耶尔森菌引起的人畜共患传染病。主要是小肠结肠炎耶尔森菌，临床上主要表现为小肠结肠炎、胃肠炎或全身性症状等；偶见伪结核耶尔森菌感染；鼠疫耶尔森菌则引起鼠疫，主要侵害淋巴系统和肺，临床上以高热、淋巴结肿痛、出血倾向、肺部特殊炎症等为特征。

（一）发病原因

小肠结肠炎耶尔森菌属肠杆菌科耶尔森菌属，为兼性厌氧革兰氏阴性球杆菌，不形成芽孢和荚膜。猪、犬、猫等均可呈健康带菌状态。本病主要是通过饮水和食物感染，或因接触感染动物而感染，也可与屠宰工人、饲养管理人员间接接触而感染。伪结核耶尔森菌也可引起多种动物的肠炎，尤其是在潮湿寒冷的冬、春季。

鼠疫耶尔森菌简称鼠疫杆菌，属肠杆菌科耶尔森菌属，为两极浓染的卵圆形短杆菌，革兰氏染色阴性，该菌对外界抵抗力较弱，对干燥、热和一般消毒剂均甚敏感。鼠疫为自然疫源性传染病，其一般先在鼠类间发病和流行，猫和犬经捕食带菌鼠或者被鼠蚤叮咬而感染。吸入感染猫（肺型鼠疫）的呼吸道分泌物，黏膜或皮肤伤口被感染猫的分泌物或渗出液污染等均可发生感染。

（二）临床症状

1. 小肠结肠炎耶尔森菌感染

病犬表现食欲减退或废绝，持续腹泻，粪便带有血液或黏液。急性病例可能有腹痛、呕吐、精神沉郁等症状。多数犬、猫临床症状不明显，但粪便可周期性排菌，甚至在肠系膜淋巴结和其他组织中可分离到细菌。

2. 鼠疫耶尔森菌感染

潜伏期多为 2 ～ 8 天，原发性肺鼠疫及败血症型鼠疫潜伏期为数小时至 3 天，临床分为腺型鼠疫、肺型鼠疫和败血症型鼠疫。

腺型鼠疫：除发热和全身毒血症症状外，主要表现为急性淋巴结炎。颈部和下颌淋巴结出现化脓性淋巴腺炎，并有明显毒血症症状，若治疗不及时，淋巴结很快化脓、破溃。于 3 ～ 5 天内因严重毒血症、休克、继发败血症或肺炎而死亡。

肺型鼠疫：可原发或继发于腺型鼠疫。起病急、高热及全身毒血症症状，很快出现咳嗽、呼吸短促、发绀、咳痰，初为少量黏液痰，继之为泡沫状或鲜红色血痰，肺部仅听到散在湿啰音或胸膜摩擦音，较少的肺部体征与严重的全身症状不相称。常因心力衰竭、出血、休克等于 2 ～ 3 天内死亡。死前全身皮肤发绀，呈黑紫色，故有"黑死病"之称。猫的肺型鼠疫较少见。

败血症型鼠疫：多继发于肺型鼠疫或腺型鼠疫，为最凶险的一型。起病急骤、寒战、高热、昏迷，进而发生感染性休克、DIC（弥散性血管内凝血）及广泛皮肤出血和坏死等，病情发展迅速，如不及时治疗，常于 1 ～ 3 天死亡。

（三）病理变化

小肠结肠炎耶尔森菌感染剖检可见肠系膜淋巴结肿大，肠黏膜充血和出血。

（四）类症鉴别

1. 犬细小病毒感染

由犬细小病毒引起，2 ～ 4 月龄的幼犬最易感，以冬、春季多发，且以同窝暴发为特征，呈急性经过，临床上以剧烈呕吐、出血性水样便、脱水、白细胞显著减少和非化脓性心肌炎综合征为特征。肠黏膜上皮细胞可检查到核内包涵体。

2. 沙门菌病

由沙门菌引起，发病率低，临床上主要表现肠炎、肺炎、败血症和流产。实验室检查，血红蛋白增加，白细胞总数增加，血液、尿液发现沙门菌。粪便涂片检查时，粪便中有大量白细胞。

3. 犬冠状病毒感染

由犬冠状病毒引起，主要发生于 2 ～ 4 月龄幼犬，冬季多发，传播迅速，临床上主要表现剧烈呕吐，水样腹泻。剖检小肠臌气。

4. 犬轮状病毒感染

由犬轮状病毒引起，多发生于晚冬至早春的寒冷季节，幼犬多发，临床上主要表现呕吐、腹泻，发病率高而死亡率低。

5. 猫免疫缺陷病

由猫免疫缺陷病毒感染引起的，中老年猫多发，表现发热，消瘦，贫血，腹泻，淋巴结肿大，中性粒细胞减少症，淋巴细胞减少症，血小板减少症，慢性呼吸系统疾病，慢性皮肤病，慢性口炎，听力和视力减退，痴呆，面部抽搐，葡萄膜炎，白内障和青光眼，以及易继发感染等。

6. 猫白血病

表现为淋巴结肿大、低热、口炎、齿龈炎、结膜炎和腹泻等。

7. 结核病

由结核分枝杆菌引起，表现渐进性消瘦、咳嗽、肺部听叩诊有啰音、顽固性下痢、体表淋巴结肿大等。剖检以多种组织器官形成肉芽肿和干酪样钙化结节为特征。细菌学检验发现结核分枝杆菌，结核菌素试验阳性。

（五）预防措施和安全用药

1. 预防措施

加强饲养管理，强化防疫卫生，检疫隔离，严格消毒，定期驱杀动物体表和家庭内的寄生蚤，淘汰处理发病和带菌动物等措施有助于本病的控制。

2. 安全用药

主要采用抗生素治疗，该菌对青霉素药物普遍耐受，可选用四环素、氟苯尼考、庆大霉素、头孢菌素及喹诺酮类药物治疗，必要时需要输液以调节机体水和电解质平衡。

猫感染鼠疫耶尔森菌后很容易死亡，应及时进行治疗。首选药物是链霉素，辅助治疗或预防性投药用四环素、庆大霉素等，高热消退后连续用药 7 ～ 10 天。

十一、念珠菌病

念珠菌病是由于机体免疫抑制或菌群失调导致寄生于消化道、泌尿生殖道或上呼吸道的念珠菌过度繁殖而引起局部或全身性感染。临床上以口腔、咽喉等局部黏膜溃疡，表面有灰白色伪膜样物质覆盖，或全身多处脏器出现小脓肿为主要特征。

（一）发病原因

念珠菌病的主要病原体是白色念珠菌，其次是热带念珠菌及克柔氏念珠菌。白色念珠菌为一种卵圆形芽生酵母样真菌，革兰氏染色阳性。白色念珠菌为条件性致病菌，常寄居于犬的消化道和黏膜。一般情况下，体内的白色念珠菌和正常的微生物区系处于平衡状态，当机体营养不良、维生素缺乏、营养成分配合不当、长期应用广谱抗生素或皮质类固醇，或者其它疾病而使机体抵抗力降低时，平衡状态被打破，白色念珠菌，尤其是伤口、咽喉和胃肠道的白色念珠菌过度繁殖，引起内源性感染而发病。但是，在一定的情况下，有时本病也可能发生于接触感染，幼犬多发。

（二）临床症状

临床上出现局部感染或通过血液途径扩散而引起全身性感染。局部感染主要见于患慢性免疫抑制性疾病的犬，表现为口腔、胃肠道或泌尿生殖道溃疡，溃疡表面覆盖灰白色斑块，边缘充血。生殖道黏膜在阴道或阴茎有分泌物。皮肤慢性感染主要表现为溃疡难以愈合，有脂性渗出和浅表性痂块。犬扩散性念珠菌病的临床表现与其感染的脏器密切相关，一般是多个脏器被感染。犬全身性真菌病常表现为发热，皮肤出现急性隆起性红斑或出血性病变，起初为疹块，最后形成溃疡。病犬疼痛，不愿走动。外周淋巴结肿大。猫全身性念珠菌病可引起葡萄膜炎、脉络膜视网膜炎、神经系统疾病和胸腔渗出等。

（三）病理变化

病变最常发生于口腔和食管。口腔出现鹅口疮和舌炎，口腔黏膜上形成一个大的或许多小的隆起软斑，表面覆有黄白色假膜，剥离后留下容易出血的红肿粗糙面。

（四）类症鉴别

1. 口炎

主要由各种理化因素刺激引起，主症在口腔，临床上以流涎、咀嚼障碍及口腔黏膜红肿或有水疱、溃疡为特征。

2. 隐球菌病

由新型隐球菌引起，多发生于 2～3 岁的猫，表现皮肤丘疹、结节、脓肿，角膜混浊，咳嗽，呼吸困难，有啰音，流脓性鼻液，下颌淋巴结肿大，共济失调，抽搐，角弓反张，后躯麻痹。涂片检查见新型隐球菌，荧光素钠试验多为阴性或弱阳性，隐球菌抗原乳胶凝集试验阳性，头颅摄片多无特殊改变。

3. 孢子丝菌病

主要在四肢沿着淋巴管产生不疼痛的结节，起初质地坚韧，后化脓。继发皮肤病变后可能发生骨髓炎、关节炎或腹膜炎。但最终确诊还得依靠病原体的检查。

（五）预防措施和安全用药

1. 预防措施

首先要消除诱发本病的各种因素，改善饲养管理，注意食物的搭配，避免长期使用广谱抗生素和肾上腺皮质激素。选用碘制剂、2% 甲醛或 1% 氢氧化钠溶液消毒。

2. 安全用药

伊曲康唑可作为治疗念珠菌病的首选。皮肤病变可全身使用吡咯类药物和含有醋酸洗必泰的香波，体表用药要持续 8 周。黏膜病变可用制霉菌素、克霉唑、两性霉素 B 或甲紫（1：10 000）。对于黏膜性念珠菌病主要用吡咯类抗真菌药。对猫尿道念珠菌病可通过膀胱灌注克霉唑治疗。

十二、蛔虫病

蛔虫病是由弓首属和弓蛔属的虫体寄生于犬和猫的小肠和胃内而引起的常见寄生

虫病，临床上以异食、贫血、发育不良、生长缓慢、消瘦为特征，严重感染时可导致死亡。主要危害出生后 2 周龄至 5 月龄的幼犬、猫，感染率在 5% ～ 80%，病死率达60%。

（一）发病原因

病原为蛔科弓首属的犬弓首蛔虫（图 1-29）和猫弓首蛔虫以及弓蛔属的狮弓首蛔虫（图 1-30）。犬弓首蛔虫和猫弓首蛔虫常称为犬蛔虫和猫蛔虫，狮弓首蛔虫常称为狮蛔虫。病原寄生于犬猫的小肠和胃内，虫卵随粪便排出体外（图 1-31）。蛔虫卵对外界因素的作用具有很强的抵抗力，通过吃食和饮水，舐啃器物、犬舍墙或地面，或由于嬉戏吞入虫卵而感染。哺乳仔犬可能通过吞入黏附于母犬乳头和被毛上的虫卵而受到感染。妊娠时母犬如感染蛔虫，则其幼虫也能经胎盘使胎儿感染。

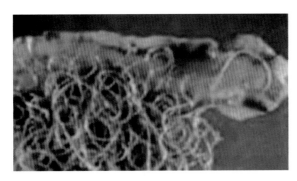

图 1-29　犬弓首蛔虫

图 1-30　狮弓首蛔虫

（二）临床症状与病理变化

主要症状为渐进性消瘦，被毛粗乱无光泽，营养不良，黏膜苍白（图 1-32），食欲不振，呕吐，异食，先腹泻后便秘，粪便含有黏液、血液并具腥臭味，有时出现神经症状（癫痫样痉挛），幼犬、猫腹部膨大（图 1-33），生长发育受阻。有时可引起肠梗阻（图 1-34），有时继发肠破裂、肠套叠。间或阻塞于胆管而引起黄疸。穿破肠壁能引起腹膜炎。幼虫移行时引起肺炎，表现为咳嗽、呼吸困难、流鼻涕等，3 周后症状可自行消

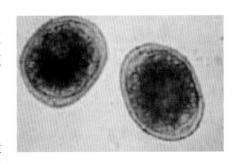

图 1-31　蛔虫卵

失。有时还可见到含有幼虫的肾皮质病变（肉芽肿）。狮弓首蛔虫无气管移行，主要表现为胃肠道症状。剖检小肠黏膜出血（图 1-35）。

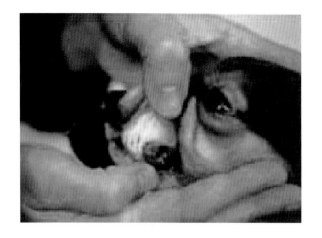

图 1-32　消瘦，贫血，黏膜苍白

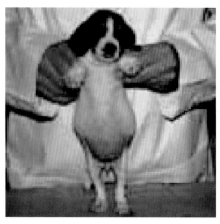

图 1-33　腹部下垂性增大，腹膜炎

图 1-34　蛔虫引起肠梗阻

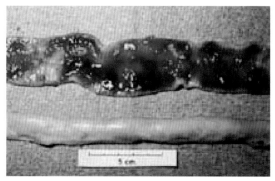

图 1-35　小肠黏膜出血

（三）类症鉴别

1. 钩虫病

由钩口线虫寄生于十二指肠引起，多发生于夏季，临床上以趾间皮炎、肺炎、胃肠炎、高度贫血为特征。粪便检查发现钩口线虫及虫卵。

2. 绦虫病

由绦虫寄生于小肠引起，临床上以异食、呕吐、消瘦、贫血、腹泻等为特征。粪便或肛门口周围发现绦虫孕卵节片，粪便检查发现绦虫虫卵。

3. 球虫病

又称为等孢球虫病，是由球虫寄生在肠黏膜上皮细胞而引起，多发生于 1～6 月龄幼犬猫，临床上主要表现出血性肠炎、贫血、消瘦等。粪便检查发现球虫卵囊。多数可自然康复。

4. 贾第鞭毛虫病

由贾第鞭毛虫寄生于肠道引起，主要发生于 1 岁以内的幼犬猫，临床上以腹泻为特征，粪便检查发现滋养体或包囊。

5. 犬细小病毒病

由犬细小病毒引起，2 ～ 4 月龄的幼犬最易感，以冬、春季多发，且以同窝暴发为特征，呈急性经过，临床上以剧烈呕吐、出血性水样便、脱水、白细胞显著减少和非化脓性心肌炎综合征为特征。肠黏膜上皮细胞可检查到核内包涵体。

6. 胃肠炎

多由饲养管理不当引起，表现发热，以胃为主的炎症呕吐严重，饮后即吐，呈祈祷姿势，眼结膜黄染，黄色舌苔和口臭。以肠为主的炎症剧烈腹泻，粪便恶臭，脱水，自体中毒。

（四）预防措施和安全用药

1. 预防措施

注意环境、食具、食物的清洁卫生，及时清除粪便，并进行生物热处理。对犬、猫进行定期驱虫。由于犬的先天性感染性，感染率较高，因此幼犬在 2 周龄首次驱虫，2 周后再次驱虫，2 月龄时第三次驱虫；哺乳期的母犬应与幼犬一起驱虫；母犬在怀孕后 40 天至产后 14 天驱虫，以减少围产期感染。避免犬、猫吃到转续宿主。

2. 安全用药

应根据健康状况进行综合治疗，即包括药物治疗、改善饲养管理及防止继发感染等。驱蛔虫药可用驱蛔灵 100 毫克 / 千克体重，1 次内服，对成虫有效；200 毫克 / 千克体重，1 次内服，可驱除 1 ～ 2 周龄幼犬体内的未成熟蛔虫。芬苯达唑（硫苯咪唑）用于 0.5 千克以上、大于 30 日龄的犬猫，25 ～ 50 毫克 / 千克，内服，每天 1 次，连喂 3 天，怀孕犬猫禁用。阿苯达唑 25 ～ 50 毫克 / 千克，内服，每天 1 次，连喂 5 ～ 10 天。非班太尔（苯硫氨酯）15 毫克 / 千克，内服，每天 1 次，连喂 3 天。噻嘧啶或甲嘧啶或羟嘧啶 5 ～ 10 毫克 / 千克，内服。拜宠清（复方非班太尔片），犬一次量 1 片 /10 千克体重，首次投药 2 周后再重复给药 1 次。甲苯达唑 22 毫克 / 千克体重，内服，每日 1 次，连用 3 天。左旋咪唑 10 毫克 / 千克体重，内服，每日 1 次，连用 3 天。伊维菌素 0.2 ～ 0.3 毫克 / 千克体重，皮下注射，每周 1 次，用 2 ～ 4 次，6 周龄以下犬猫禁用，苏格兰牧羊犬、惠比特犬和有苏格兰牧羊犬血统的犬禁用。多拉菌素，犬 0.6 毫克 / 千克体重，皮下注射，每周 1 次，用 5 ～ 10 次；猫 0.2 ～ 0.27 毫克 / 千克体重，皮下注射。赛拉菌素 6 ～ 12 毫克 / 千克体重，皮下注射，每月 1 次，6 周龄以下犬和 8 周龄以下猫禁用，对苏格兰牧羊犬安全。

十三、钩虫病

钩虫病是由钩口科钩口属、板口属和弯口属的多种线虫寄生于犬和猫的小肠（主要是十二指肠）而引起的一种人畜共患寄生虫病，临床上以皮炎、消化不良、高度贫血为特征。本病多发生于夏季，温暖的南方多发，狭小潮湿的犬、猫舍更易发生。

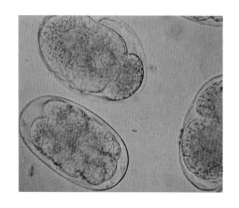

图 1-36　钩虫虫卵

（一）发病原因

病原体主要有钩口属的犬钩口线虫和巴西钩口线虫、板口属的美洲板口线虫以及弯口属的狭头弯口线虫。成虫寄生于犬、猫小肠，虫卵随粪便排出体外（图 1-36），经皮肤、饲料或饮水、吮乳而感染，也可通过胎盘造成胎儿感染。

（二）临床症状

感染性幼虫侵入皮肤时，可引起局部（以趾间为主）皮炎（图 1-37）和趾间增生（图 1-38），导致皮肤瘙痒，随即出现充血斑点或丘疹，继而出现红肿或含浅黄色液体水疱。如有继发感染，可成为脓疮。幼虫移行至肺时，可引起肺炎和肺实变，出现咳嗽、发热等。成虫在肠道寄生时，表现食欲减退或不食、异食、呕吐、腹泻等消化紊乱症状，粪便带血或黑色，柏油状，并带有腐臭味。严重感染时病犬、猫进行性贫血、黏膜苍白（图 1-39）、极度消瘦、脱水、被毛粗乱无光泽、咳嗽和呼吸困难，最后因极度衰竭而死亡。胎内感染和初乳感染的 3 周龄内的幼犬，可引起食乳量减少或不食、精神沉郁和严重贫血，导致昏迷和死亡。

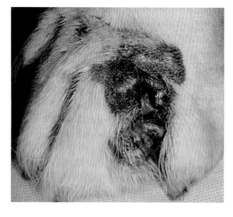

图 1-37　趾间皮炎

图 1-38　趾间增生

（三）类症鉴别

1. 蛔虫病

由蛔虫寄生于小肠和胃引起，主要发生于 2 周龄至 5 月龄幼犬猫，临床上以异食、呕吐、贫血、出血性肠炎、发育不良、生长缓慢、消瘦为特征。粪便检查发现蛔虫及虫卵。

2. 绦虫病

由绦虫寄生于小肠引起，临床上以异食、呕吐、消瘦、贫血、腹泻等为特征。粪便或肛门口周围发现绦虫孕卵节片，粪便检查发现绦虫卵。

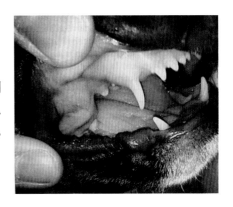

图 1-39 口黏膜苍白

3. 球虫病

又称为等孢球虫病，是由球虫寄生在肠黏膜上皮细胞而引起，多发生于 1 ~ 6 月龄幼犬猫，临床上主要表现出血性肠炎、贫血、消瘦等。粪便检查发现球虫卵囊。多数可自然康复。

4. 贾第鞭毛虫病

由贾第鞭毛虫寄生于肠道引起，主要发生于 1 岁以内的幼犬猫，临床上以腹泻为特征，粪便检查发现滋养体或包囊。

5. 犬细小病毒病

由犬细小病毒引起，2 ~ 4 月龄的幼犬最易感，以冬、春季多发，且以同窝暴发为特征，呈急性经过，临床上以剧烈呕吐、出血性水样便、脱水、白细胞显著减少和非化脓性心肌炎综合征为特征。肠黏膜上皮细胞可检查到核内包涵体。

6. 胃肠炎

多由饲养管理不当引起，表现发热，以胃为主的炎症呕吐严重，饮后即吐，呈祈祷姿势，眼结膜黄染，黄色舌苔和口臭。以肠为主的炎症剧烈腹泻，粪便恶臭，脱水，自体中毒。

（四）预防措施和安全用药

1. 预防措施

主要措施为搞好环境卫生，及时清理粪便，并进行生物热处理；定期对犬进行驱虫；犬、猫舍地面经常用硼酸盐（2 千克 /10 米 ^{2}）、苯酚、热碱水、沸水或石灰乳消毒；犬窝、猫舍和运动场要保持干燥、干净，以阻断钩虫的发育。

2. 安全用药

首选二碘硝基酚，犬 10 毫克 / 千克体重，1 次内服或皮下注射，即可杀灭幼虫和成虫。

也可用甲苯咪唑 22 毫克 / 千克，内服，1 次 / 天，连用 3 天。芬苯达唑 25 毫克 / 千克，1 次内服。阿苯达唑 8 ～ 10 毫克 / 千克，1 次内服。拜宠清（复方非班太尔片），犬一次量 1 片 /10 千克体重，首次投药两周后再重复给药一次。左旋咪唑 10 毫克 / 千克，1 次内服。吡喹酮 5 ～ 10 毫克 / 千克体重，口服，5 天后再服 1 次。双羟萘酸噻嘧啶 6 ～ 25 毫克 / 千克体重，1 次内服。伊维菌素 0.2 ～ 0.3 毫克 / 千克，皮下注射，柯利犬及有柯利犬血统的犬禁止使用。

由于本病可引起严重贫血，在驱虫的同时，应进行对症治疗，如输血、强心、补液、消炎、止血、止泻等，给予高蛋白食物。

十四、绦虫病

绦虫病是由扁形动物门绦虫纲的多种绦虫寄生于犬、猫的小肠而引起的常见寄生虫病。临床上以消瘦、贫血、腹泻等症状为特征，对犬、猫的健康危害很大。

（一）发病原因

寄生于犬、猫小肠内的绦虫有许多种，常见的有犬复孔绦虫、泡状带绦虫、带状带绦虫、豆状带绦虫、多头绦虫、绵羊带绦虫、细粒棘球绦虫、多房棘球绦虫、曼氏迭宫绦虫、阔节裂头绦虫等，成虫孕卵节片随粪便排出体外，犬、猫主要吞食含有感染性囊尾蚴的脏器而感染。

（二）临床症状

轻度感染时常不表现临床症状或偶有消化不良的现象。严重感染时，主要表现为精神沉郁，食欲下降或贪食，异食，呕吐，慢性肠卡他，腹泻，粪便中含孕卵节片（图 1-40），有时粪便成形，但粪便表面有大量绦虫孕卵节片（图 1-41），继而渐进性消瘦，贫血，营养不良。虫体分泌的毒素常引起犬、猫神经中毒，表现剧烈兴奋，有的发生痉挛或四肢麻痹。

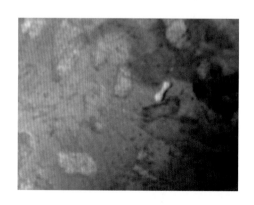

图 1-40 腹泻，粪便中含孕卵节片

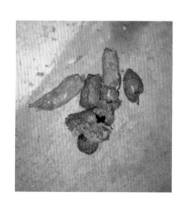

图 1-41 粪便表面有大量绦虫孕卵节片

（三）病理变化

大量绦虫体寄生于犬、猫小肠时引起肠炎，虫体聚集成团时，可堵塞肠管，导致小肠梗阻、套叠、扭转甚至肠破裂。

（四）类症鉴别

1. 蛔虫病

由蛔虫寄生于小肠和胃引起，主要发生于 2 周龄至 5 月龄幼犬猫，临床上以异食、呕吐、贫血、出血性肠炎、发育不良、生长缓慢、消瘦为特征。粪便检查发现蛔虫及虫卵。

2. 钩虫病

由钩口线虫寄生于十二指肠引起，多发生于夏季，临床上以趾间皮炎、肺炎、胃肠炎、高度贫血为特征。粪便检查发现钩口线虫及虫卵。

3. 球虫病

又称为等孢球虫病，是由球虫寄生在肠黏膜上皮细胞而引起，多发生于 1～6 月龄幼犬猫，临床上主要表现出血性肠炎、贫血、消瘦等。粪便检查发现球虫卵囊。多数可自然康复。

4. 贾第鞭毛虫病

由贾第鞭毛虫寄生于肠道引起，主要发生于 1 岁以内的幼犬猫，临床上以腹泻为特征，粪便检查发现滋养体或包囊。

5. 犬细小病毒病

由犬细小病毒引起，2～4 月龄的幼犬最易感，以冬、春季多发，且以同窝暴发为特征，呈急性经过，临床上以剧烈呕吐、出血性水样便、脱水、白细胞显著减少和非化脓性心肌炎综合征为特征。肠黏膜上皮细胞可检查到核内包涵体。

6. 胃肠炎

多由饲养管理不当引起，表现发热，以胃为主的炎症呕吐严重，饮后即吐，呈祈祷姿势，眼结膜黄染，黄色舌苔和口臭。以肠为主的炎症剧烈腹泻，粪便恶臭，脱水，自体中毒。

（五）预防措施和安全用药

1. 预防措施

每年应进行 4 次预防性驱虫（每季度 1 次），驱虫应在犬交配前 3～4 周内进行。不以屠宰家畜的废弃脏器或未经无害化处理的非正常肉食品喂养犬、猫。在裂头绦虫流行地区，鱼、虾最好不要生喂犬、猫。应用蝇毒磷等药物杀灭犬、猫周围环境和体表的蚤和虱。

2. 安全用药

治疗绦虫病药物很多，主要有吡喹酮，犬 5 毫克 / 千克体重，猫 2 毫克 / 千克体重，1 次口服，4 周龄以下的幼犬猫慎用；氯硝柳胺（灭绦灵），犬、猫 100 ～ 150 毫克 / 千克，1 次口服，服药前禁食 12 小时，但对细粒棘球绦虫无效；阿苯达唑，犬 10 ～ 20 毫克 / 千克体重，1 次口服，连用 3 ～ 4 天；拜宠清（复方非班太尔片），犬一次量 1 片 /10 千克体重，首次投药两周后再重复给药一次；伊喹酮，犬 5.5 毫克 / 千克体重，猫 2.75 毫克 / 千克体重，1 次口服；盐酸丁萘脒，犬、猫 25 ～ 50 毫克 / 千克体重，1 次内服，驱除细粒棘球绦虫时 50 毫克 / 千克体重，1 次内服，间隔 48 小时再服 1 次。

十五、犬食管线虫病

犬食管线虫病又称犬旋尾线虫病，是由狼旋尾线虫寄生于犬的食管壁、胃壁或主动脉壁而引起的一种寄生虫病。临床上以食管肉芽肿、吞咽和呼吸困难、流涎为特征，并可继发动脉破裂大出血而死亡。本病广泛分布于热带、亚热带地区，我国华中、华南等地方多发，北京、张家口等地也有报道。

（一）发病原因

病原为旋尾科旋尾属的狼旋尾线虫，犬吞食了含感染性幼虫的中间宿主（食粪甲虫类、蛙类、蜻蜓等）而感染。该虫在其寄生之处引起典型的肉芽肿（线虫结节）。

（二）临床症状

犬感染食管线虫病初期或轻度感染时，一般不表现临床症状。在病的中期或严重感染时，虫体寄生的食管壁部位已形成肿瘤结节并逐步增大、压迫食管，出现食管梗阻、吞咽困难、流涎和呕吐等症状；当虫体寄生于胃壁时，也可呈现呕吐、食欲缺乏等症状；当虫体寄生于肺部和支气管壁时，可呈现剧烈而断续的咳嗽、呼吸困难等症状；当虫体寄生于主动脉壁形成动脉瘤时，使血管腔狭窄引起血管壁破裂，导致大出血而急性死亡。若结节内有细菌感染时，患犬会出现体温升高。慢性病例常伴发肥大性骨关节病，呈现前后肢肿胀、疼痛，X 射线检查呈骨膜增生影像。另外，还可见贫血、脊椎炎、流鼻血、胸膜炎、腹膜炎、厌食、唾液分泌增加等临床症状。病犬白细胞显著增多。

（三）病理变化

在犬的食管（96%）、动脉（2%）、胃（2%）等处可见狼旋尾线虫的寄生病变；此外，在肺、支气管、胸腺、皮下、肾包膜下等处有时也可能见到狼旋尾线虫寄生病变。狼旋尾线虫在食管等处内壁形成蚕豆甚至鸡蛋大的肿瘤状结节。结节中的虫体和脓样液体混在一起，结节的顶端有一小孔通向外部。

特征性病变是出现胸主动脉的动脉瘤，即在虫体周围发生大小不一的反应性肉芽肿，以及偶尔可见的后胸椎畸形性骨化性脊椎炎。

（四）类症鉴别

1. 食管阻塞

有吞食粗大块状食物，或采食中突然受到惊恐的病史，临床上主要表现突发咽下障碍、伸颈摇头不安，大量流涎，不断做哽噎动作，四肢搔抓颈部，颈部食管阻塞时可触到阻塞物，阻塞部上方食管内积液。胃管探诊感到阻力，食管内窥镜和 X 射线检查发现阻塞物。

2. 食管狭窄

呈慢性经过，饮水及液状食物能通过食管。食管探诊时，细导管通过而粗导管受阻；通过 X 射线检查，可发现食管狭窄部位而确定诊断。但由于食管狭窄时常继发狭窄部前方的食管扩张或食管阻塞（呈灌肠状），应通过病情经过快慢加以鉴别。

3. 食管炎

呈疼痛性咽下障碍，触诊或探诊食管时，病畜敏感疼痛，流涎量不大，其中往往含有黏液、血液和坏死组织等炎症产物。

4. 食管痉挛

病情呈阵发性和一过性，缓解期吞咽正常。病情发作时，触诊食管如硬索状，探诊时胃管不能通过，用解痉药治疗效果确实。

（五）预防措施和安全用药

1. 预防措施

定期检查犬群的粪便，发现病犬后隔离治疗。搞好犬舍及周围环境卫生，定期消毒，无害化处理好粪便、呕吐物和其他分泌（排泄）物。病犬笼、舍（墙角、地面等）可用喷灯进行火焰消毒处理，杀灭虫卵。减少或杜绝犬只与中间宿主和转续宿主动物接触。加强饲养管理，增强犬抵抗力，不但可预防犬食管线虫病的发生，即使犬只已被感染，也可阻止虫体的正常发育和生长，降低其致病作用。

2. 安全用药

目前尚无有效的治疗药物。可用二碘硝基酚 7.7 毫克/千克，皮下注射，1 周后重复给药 1 次；左旋咪唑 5～10 毫克/千克，1 次/天，连续内服 3～7 天；阿苯达唑 25～50 毫克/千克，1 次/天，连续内服 5～7 天；阿维菌素 100～300 微克/千克，皮下注射。支持疗法根据患犬病情而定，可进行补液、消炎、强心等。

十六、毛首线虫病

毛首线虫病又称鞭虫病、毛尾线虫病，是由狐毛首线虫（又称狐鞭虫）寄生于犬、猫的盲肠而引起的一种寄生虫病。临床上以消化功能紊乱和贫血为特征。我国各地均有发生，主要危害幼犬，严重感染时可引起死亡。

（一）发病原因

病原为毛首科毛首属的狐毛首线虫，虫卵随粪便排至外界，宿主食入感染性虫卵后，至盲肠内发育为成虫。本病多发于犬，极少见于猫，主要危害幼龄犬，严重感染时可引起死亡。

（二）临床症状

轻度感染时，常无明显临床症状；严重感染时可引起盲肠、结肠出现急性或慢性肠炎。病犬、猫呈现食欲不振，消瘦，贫血，腹泻，粪便中常带黏膜和血液，恶臭呈褐色。症状严重的有黄疸。幼犬、猫生长发育迟缓，甚至死亡。

（三）病理变化

病变局限于盲肠和结肠。虫体寄生时，将其头部深深钻入黏膜，引起急性或慢性卡他性炎症，有时有出血性炎，常是瘀斑性出血。严重感染时，盲肠和结肠黏膜有出血性坏死、水肿和溃疡以及结节。虫体吸血常导致患犬贫血。

（四）类症鉴别

1. 阿米巴病

由溶组织内阿米巴原虫寄生于大肠黏膜而引起，临床上主要表现出血性结肠炎、顽固性腹泻、大肠黏膜糜烂和溃疡等。粪便检查发现滋养体或包囊。

2. 贾第鞭毛虫病

由贾第鞭毛虫寄生于肠道引起，主要发生于 1 岁以内的幼犬猫，临床上以腹泻为特征，粪便检查发现滋养体或包囊。

3. 小肠结肠炎耶尔森菌感染

呕吐、腹痛、腹泻，粪便带有血液或黏液。在肠系膜淋巴结中可分离到小肠结肠炎耶尔森菌。

（五）预防措施和安全用药

1. 预防措施

搞好环境卫生，保持犬舍干燥、清洁，定期消毒；及时清理粪便，且要集中堆积做无害化处理，防止污染水源和饲料；做好预防性定期驱虫工作。场地污染严重时，可清洁以后保持干燥，利用日光杀死虫卵。

2. 安全用药

羟嘧啶（酚嘧啶）5～10毫克/千克，1次内服；芬苯达唑25毫克/千克，1次内服；拜宠清（复方非班太尔片），犬一次量1片/10千克体重，首次投药两周后再重复给药1次；左旋咪唑10毫克/千克体重，1次内服；阿苯达唑10毫克/千克体重，口服，1次/天，连服3天；甲苯达唑22毫克/千克，内服，1次/天，连用3天；双羟萘酸噻嘧啶5～10毫克/千克体重，1次内服；丁苯咪唑50毫克/千克，内服，1次/天，连用2～4天；杀鞭虫灵2毫克/千克，1次内服，连用3～5天；奥克太尔7毫克/千克，内服，连用3次。另外，根据患犬、猫的病情进行补液、消炎、强心等支持治疗。

十七、旋毛虫病

本病是由毛首目毛形科毛形线虫属的旋毛线虫感染而引起犬、猫的一种人畜共患寄生虫病。其成虫寄生于小肠（肠旋毛虫），幼虫寄生于各部肌肉内（肌旋毛虫）。我国以西藏、云南和东北各地较多见。

（一）发病原因

旋毛虫病的病原为毛首目毛形科毛形线虫属的旋毛线虫，成虫寄生于小肠黏膜，幼虫寄生于横纹肌内形成包囊。犬、猫吞食含有包囊幼虫的其他动物肌肉而被感染。

（二）临床症状

轻度感染一般无明显的临床症状，重度感染因发展阶段不同其症状亦有差异。肠旋毛虫是指从吞食含旋毛虫的肉后24小时开始到第1周末，可引起卡他性肠炎或出血性肠炎，表现食欲减退或废绝、呕吐、腹痛、腹泻等，严重时粪便混有黏液或血液，体温正常或轻度升高。肌旋毛虫是指从感染后第1周末开始，一般延续数周。可引起急性肌炎、血管炎等，表现厌食、消瘦、肌肉疼痛、呼吸困难、水肿、运动障碍、咀嚼吞咽困难、体温升高、嗜酸性粒细胞增多，进而呈现出全身中毒的症状，并有肝、肾功能损害的表现，严重感染时可因呼吸肌和心肌麻痹而导致死亡。多数一般感染后5～6周开始恢复，临床症状逐渐消失。

（三）病理变化

肠旋毛虫引起肠黏膜出血、发炎、绒毛坏死，肠黏膜增厚、水肿、黏液增多和瘀斑性出血。肌旋毛虫病是肌肉的变化，如肌细胞横纹消失、萎缩，肌纤维膜增厚等。

（四）类症鉴别

1. 犬细小病毒感染

由犬细小病毒引起，2～4月龄的幼犬最易感，以冬、春季多发，且以同窝暴发为特征，呈急性经过，临床上以剧烈呕吐、出血性水样便、脱水、白细胞显著减少和非化脓性心肌炎综合征为特征。肠黏膜上皮细胞可检查到核内包涵体。

2. 落基山斑点热

由立氏立克次体引起，季节性发病，有被蜱叮咬的病史，表现发热、眼有黏液脓性分泌物、咳嗽、呕吐、腹泻、肌肉疼痛、多关节炎、感觉过敏、运动失调和皮肤斑疹等。

3. 咽炎

理化因素刺激引起，临床上主要表现体温升高、头颈伸展、吞咽困难、口鼻流涎、触压咽部疼痛，视诊咽部黏膜潮红肿等。

4. 食管阻塞

有吞食粗大块状食物，或采食中突然受到惊吓的病史，临床上主要表现突发咽下障碍，伸颈摇头不安，大量流涎，不断做哽噎动作，四肢搔抓颈部，颈部食管阻塞时可触到阻塞物，阻塞部上方食管内积液。胃管探诊感到阻力，食管内窥镜和X射线检查发现阻塞物。

（五）预防措施和安全用药

1. 预防措施

加强对各种肉品的卫生检验，发现含旋毛虫的肉应按肉品检验规程严格处理；加强养殖场地饲养管理，消灭鼠类；禁止用未经处理的厨房废弃物喂犬、猫，以免感染。

2. 安全用药

阿苯达唑25～50毫克/千克，每日一次内服，连服7天；甲苯达唑10毫克/千克，内服，1次/天，连用7天；噻苯达唑25～40毫克/千克，内服，1次/天，连用5～7天。伊维菌素能驱除成虫，对幼虫驱除效果差些。

十八、日本血吸虫病

日本血吸虫病是由裂体科裂体属的日本血吸虫寄生于犬的门静脉和肠系膜静脉内而引起的一种地方性寄生虫病，临床上以消化道出血和肝功能障碍为特征。我国主要发生于长江流域地区。

（一）发病原因

病原为裂体科裂体属的日本血吸虫，雌雄异体。主要经皮肤感染，亦可通过子宫感染。

（二）临床症状

患病初期或轻症病例，一般症状不明显，有时在激烈运动后见有少量的黏液便或血便。但当幼虫移行到肺脏时，表现咳嗽和类似支气管肺炎的症状。感染后 5～6 周（产卵期），常伴有里急后重症状，排出黏液血样的稀便，食欲减退，精神沉郁，消瘦，贫血等。低蛋白血症，白蛋白显著减少。多数病例如在数周内耐过，以后的症状就逐渐减轻。经过1 年以上，血便完全消失，恢复至健康状态。

（三）病理变化

在肠壁的卵块周围有细胞浸润（特别是中性粒细胞浸润），变为脓肿，最后破溃，含有虫卵的内容物排于腹腔。另外，肝脏有虫卵性栓塞，发生钙沉着，虫卵被结节所包围，则形成胆石症及肝硬变。

（四）类症鉴别

1.支气管炎

由于感染或理化因素刺激引起，常发生于冬春湿冷季节，表现体温升高，热型不定，剧烈咳嗽，气喘，触诊喉头或气管敏感，流鼻液，胸部听诊有啰音，X 射线检查肺纹理增多、变粗，但无病灶性阴影。

2.肺炎

全身症状比较重剧，表现发热，流鼻涕，咳嗽，呼吸困难，肺部听诊有啰音或捻发音，肺部叩诊呈半浊音或浊音。血液学检查，白细胞总数和中性粒细胞数增多，核左移。X 射线检查肺纹理增粗，有云雾状阴影。

3.肠炎型犬瘟热

由犬瘟热病毒引起，以冬春季（10 月至翌年 4 月间）多发，体温升高，双相热型，里急后重，排脓血带黏液粪便，后期转为神经症状，核内及胞浆内均有包涵体，且以胞浆内为主。

（五）预防措施和安全用药

1.预防措施

加强饲养管理，搞好环境卫生，及时清理粪便，消灭中间宿主。

2.安全用药

硝氯酚（拜耳 9015）犬 1 毫克／千克，内服 1 次／天，连用 3 天，对血吸虫的成虫和幼虫都有杀灭作用。同时对出血、贫血进行对症治疗。

十九、肝吸虫病

肝吸虫病又称华支睾吸虫病，是由华支睾吸虫寄生于犬的胆囊、胆管及胆道内而引起的一种寄生虫病。临床上以消化功能紊乱、贫血、消瘦、肝功能障碍为特征。我国主要流行于华中、华南、华北，对犬、猫危害较大，猫的感染率可达100%，犬的感染率为35%～100%。

（一）发病原因

病原为复殖目、后睾科、支睾属的华支睾吸虫，成虫寄生于肝胆管和胆囊内，所产的虫卵随粪便排出，犬、猫吞食含有囊蚴的生鱼或未煮熟的鱼肉或虾而被感染。

（二）临床症状

多数为隐性感染。取慢性经过。严重感染时，因胆管炎、胆囊炎和肝功能障碍，犬、猫表现消化功能紊乱，异食，食欲减退，消化不良，消瘦，贫血及水肿，甚至腹水。初便秘，后下痢，或便秘与下痢交替出现，臭味难闻。叩诊肝脏浊音区扩大，触诊有疼痛表现。虫体阻塞胆管时，血清和尿液的直接胆红素呈强阳性，粪便、血清和尿液的尿胆素原呈阴性，血清碱性磷酸酶明显增加。发生肝硬化时，血液间接胆红素及尿胆素原均增加，尿中尿胆素原大量增加，而粪便中尿胆素原则减少，血浆白蛋白、纤维蛋白原减少，球蛋白增多，血清转氨酶明显增加等。

（三）病理变化

剖检可见胆管变粗，胆囊肿大，胆汁浓稠，呈草绿色，胆管和胆囊内有大量的虫体和虫卵。肝脏表面结缔组织增生，有时可引起肝硬化或脂肪变性。

（四）类症鉴别

1. 犬埃利希体病

由埃利希体引起，主要发生于夏末秋初有蜱生活的季节，表现发热、贫血、黄疸、消瘦、四肢或下腹水肿、眼鼻流黏液脓性分泌物、全身淋巴结肿大、脾肿大、血小板减少、前葡萄膜炎等，血液检查在单核细胞内发现犬埃利希体。慢性埃利希体病可持续数年之久，而落基山斑点热发病一般只持续2周或更短时间。

2. 慢性腹膜炎

体温正常，一般无腹痛症状，有腹水。X射线检查腹部呈毛玻璃样、腹腔内阴影消失。

3. 腹水症

由于心、肝、肾功能障碍或严重贫血引起，体温正常，四肢水肿，下腹部两侧对称性膨大，触诊腹壁不敏感，冲击触诊呈击水音。腹腔穿刺为透明的漏出液，相对密度低于1.015，李凡他反应阴性。

4. 犬传染性肝炎

由犬腺病毒Ⅰ型引起，以冬季发生较多，呈流行性，断乳至 1 岁的犬发病率和死亡率最高，临床上主要表现体温升高，双相热型，呕吐，腹痛，腹泻，眼鼻流水样液体，角膜混浊，肝炎性蓝眼，黄疸，剑突处有压痛。剖检有肝和胆囊病变及体腔血样渗出液。丙氨酸转氨酶、天冬氨酸转氨酶活性增高，凝血酶原时间、凝血酶时间和激活凝血激酶时间延长。肝实质细胞和皮质细胞核内出现包涵体。

5. 肝硬化

呈慢性消化不良，视黏膜黄染，有腹水及皮下水肿。

（五）预防措施和安全用药

1. 预防措施

流行区的犬、猫要定期检查和驱虫；禁止用生的或未熟的鱼虾喂犬、猫；用捕捉或掩埋的方法消灭第一中间宿主；及时清理粪便，防止污染水塘；禁止在鱼塘边盖猪舍或厕所。

2. 安全用药

硝氯酚（拜耳 9015）犬 1 毫克 / 千克体重，口服，每天 1 次，连用 3 天；吡喹酮 5～10 毫克 / 千克体重，1 次口服；阿苯达唑 30 毫克 / 千克体重，口服，每天 1 次，连用 12 天；海涛林 50～60 毫克 / 千克体重，口服，每天 1 次，5 次为一疗程。

二十、球虫病

球虫病又称等孢球虫病，是由艾美耳科等孢属的犬等孢球虫、二联等孢球虫、芮氏等孢球虫和猫等孢球虫寄生在犬、猫的肠上皮细胞内而引起的寄生虫病。临床上以出血性肠炎、贫血、衰弱和食欲减退为特征。主要危害幼犬、幼猫。

（一）发病原因

本病的病原为孢子虫纲球虫目艾美耳科等孢属的犬等孢球虫、二联等孢球虫、芮氏等孢球虫和猫等孢球虫，寄生于犬、猫的肠黏膜上皮细胞内，卵囊随粪便排出体外。各种年龄的犬、猫均可感染，以 1～6 月龄幼犬、猫对球虫病特别易感。在环境卫生不好和饲养密度较大的养犬场常可发生严重的流行。病犬、猫和带菌的成年犬、猫是传播本病的传染源。感染途径是消化道，吞吃被污染的食物和饮水，或吞吃带球虫卵囊的苍蝇、鼠类均可发病。

（二）临床症状

轻度感染一般不表现临床症状。严重感染时，幼犬和幼猫于感染后 3～6 天开始水样腹泻或排出泥状粪便或排出带血液的粪便。表现轻度发热，精神沉郁，食欲减退，消化不良，消瘦，贫血。感染 3 周以后，临床症状自行消失，大多数犬、猫可自然康复。老龄犬、猫抵抗力较强，常呈慢性经过。

（三）病理变化

剖检可见整个小肠出血性炎症，尤其在回肠下部更为明显，肠黏膜肥厚，肠黏膜上皮细胞脱落。慢性经过的可在小肠黏膜层内发现白色结节，结节内充满球虫卵囊。有的病例肝脏发生坏死性结节。

（四）类症鉴别

1. 蛔虫病

由蛔虫寄生于小肠和胃引起，主要发生于 2 周龄至 5 月龄幼犬猫，临床上以异食、呕吐、贫血、出血性肠炎、发育不良、生长缓慢、消瘦为特征。粪便检查发现蛔虫及虫卵。

2. 钩虫病

由钩口线虫寄生于十二指肠引起，多发生于夏季，临床上以趾间皮炎、肺炎、胃肠炎、高度贫血为特征。粪便检查发现钩口线虫及虫卵。

3. 绦虫病

由绦虫寄生于小肠引起，临床上以异食、呕吐、消瘦、贫血、腹泻等为特征。粪便或肛门口周围发现绦虫孕卵节片，粪便检查发现绦虫虫卵。

4. 贾第鞭毛虫病

由贾第鞭毛虫寄生于肠道引起，主要发生于 1 岁以内的幼犬猫，临床上以腹泻为特征，粪便检查发现滋养体或包囊。

5. 犬细小病毒病

由犬细小病毒引起，2～4 月龄的幼犬最易感，以冬、春季多发，且以同窝暴发为特征，呈急性经过，临床上以剧烈呕吐、出血性水样便、脱水、白细胞显著减少和非化脓性心肌炎综合征为特征。肠黏膜上皮细胞可检查到核内包涵体。

6.胃肠炎

多由饲养管理不当引起，表现发热，以胃为主的炎症呕吐严重，饮后即吐，呈祈祷姿势，眼结膜黄染，黄色舌苔和口臭。以肠为主的炎症剧烈腹泻，粪便恶臭，脱水，自体中毒。

（五）预防措施和安全用药

1.预防措施

搞好犬、猫的环境卫生，防止球虫卵囊污染犬窝、猫舍食槽和饮水等，用具经常清洗消毒，及时清理粪便。药物预防可用氨丙啉，按 0.02% 浓度混饲或混入饮水中给药，幼犬连用 7 天，母犬产仔前 10 天开始用药。

2.安全用药

妥曲珠利犬 5～10 毫克 / 千克体重，每 24 小时一次内服，连用 2～6 天。氨丙啉犬 20 毫克 / 千克体重，每 24 小时一次内服，连用 5 天；猫 60～100 毫克 / 千克体重，每 24 小时一次内服，连用 7 天。磺胺二甲氧嘧啶 55 毫克 / 千克，内服，用药 1 天，或按 27.5 毫克 / 千克，连用 2～4 天，也可用药直到症状消失；磺胺六甲氧嘧啶 50 毫克 / 千克，1 次 / 天，内服，连用 5 天。对贫血和脱水严重的犬、猫，应采取消炎、输液等对症治疗。

二十一、阿米巴病

阿米巴病又称为肠阿米巴病，是由溶组织内阿米巴原虫寄生于大肠黏膜而引起的一种人畜共患病。临床上以急性结肠炎、顽固性腹泻、大肠黏膜糜烂和溃疡为特征。

（一）发病原因

阿米巴病的病原为根足虫纲、阿米巴目、内阿米巴科、内阿米巴属的溶组织内阿米巴原虫，有滋养体和包囊两个不同的发育阶段。粪便中的对外界抵抗力很强包囊是感染期虫体，随病犬、猫粪便排出体外，污染了周围的食物和水源等，健康犬、猫通过采食和饮水而经口感染。

（二）临床症状

临床症状因虫株毒力、宿主抵抗力、宿主身体状况以及精神状况等而不同，多数情况下无明显症状或症状轻微。感染严重时可导致出血性肠炎，表现为发热、精神萎靡、体重下降、水样腹泻、粪便中含有黏液甚至血性稀便，严重者因腹膜炎、肠壁穿孔、心脏衰弱或继发细菌感染而死亡。有时急性病例转为慢性，表现间歇性或持续数周到数月腹泻，粪便中有时带有黏液或血液，里急后重，厌食，体重下降。

（三）病理变化

剖检可见盲肠、结肠溃疡，黏膜坏死，严重者造成肠壁穿孔。溃疡表面有黄色或黑色的坏死组织、黏液和大滋养体，黏膜下血管被破坏，黏膜出血，肠壁破溃，造成腹膜炎等程度不一的病理变化如肝脓肿、肺脓肿等。

（四）类症鉴别

1.毛首线虫病

由狐毛首线虫寄生于盲肠而引起的盲结肠炎，临床上主要表现呕吐、消瘦、贫血、腹泻，粪便中常带黏膜和血液。病变局限于盲肠和结肠。粪便检查发现狐毛首线虫虫卵。

2.小肠结肠炎耶尔森菌感染

呕吐、腹痛、腹泻，粪便带有血液或黏液。在肠系膜淋巴结中可分离到小肠结肠炎耶尔森菌。

（五）预防措施和安全用药

1.预防措施

加强饲养管理，改善环境卫生条件，对粪便进行无害化处理，用以杀灭包囊，保护水源、食物免受污染。

2.安全用药

甲硝唑（灭滴灵）25毫克/千克，口服，每天1次，连用3～5天；氯喹（氯碘喹啉）5毫克/千克，连用14天，对组织内的虫体有效。同时进行补液、补充营养和调节机体酸碱平衡等对症治疗。

二十二、贾第鞭毛虫病

贾第鞭毛虫病是由六鞭毛科贾第属的犬贾第鞭毛虫、猫贾第鞭毛虫和蓝氏贾第鞭毛虫寄生于犬和猫的肠道引起的寄生虫病，临床上以腹泻为特征。多见于幼犬。

（一）发病原因

贾第鞭毛虫病的病原为六鞭毛科，贾第属的犬贾第鞭毛虫、猫贾第鞭毛虫和蓝氏贾第鞭毛虫，犬贾第鞭毛虫寄生于犬的十二指肠和空肠上段；猫贾第鞭毛虫寄生于猫的小肠或大肠；蓝氏贾第鞭毛虫寄生于犬、猫的十二指肠、空肠和回肠。贾第鞭毛虫包囊随宿主粪便排出体外，污染犬、猫的食物和饮水，犬、猫因食入被包囊污染的水、食物而经消化道感染。

（二）临床症状

1 岁以内的幼犬、猫对本病易感，感染后症状明显，主要表现为腹泻，但也有呈无症状的隐性感染。患病犬、猫精神沉郁，食欲减少或废绝，消瘦，腹泻，粪便呈灰色、浅褐色或褐色糊状，有腐臭味，混有黏液和脂肪、血液，后期出现脱水症状。当与其他消化道寄生虫混合感染时，腹泻明显加重。严重者可导致死亡。慢性病例表现为间歇性或持续性腹泻、里急后重、厌食、体重下降。成年犬、猫仅表现排出泡沫样糊状粪便，体温、食欲无太大的变化。

（三）类症鉴别

1. 阿米巴病

由溶组织内阿米巴原虫寄生于大肠黏膜而引起，临床上主要表现出血性结肠炎、顽固性腹泻、大肠黏膜糜烂和溃疡等。粪便检查发现滋养体或包囊。

2. 小肠结肠炎耶尔森菌感染

呕吐、腹痛、腹泻，粪便带有血液或黏液。在肠系膜淋巴结中可分离到小肠结肠炎耶尔森菌。

3. 毛首线虫病

由狐毛首线虫寄生于盲肠而引起的盲结肠炎，临床上主要表现呕吐、消瘦、贫血、腹泻，粪便中常带黏膜和血液。病变局限于盲肠和结肠。粪便检查发现狐毛首线虫虫卵。

（四）预防措施和安全用药

1. 预防措施

保持周围环境干燥和清洁卫生；经常用洗洁剂或沸水对笼具进行冲刷，避免食盘被粪便污染；保持犬体清洁卫生，处理好犬、猫的粪便。

2. 安全用药

甲硝唑（灭滴灵）犬 15～25 毫克/千克，猫 8～10 毫克/千克，每 12 小时口服 1次，连用 5天，金吉拉猫 40毫克/千克，每 24 小时口服 1次。可出现血尿、呕吐等副作用，妊娠和哺乳的母犬及严重消瘦的犬禁用。阿的平 50～100 毫克/次，每 12 小时 1 次，连用 3 天，不良反应有食欲降低、呕吐、腹泻、瘙痒等，适当使用碳酸氢钠，可减轻呕吐，禁用于妊娠犬。

二十三、口炎

口炎是口腔黏膜及其深层组织的炎症，临床上以流涎、拒食或厌食、咀嚼障碍及口腔黏膜潮红肿胀为特征。常发生于舌、颊、唇、腭、齿龈和口角等部位，按炎症的性质分为卡他性口炎、水疱性口炎、溃疡性口炎、霉菌性口炎和坏疽性口炎，临床上以溃疡性口炎最为常见。

（一）发病原因

1. 物理性因素

如尖锐的牙齿、牙结石（图1-42）、异物（钉子、铁丝等）、骨头、鱼刺等直接损伤口腔黏膜；过热或过冷食物、药物的错误投放等也可刺激口腔黏膜。

2. 化学性因素

误食误饮生石灰、氨水、强酸、强碱、强氧化剂、消毒剂等或经口投服刺激性强烈的药物，均可引起本病。

3. 生物性因素

常发生于细菌、病毒、真菌感染，如链球菌、葡萄球菌、螺旋体、犬乳头状瘤、犬瘟热、猫传染性鼻气管炎、猫流感、猫杯状病毒感染、猫免疫缺陷病、猫疱疹病毒感染、猫白血病、猫泛白细胞减少症、犬腺病毒Ⅱ型感染和犬传染性肝炎以及念珠菌、酵母菌、曲霉菌、芽生菌、组织胞浆菌、孢子丝菌及球孢菌等真菌感染。

4. 营养代谢性因素

如维生素A缺乏症、维生素B_2缺乏症（图1-43）、烟酸缺乏症（糙皮病）、核黄素缺乏症、抗坏血酸缺乏症、锌缺乏症等以及犬蛋白质能量不足性营养不良。也可继发于糖尿病、甲状旁腺功能减退、尿毒症和甲状腺功能减退等。

图1-42　牙结石刺激口腔炎症

图1-43　维生素B_2缺乏引起口腔炎症

（二）临床症状

轻度口炎犬、猫常有食欲，但只能采食液体食物或较软的肉，采食后不敢咀嚼即行吞咽；大量流涎（图1-44）；口腔黏膜红、肿、热、痛（图1-45）。有的在吃食时，突然尖声嚎叫，痛苦不安，想吃而不敢吃。口腔感觉过敏，抗拒检查；口臭，下颌淋巴结肿大，有时有轻度发热。

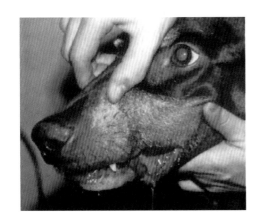

图1-44 患犬大量流涎

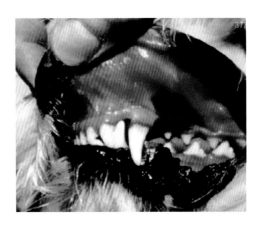

图1-45 口腔黏膜红肿、敏感

1. 卡他性口炎

口腔黏膜表层的卡他性炎症。表现采食、咀嚼缓慢，流涎，口腔黏膜潮红、肿胀、敏感（图1-46），口温增高，齿龈和腭潮红、肿胀（图1-47、图1-48），舌表面常有灰白色或灰黄色舌苔，口腔具有甘臭或腐败臭味。

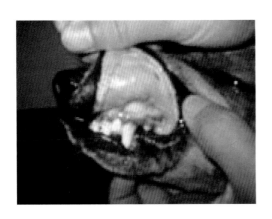

图1-46 口腔黏膜肿胀

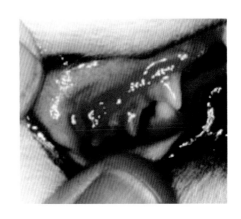

图1-47 齿龈潮红、肿胀

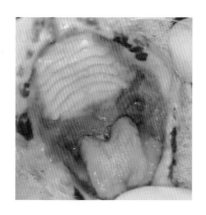

图 1-48 腭潮红、肿胀

2. 水疱性口炎

多伴有全身性疾病，如犬瘟热、营养不良等，口黏膜出现散在小米粒乃至黄豆大小水疱，水疱破裂后形成鲜红色溃疡面，其病灶界线清楚。猫患本病时，在其口角也出现明显病变。

3. 溃疡性口炎

常并发或继发于全身性疾病，如猫传染性鼻气管炎等。食欲废绝，口腔黏膜发生糜烂、坏死和溃疡（图 1-49），齿龈易出血（图 1-50），硬腭、颊部黏膜和舌面糜烂、溃疡（图 1-51～图 1-53），口内流出混有血液的恶臭唾液，口腔呈难闻臭味，下颌淋巴结肿胀，咀嚼困难，伴有发热。当炎症波及齿槽时，则牙齿松动或脱落；炎症可蔓延至下呼吸道，引起肺炎。老、幼龄犬猫容易发生败血病。

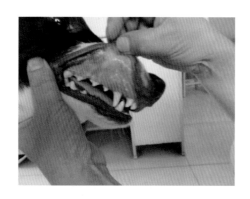

图 1-49 口腔黏膜糜烂、溃疡

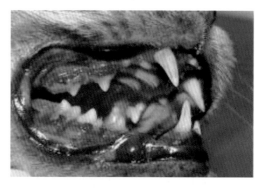

图 1-50 齿龈易出血、溃疡

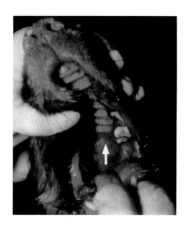

图 1-51 硬腭糜烂、溃疡

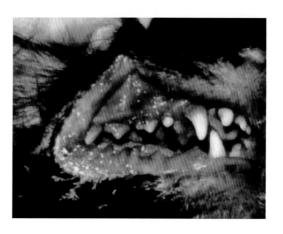

图 1-52 颊部黏膜糜烂、溃疡

4. 霉菌性口炎

常发生于长期或大剂量使用广谱抗生素病史的犬、猫，为一种特殊类型的溃疡性口炎。其特征是口腔黏膜形成柔软、白色或灰白色、稍隆起的斑点，病灶周围潮红，表面覆盖白色坚韧的假膜（图 1-54），假膜脱落后遗留溃疡面。患病犬猫食欲减退、流涎、发热等。

图 1-53 舌面糜烂、溃疡

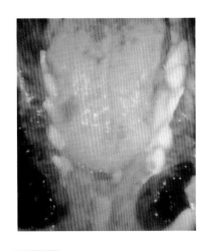

图 1-54 舌面覆盖一层白色坚韧假膜

5. 坏疽性口炎

除黏膜有大量坏死组织外，在溃疡面覆盖污秽的灰黄色油脂状假膜。下颌淋巴结肿大、坚硬。

（三）类症鉴别

1. 腮腺炎

体温升高，流涎，单侧或双侧腮腺部肿胀、有热痛，头颈伸直，活动受限或歪斜，采食困难。

2. 颌下腺炎

头颈伸直，流涎，口腔黏膜红肿，颌下腺肿胀、疼痛、化脓。

3. 舌下腺炎

口腔底部和舌下皱褶红肿，颌下间隙肿胀、疼痛。

4. 汞中毒

表现大量流涎，呕吐，溃疡性口炎，齿龈炎，胃肠炎，肾炎。

5. 咽炎

理化因素刺激引起，临床上主要表现体温升高、头颈伸展、吞咽困难、口鼻流涎、触压咽部疼痛，视诊咽部黏膜潮红肿胀等。

6. 食管阻塞

吞咽障碍，咽部无疼痛，通过触诊或胃管探诊发现阻塞物。

7. 猫传染性鼻气管炎

由猫疱疹病毒Ⅰ型引起，主要侵害4～6周龄仔猫。表现发热，鼻炎，角膜结膜炎，支气管炎，肺炎，溃疡性口炎，流产等。眼结膜和上呼吸道黏膜涂片检查到包涵体。

8. 疱疹病毒感染

由疱疹病毒引起，多发生于3周龄内仔犬猫，表现发热、鼻炎、角膜结膜炎、支气管炎、肺炎、溃疡性口炎、皮肤丘疹、流产等。眼结膜和上呼吸道黏膜涂片检查到包涵体。

9. 维生素 B$_2$ 缺乏症

腹泻，贫血，口炎，阴囊炎。

（四）预防措施和安全用药

1. 预防措施

加强饲养管理，不喂发霉变质食物，防止尖锐异物混入食物；禁止饲喂鸡骨头、鱼刺等，不喂过热或过冷食物；定期检查口腔，及时清理牙结石，修整过长牙齿；避免误食强酸强碱、强氧化剂、消毒剂等，服用带有刺激性或腐蚀性药物时一定按要求使用；积极治疗原发病，合理调配饮食，防止营养缺乏。

2. 安全用药

治疗原则为消除病因，加强饲养管理，采取药物疗法，积极控制炎症蔓延。

（1）消除病因　首先除去病因，必要时在全身麻醉后进行，如去掉口腔异物、齿石、锐齿，修整或拔除病齿等。

（2）加强饲养管理　注意饲养管理，给予清洁的饮水，补充足够A族维生素和B族维生素。饲喂富有营养的牛奶、肉汤、鱼汤、野菜汁和碎肉块等流质或柔软食物，减少对患部口腔黏膜的刺激。对于不食的犬、猫应给予全身营养疗法，静脉滴注葡萄糖、氨基酸、维生素等。

（3）药物疗法　卡他性口炎和水疱性口炎可用1%明矾溶液、0.1%高锰酸钾溶液、0.2%洗必泰溶液、2%硼酸溶液等收敛剂或消毒剂冲洗口腔，然后涂布碘甘油。溃疡性口炎可用硝酸银棒或5%硝酸银溶液腐蚀，然后再涂以2%硫酸铜溶液、2%硼酸甘油混悬液、复方碘甘油溶液或2%～3%氯化锌溶液等。霉菌性口炎可涂以制霉菌素软膏11%甲紫溶液或两性霉素B 0.5～1毫克/千克体重，静脉注射，隔日1次，或口服、肌内注射维生素 B 复合溶液、维生素 B$_2$ 等。继发性口炎应积极治疗原发病，细菌性口炎选用有效的抗生素治疗，如口服或肌内注射氨苄西林、头孢菌素、喹诺酮类药物等。体质衰弱者，可用葡萄糖、复方氨基酸等静脉注射。当有并发败血症危险时，要应用抗生素和磺胺类药。

二十四、咽炎

咽炎指咽黏膜及其深层组织、软腭黏膜、咽淋巴结的炎症，临床上以吞咽困难、咽部肿胀、敏感、流涎为主要特征。按病因分为原发性和继发性两种类型，常并发于广泛的口腔、上呼吸道或全身疾病。

（一）发病原因

1. 原发性咽炎

多因物理性或化学性物质刺激而引起。如犬、猫吞食骨头、鱼刺、金属异物被刺伤、被热食、热水烫伤，吞食冰冻食物、刺激性气体和刺激性强的药物等刺激所致。

2. 继发性咽炎

多继发于口炎、扁桃体炎、牙周炎、鼻窦炎、受寒、感冒、过劳等。此外还常见于流感、狂犬病、犬瘟热、钩端螺旋体病、犬传染性肝炎、猫泛白细胞减少症、猫尿毒症、维生素 A 缺乏症等。

（二）临床症状

1. 急性咽炎

全身症状明显，表现精神沉郁，食欲废绝，体温升高（40℃以上），吞咽困难和流涎等。触诊咽部表现敏感、躲避、摇头，下颌淋巴结、咽背淋巴结和咽淋巴结肿胀。咽部视诊可见软腭、扁桃体高度潮红、肿胀（图 1-55），脓性物覆盖咽部（图 1-56）。咳嗽，人工诱咳阳性。

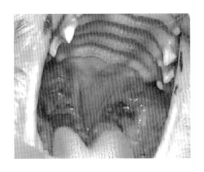

图 1-55 软腭、扁桃体潮红、肿胀

图 1-56 脓性物覆盖咽部

2. 慢性咽炎

病程较长，发展缓慢，咽部触诊疼痛，有发作性咳嗽，吞咽障碍，饮水和食物有时从鼻孔流出。咽后壁多呈颗粒状，有黏稠的黏液覆盖，扁桃体肿大。下颌淋巴结轻度肿胀。

（三）类症鉴别

1. 咽部异物

突然发生阻塞，吞咽困难，借助咽部触诊、咽内探诊或 X 射线检查可以区别。

2. 咽麻痹

局部不具有疼痛和炎症变化，无全身症状，刺激咽黏膜也无吞咽动作。

3. 咽腔肿瘤

局部触诊不痛，咽部无炎症变化，且病程缓慢，咽腔检查可发现肿瘤。

4. 腮腺炎

咽部肿胀，多发生于一侧，头向健侧歪斜，无鼻液，无食物反流和鼻液，舌根无压痛。

5. 喉卡他

咳嗽，流鼻液，吞咽无异常。

6. 食管阻塞

吞咽障碍，咽部无疼痛，通过触诊或胃管探诊发现阻塞物。

7. 犬副流感

由犬副流感病毒引起，发病急，传播快，主要感染幼犬，表现卡他性鼻炎、喉气管炎和肺炎症状。

8. 犬瘟热

由犬瘟热病毒引起，以冬春季（10 月至翌年 4 月间）多发，1～12 个月龄的犬发病率最高，临床上以双相热型、白细胞减少、急性脓性鼻炎和脓性结膜炎、支气管肺炎、严重的胃肠炎和神经症状为特征。核内及胞浆内均有包涵体，且以胞浆内包涵体为主。

（四）预防措施和安全用药

1. 预防措施

搞好饲养管理，防止受寒、过劳，增强抵抗力；及时治疗咽部邻近器官的炎症；禁止犬、猫吞食骨头、鱼刺、金属异物以及过热或过冷食物。

2. 安全用药

治疗原则为去除病因，加强护理，抗菌消炎。

（1）加强饲养管理　将病犬、猫置于温暖、干燥、通风良好的犬、猫舍内。对轻症犬、猫，可给予柔软易消化的流质食物，如牛奶、生鸡蛋、米粥或肉汤等，并勤饮水；对于进食困难的犬、猫，进行人工营养，静脉注射 10% ～ 25% 葡萄糖溶液，并辅以维生素类药物或行营养性灌肠（切忌用胃管经口投药）。

（2）抗菌消炎　首先用 0.1% 高锰酸钾溶液、3% 明矾溶液、2% 硼酸溶液等洗涤咽腔，然后涂布碘甘油（1∶30）或鞣酸甘油（1∶30）等。在病的初期，采用 0.25% 普鲁卡因氨苄西林溶液 5 ～ 10 毫升进行咽部周围皮下封闭，或用 2% ～ 3% 硼酸液蒸气吸入，亦可用复方乙酸铅溶液在颈部冷敷，经 2 ～ 3 天后改用 20% 硫酸镁溶液温敷。严重的咽炎，应用抗生素或磺胺类药物，可静脉注射磺胺甲基嘧啶注射液，静脉或肌内注射氨苄西林、头孢菌素、喹诺酮类药物。适时应用解热止痛剂，酌情使用肾上腺皮质激素，如可的松等。

二十五、唾液腺炎

唾液腺炎是指唾液腺及其导管的炎症。唾液腺包括腮腺（耳下腺）、颌下腺、舌下腺，其中以腮腺炎最常见，有时呈地方性流行。按其经过可分为急性和慢性；按其病性可分实质性、间质性和化脓性；按病原可分原发性和继发性，犬唾液腺炎多为继发性。

（一）发病原因

原发性唾液腺炎通常由于唾液腺或其邻近组织的损伤或感染所致，如咬伤、外伤、鱼钩刺伤等。

继发性唾液腺炎常继发于咽炎、喉炎、口炎、唾液腺结石、唾液腺黏液囊肿以及犬瘟热、狂犬病、传染性胸膜肺炎等疾病。

（二）临床症状

1. 腮腺炎

急性实质性腮腺炎时，单侧或双侧腮腺部位及周围肿胀、增温，触诊腺体较坚实，并有热痛。病犬头颈伸直，向两侧活动受到限制，如一侧腮腺炎症，即见头颈向健康侧歪斜，体温升高。采食困难，咀嚼迟缓，唾液分泌增加，不断流涎，特别是采食和咀嚼时。如继发咽炎，则吞咽困难。

化脓性腮腺炎时，除具有上述症状外，腮腺区有水肿性肿胀，并可能扩展于颈部及下颌，几天后形成脓肿，触诊有波动。脓肿破溃形成瘘管，向外流出混有脓汁的唾液。

慢性间质性腮腺炎较为少见，除具有局部硬肿外，常无发热症状，局部疼痛亦不明显。

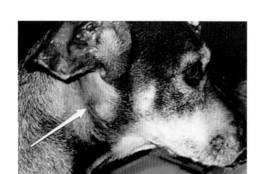

图 1-57 颌下腺肿胀

2. 颌下腺炎

常伴有下颌间隙蜂窝织炎，病犬头颈伸直，咀嚼迟缓，流涎。口腔黏膜充血、肿胀，颌下腺肿胀、增温、疼痛（图 1-57），舌下肉阜红肿。颌下腺常形成脓肿，破溃后脓汁可从口内或破溃处向外流出，口腔恶臭。痊愈后局部遗留下不易消散的硬结。

3. 舌下腺炎

常继发于腮腺炎或颌下腺炎之后，口腔底部和舌下皱褶红肿，颌下间隙肿胀、增温、疼痛，腺叶突出于舌下两侧黏膜表面，最后化脓并溃烂，口腔恶臭。

（三）类症鉴别

1. 咽炎

主症为吞咽障碍，触诊咽部疼痛敏感。

2. 口炎

主要由各种理化因素刺激引起，主症在口腔，临床上以流涎、咀嚼障碍及口腔黏膜红肿或有水疱、溃疡为特征。

3. 皮下蜂窝织炎

全身症状明显，表现体温升高，局部大面积弥漫性肿胀，界限不清，局部增温，疼痛剧烈，浆液性、化脓性渗出，功能障碍。

4. 犬瘟热

由犬瘟热病毒引起，以冬春季（10月至翌年4月间）多发，1～12个月龄的犬发病率最高，临床上以双相热型、白细胞减少、急性脓性鼻炎和脓性结膜炎、支气管肺炎、严重的胃肠炎和神经症状为特征。核内及胞浆内均有包涵体，且以胞浆内包涵体为主。

5. 唾液腺囊肿

由于创伤或炎症引起，肿胀（图 1-58），无热无痛，触诊有波动（图 1-59）。

6. 脓肿

局部肿胀，无明显界线，热痛明显，触诊中央波动明显，周围坚实，穿刺流出大量脓汁。全身无明显变化。

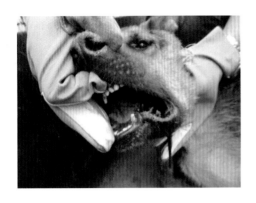

图 1-58　舌下腺肿胀　　　　　　　　图 1-59　舌下腺肿胀，有波动

7. 肿瘤

肿瘤比囊肿坚硬，生长比较缓慢。局限性圆形、花瓣状、绒毛状、树枝状等，外观凹凸不平，表面光滑，质地坚实。

（四）预防措施和安全用药

1. 预防措施

加强饲养管理，防止受寒；及时治疗口炎、咽炎等邻近器官的炎症；禁止犬、猫吞食骨头、鱼刺、金属异物。

2. 安全用药

唾液腺炎初期，可用热水袋或 50% 乙醇温敷，同时应用抗生素和磺胺类药物，可注射氨苄西林、头孢菌素、阿米卡星、喹诺酮类药物、磺胺嘧啶钠等。已形成脓肿时，应及时切开排脓，用 0.1% 高锰酸钾溶液冲洗。慢性唾液腺炎伴有瘘管者，须做手术摘除。

二十六、齿龈炎

齿龈炎是齿龈的急性或慢性炎症，临床上以齿龈充血和肿胀为特征，常可引起齿龈溃疡、坏死和继发感染。

（一）发病原因

多因齿菌斑、齿石、龋齿、食物嵌塞等刺激齿龈引起局部组织炎症，有时因撕咬致使牙齿松动或齿龈损伤而继发感染。另外，口炎、慢性胃炎、营养不良、犬瘟热、尿毒症、钩端螺旋体病、维生素 C 或维生素 B 族及烟酸缺乏、重金属中毒等，均可继发本病。猫某些疾病如白血病引起免疫缺陷，也可发生严重的齿龈炎。

（二）临床症状

典型症状为齿龈红肿、发软。齿龈炎初期，齿龈边缘出血、肿胀，似海绵状，脆弱易出血（图 1-60）。并发口炎时表现精神沉郁、大量流涎、口臭、疼痛明显、咀嚼和吞咽困难。口腔检查可见齿龈红肿、增生，口腔黏膜、咽部或舌面溃烂。严重病例炎症可涉及咽喉部、舌、软腭，甚至整个口腔。有的病例齿龈萎缩，齿根大半露出，牙齿松动。转为慢性时，齿龈变为肥大。猫患慢性齿龈炎时，症状严重。轻度齿龈炎，可见齿龈缘轻度充血，无组织增生；中度齿龈炎，齿龈充血但无增生迹象、齿龈溃疡；严重齿龈炎，伴有齿龈缘充血红肿，齿龈增生、溃疡（图 1-61），伴有牙周病症状，如形成牙周袋、齿槽萎缩和牙齿松动。

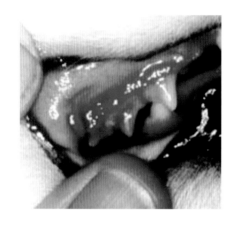

图 1-60　齿龈红肿、出血

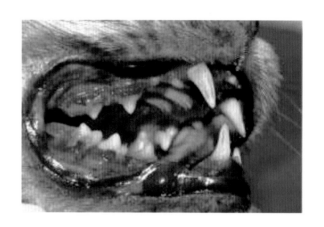

图 1-61　齿龈增生、溃疡

（三）类症鉴别

1. 口炎

主要由各种理化因素刺激引起，临床上以流涎、拒食或厌食、咀嚼障碍及口腔黏膜潮红肿胀为特征。

2. 汞中毒

表现大量流涎，呕吐，溃疡性口炎，齿龈炎，胃肠炎，肾炎。

3. 血小板减少症

在皮肤和黏膜出现自发性瘀血点和瘀血斑，天然孔和内脏出血，出血时间延长，贫血。实验室检查血小板明显减少，血小板聚集功能异常，出血时间延长。

4. 猫免疫缺陷病

由猫免疫缺陷病毒感染引起的，中老年猫多发，表现发热，消瘦，贫血，腹泻，淋巴结肿大，中性粒细胞减少症，淋巴细胞减少症，血小板减少症，慢性呼吸系统疾病，慢性皮肤病，慢性口炎，听力和视力减退，痴呆，面部抽搐，葡萄膜炎，白内障和青光眼，以及易继发感染等。

5. 猫白血病

表现为淋巴结肿大、低热、口炎、齿龈炎、结膜炎和腹泻等。

（四）预防措施和安全用药

首先消除病因，清除齿菌斑、齿石，治疗其他牙齿疾病，如龋齿。局部用温生理盐水、消毒液等清洗，涂抹复方碘甘油或抗生素、磺胺制剂等。病变严重时，使用氨苄西林普鲁卡因溶液 0.5 ～ 1.0 毫升和地塞米松溶液 0.5 ～ 2.0 毫升，肌内注射，连用 3 ～ 6 天；维生素 K，0.5 ～ 2.0 毫升，皮下注射，每天 1 次；复合维生素 B 10 毫克，口服，每天 3 次。注意饲养管理，饲喂牛奶、肉汤、菜汤等无刺激性食物。肥大的齿龈，若病变不太广泛时，可以切除。

二十七、牙结石和牙周病

牙结石主要是由于食物残渣和细菌分泌物沉积附着在牙齿周围的一种病症。牙周病是牙周膜及其周围组织一种急性或慢性炎症，也称牙周炎、牙周脓肿等。临床上以齿周袋形成、齿槽骨被吸收、牙齿松动、齿龈萎缩为特征。本病多发生于老龄犬、猫，犬较常见，猫虽少见，但发生时较严重，犬以臼齿较为常见。

（一）发病原因

犬、猫长期摄食流质或松软的食物，食物的残渣附着在牙齿和齿龈上，口腔细菌在此繁殖，引起发炎，这样进一步加剧了食物在牙周的沉积，时间久了，即形成牙结石。结石的存在，刺激牙龈，造成牙龈炎，严重即引起牙周疾病。犬、猫齿龈炎、口腔不卫生、齿态和齿位不正，下颌功能不全、咀嚼乏力等也是造成牙周疾病的因素。菌斑（革兰氏阴性厌氧菌占优势）在牙周病发生过程中起重要作用。另外，饲料中矿物质含量或比例不当，尤其是钙不足或钙、磷比例不当，也是造成犬、猫牙齿疾病的因素。犬、猫的某些全身性疾病，如糖尿病、甲状旁腺功能亢进和慢性肾炎等也可引起牙齿疾病。

（二）临床症状

病初主要表现为采食小心，不敢或不愿采食过硬或过热的食物，喜食柔软或流质食物。严重病例表现为口臭、流涎，有食欲但不敢采食，或在采食过程中突然停止。轻轻触及患牙，抗拒检查，疼痛明显，牙龈容易出血（图 1-62）。如感染化脓，轻轻挤压即可排出脓汁。口腔检查，发现牙齿上附着黄色或黄褐色结石（图 1-63）。牙周韧带破坏，齿龈沟加深，形成蓄脓的牙周袋或齿龈下脓肿。轻压齿龈，牙周袋内有脓汁溢出。一般臼齿多发，病情后期，牙齿不同程度松动，但疼痛并不明显。

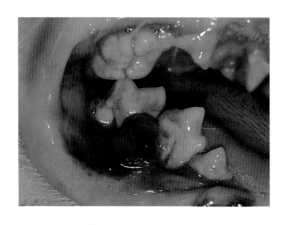

图 1-62　牙龈容易出血

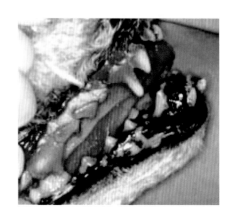

图 1-63　黄色或黄褐色牙结石

（三）病理变化

牙垢或牙石，牙龈充血、肿胀、出血，齿颈周围组织化脓，牙齿松动，牙周膜或周围齿龈部分组织或全部脱落。

（四）类症鉴别

1. 口炎

主要由各种理化因素刺激引起，临床上以流涎、拒食或厌食、咀嚼障碍及口腔黏膜潮红肿胀为特征。

2. 猫免疫缺陷病

由猫免疫缺陷病毒感染引起的，中老年猫多发，表现发热，消瘦，贫血，腹泻，淋巴结肿大，中性粒细胞减少症，淋巴细胞减少症，血小板减少症，慢性呼吸系统疾病，慢性皮肤病，慢性口炎，听力和视力减退，痴呆，面部抽搐，葡萄膜炎，白内障和青光眼，以及易继发感染等。

3. 猫白血病

表现为淋巴结肿大、低热、口炎、齿龈炎、结膜炎和腹泻等。

4. 齿龈炎

临床上主要表现齿龈红肿、出血、溃疡、坏死，流涎，口臭，咀嚼困难。

5. 糖尿病

多发生于 7～9 岁的肥胖母犬，多尿，多饮，多食，体重减轻，黏液性腹泻，白内障，角膜溃疡，呼出气体和尿液具有烂苹果味。实验室检验血糖升高，尿糖呈强阳性，尿酮体阳性，尿相对密度升高。

（五）预防措施和安全用药

1. 预防措施

训练犬、猫吃颗粒饲料，减少罐头或流质食物的用量。定期检查并及时消除牙垢和牙石。如有可能，定期为犬、猫刷牙。经常给予犬、猫咬胶、橡胶等玩具，以锻炼牙齿，清除污垢。

2. 安全用药

（1）除去病因，消毒口腔 在全身麻醉下彻底清除牙垢和牙石，但注意不要损伤周围软组织及牙齿釉质层。拔去严重松动的牙齿或病齿。对肥大的齿龈可用电烧烙除去或手术切除。之后用超声波清洗牙齿，或用生理盐水、0.1% 高锰酸钾溶液或 0.1% 苯扎氯铵溶液冲洗，清理口腔，涂以碘甘油（1∶3）、1% 甲紫药水或 0.2% 氧化锌溶液。

（2）控制感染，抗菌消炎 如有全身性反应，可选用广谱抗菌药物控制感染，如阿莫西林、甲硝唑、罗红霉素、阿莫西林克拉维酸钾片等口服，也可口服增效联磺片或四环素等药物。肌内注射或静脉注射氨苄西林、头孢菌素、喹诺酮类药物。在抗菌消炎过程中也可以配合皮质类固醇药物进行治疗。

（3）支持疗法 清理牙石治疗以后一段时间内，有些病例仍然不敢进食，或进食很少，这时应静脉补液，并口服或肌内注射复合维生素 B 等制剂。也可以给予犬、猫浓缩营养膏或专用处方罐头，或自制的稀软流质食物。为防止食物滞留，采食后冲洗口腔。2 周内供给流质和柔软饲料，直至治愈。

二十八、食管阻塞

食管阻塞是指食管被食团或异物阻塞，致使咽下障碍的一种疾病。临床上以突然发病、咽下障碍为特征。食管阻塞分为完全阻塞和不完全阻塞，多发生于胸部食管入口与心基底部之间或心基底部与膈食管裂孔之间，犬的食管阻塞约比猫多 6 倍。

（一）发病原因

粗大的饲料团块（骨块、软骨块、肉块、鱼刺）、混于食物中的异物（铁丝、针、鱼钩等）及因嬉戏而误咽的物品（手套、木球、玩具等）都可使食管发生阻塞。饥饿过甚，采食过急（成群争食），或采食中受到惊恐而突然仰头吞咽，或呕吐过程中从胃内返逆食物进入食管后突然滞留是发生本病的常见诱因。犬的食管狭窄或憩室、食管麻痹及食管炎等常可继发本病。

（二）临床症状

临床症状取决于食管阻塞时间、阻塞部位、阻塞程度和异物性质等。不完全阻塞时，表现采食缓慢，拒食大块的食物（肉块、骨头），吞咽小心，有疼痛表现（图1-64）。完全性阻塞时，患病犬猫突然停止采食，高度不安，头颈伸直（图1-65），大量流涎（图1-66），不断做哽噎或呕吐动作，吐出大量带泡沫的黏液和血性分泌物，常用四肢搔抓颈部，或发生阵咳。颈部食管阻塞时，外部触诊可感觉到阻塞物，常在左侧颈沟处局部隆起。胸部食管阻塞时，在阻塞部位上方食管内积满唾液，触诊能感到波动并引起哽噎运动。锐利异物可造成食管壁坏死或穿孔而伴发局部脓肿、胸膜炎、脓胸等，多取死亡转归。X 射线检查发现食管异物（图1-67、图1-68）。

图 1-64　吞咽小心，疼痛

图 1-65　高度不安，头颈伸直

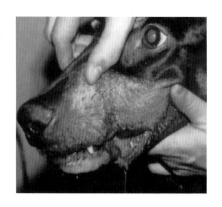

图 1-66　患犬大量流涎

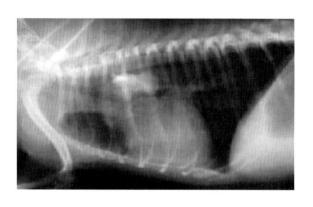

图 1-67　短骨引起心基部食管阻塞

（三）类症鉴别

1. 食管狭窄

呈慢性经过，饮水及液状食物能通过食管。食管探诊时，细导管通过而粗导管受阻；通过 X 射线检查，可发现食管狭窄部位而确定诊断。但由于食管狭窄时常继发狭窄部前方的食管扩张或食管阻塞（呈灌肠状），应通过病情经过快慢加以鉴别。

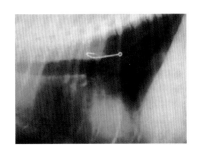

图1-68　胸部食管发现钓鱼钩

2. 食管炎

呈疼痛性咽下障碍，触诊或探诊食管时，病畜敏感疼痛，流涎量不大，其中往往含有黏液、血液和坏死组织等炎症产物。

3. 食管痉挛

病情呈阵发性和一过性，缓解期吞咽正常。病情发作时，触诊食管如硬索状，探诊时胃管不能通过，用解痉药治疗效果确实。

4. 食管麻痹

探诊时胃导管插入无阻力，无呕逆动作，伴有咽麻痹和舌麻痹。

5. 食管憩室

食管憩室是食管壁的一侧扩张，病情呈缓慢经过，常继发食管阻塞。胃导管探诊时，如胃导管插抵憩室壁则不能前进，胃导管未抵憩室壁则可顺利通过。

6. 犬食管线虫病

由狼旋尾线虫寄生于犬的食管壁、胃壁或主动脉壁而引起，临床上主要表现食管肉芽肿、呕吐、流涎、咳嗽、吞咽和呼吸困难以及主动脉动脉瘤等。剖检在食管、胃等处可见狼旋尾线虫的寄生病变；胸主动脉动脉瘤。粪便或呕吐物检查发现狼旋尾线虫虫卵，X 射线及胃镜检查食管和胃壁有结节。

7. 咽炎

理化因素刺激引起，临床上主要表现体温升高、头颈伸展、吞咽困难、口鼻流涎、触压咽部疼痛，视诊咽部黏膜潮红肿胀等。

（四）预防措施和安全用药

1. 预防措施

加强饲养管理，避免采食时受惊吓；定时饲喂，防止饥饿后采食过急或争食、抢食；粗大的团块饲料，应切碎后再喂；避免食物中混有异物，防止误咽异物或玩具。

2. 安全用药

治疗原则为解除阻塞，疏通食管，消除炎症，加强护理，预防并发症。临床上应根据阻塞物的位置、种类和大小，采取不同的措施。

咽部食管阻塞时，可麻醉后用钳子钳住异物小心取出，亦可用食管内窥镜和异物钳将异物取出。颈部食管阻塞时，若阻塞物比较圆滑，可用手在颈部将异物向头侧捏挤，将阻塞物经咽部推出。胸部食管阻塞时，若是非尖锐团块状异物阻塞，可用催吐排出异物或用胃管将阻塞物送入胃中。催吐可选用阿扑吗啡 0.04 ～ 0.08 毫克 / 千克体重，皮下注射。胃管推送时首先镇静或麻醉，然后应用植物油或液状石蜡 10 ～ 20 毫升灌服以润滑食管，同时皮下注射 3% 硝酸毛果芸香碱 3 ～ 20 毫克，插入胃管将阻塞物送入胃中。尖锐异物阻塞时，需施手术疗法。根据阻塞部位，可采用颈部、胸部食管切开术和胃切开术等。阻塞物排出后，选用有效的抗生素连续注射数日。同时补充营养和水分，如静注糖盐水或行营养性灌肠，其后给予流质食物，逐渐恢复常食。

二十九、胃内异物

胃内异物是由于胃内长期滞留难以消化的异物，造成胃黏膜损伤，影响胃的功能，临床上以顽固性呕吐、触诊胃部痛感为特征。多见于幼犬和小型品种犬及老年猫。

（一）发病原因

幼年或成年犬、猫可吞食各种异物，如骨骼、鱼刺、塑料、橡皮球、石头、破布、线团、针、鱼钩等。特别是猫有梳理被毛的习惯，将脱落的被毛吞食，在胃内积聚形成毛球。此外，犬患有某种疾病时，如狂犬病、胰腺疾病、寄生虫病、维生素缺乏症或矿物质不足等，常伴有异食现象。

（二）临床症状

根据异物的不同，在临床症状上有较大差异。小的异物存在于胃中，一般临床症状不明显，呈慢性胃卡他症状，食欲时好时坏，在采食固体食物时，有间断性呕吐史，呈进行性消瘦。大而硬的异物存在于胃中，呈现胃炎症状，表现拒食，精神极度沉郁，顽固性呕吐，高度口渴，经常改变躺卧的地点，呈祈祷姿势，痛苦呻吟，胃部触诊有痛感，有时在肋下部摸到胃内的异物。尖锐物体可能损伤胃黏膜而引起呕血，或发生穿孔。猫胃内毛球常引起呕吐或干呕，食欲差或废绝。有的猫特征性表现饥饿现象，觅食时鸣叫，饲喂食物时，出现贪食，但只吃几口就走开，逐渐消瘦。X 射线检查发现胃内异物（图 1-69）。

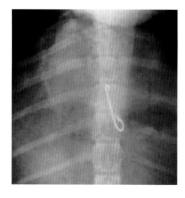

图 1-69 胃内金属异物

（三）类症鉴别

1. 胃炎

发热，呕吐严重，饮后即吐，有祈祷姿势，眼结膜黄染，黄色舌苔和口臭。

2. 胰腺炎

发病急，死亡率高，发热，严重呕吐，明显腹痛，有祈祷姿势，血性腹泻。实验室检查白细胞总数和中性粒细胞增多，血清淀粉酶及脂肪酶活性升高，高血糖症，高脂血症。

（四）预防措施和安全用药

胃内存有少量光滑异物时，可用阿扑吗啡或隆朋，或灌服 0.5% 硫酸铜溶液催吐。小的异物有时可用钳子通过胃镜取出，小而尖锐的异物（如针、钉、扣针），可用浸泡牛奶的脱脂小棉球（装于胶囊内）、面包或小的肉块等喂饲，常能使异物安全通过肠道排出体外。当胃内异物粗大、锐利时，催吐可损伤食管，故不宜用诱吐药物。上述疗法无效或大异物无法排出时，可做胃切开术取出异物，术后注意护理和对症治疗。猫胃内有小异物、毛球等，投服液状石蜡 1 ～ 2 次，也常能顺利排出。对异食等引起的胃内异物则应投给微量元素、维生素等，以治疗其原发病。

三十、胃扩张 – 扭转综合征

胃扩张是由于胃的分泌物、食物或气体积聚使胃发生扩张所引起的疾病。胃扭转是指胃幽门部从右侧转向左侧，并被挤压于肝脏、食管末端和胃底之间，导致胃内容物不能后送的疾病。胃扭转后很快发生胃扩张，故称为胃扩张 – 扭转综合征。临床上以胃变位、胃内气体快速积聚、胃内压增加和休克等为特征。多见于 2 ～ 10 岁大型犬、胸部狭长的犬，且雄性比雌性犬发病率高。本病为一种急腹症，病情发展迅速，预后慎重。

（一）发病原因

1. 胃扩张

（1）原发性胃扩张　由于采食过量干燥难以消化或容易发酵的食物，继而剧烈运动或饮用大量冷水，可引起急性胃扩张。另外，由于长期采食增加，胃发生代偿性增大而引起慢性胃扩张。

（2）继发性胃扩张　主要继发于胃扭转、幽门阻塞及小肠狭窄、肠便秘、肠梗阻等，另外寄生虫、胃溃疡、肝硬变和胰腺分泌减少等也可继发慢性扩张。

2. 胃扭转

最危险的因素是身体结构，胸廓或腹腔深且狭长的品种易发生，如大丹犬、德国牧羊犬、圣伯纳犬、戈登猎犬、爱尔兰猎犬、杜宾犬及标准贵妇犬等。犬的幽门移动性较大，如因胃内容物过多、钙磷比例失衡而使胃韧带松弛或断裂时，就可发生本病。本病往往发生于饱食后打滚、跳跃、训练、配种、狩猎、迅速上下楼梯、旋转等情况下。胃扭转使胃的贲门和幽门发生闭锁，胃、脾血液循环受阻，导致急性胃扩张。

（二）临床症状与病理变化

患犬多突然发病，食欲废绝，呆立或躺卧，剧烈腹痛，前腹部显著增大（图1-70），烦躁不安，大量流涎，呕吐或干呕，结膜潮红或发绀，腹部叩诊呈鼓音或金属音，腹部触诊可在两侧肋下部摸到膨大呈球状囊袋的胃，胃下部冲击触诊可听到拍水音。X射线检查，气滞性胃扩张胃内充满气体（图1-71）；食滞性胃扩张胃体积增大，有高密度阴影（图1-72）；液滞性胃扩张胃内中等密度阴影（图1-73）；胃扭转时胃内大量气体（图1-74）。患犬呼吸困难，心跳加快，很快休克，多于24～48小时内死亡。剖检胃体积显著增大（图1-75）。

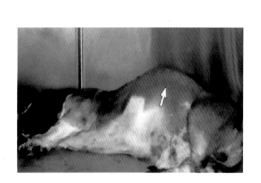

图1-70　腹部增大

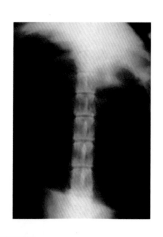

图1-71　气滞性胃扩张胃内充满气体

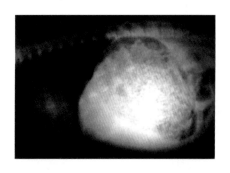

图1-72　食滞性胃扩张胃内高密度阴影

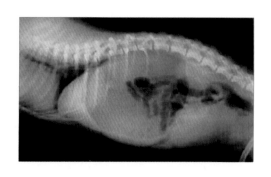

图1-73　液滞性胃扩张胃内中等密度阴影

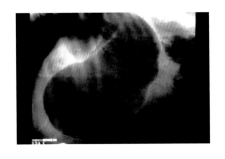

图 1-74　胃扭转胃呈囊状，有大量气体

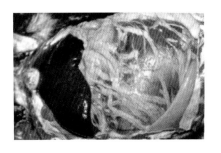

图 1-75　胃体积显著增大

（三）类症鉴别

1. 单纯性胃扩张

胃导管插到胃内，腹部胀满可减轻。

2. 胃扭转

胃导管插不到胃内。

3. 肠扭转

胃导管插到胃内，但腹部膨胀仍不能减轻，且即使胃内储留的气体消失，患犬仍逐渐衰弱。X 射线摄片可发现有局限性肠臌气，而胃内没有气体。

4. 脾扭转

触诊腹部，脾脏位置有较大的改变，腹部不膨胀。

5. 肠梗阻

有吞食异物的病史，发病急，病死率高，临床上主要表现剧烈腹痛，持续性呕吐，腹部触诊和 X 射线检查在中腹部以前可发现梗阻物。

6. 急性胃炎

发热，呕吐严重，饮后即吐，呈祈祷姿势，眼结膜黄染，黄色舌苔和口臭。

（四）预防措施和安全用药

治疗原则为排出胃内容物，镇痛抗休克。胃扭转应尽早手术整复。

1. 排出胃内容物

对急性胃扩张患犬首先排出胃内积气，可插入胃管排出胃内积气，也可用灭菌注射针头经腹壁穿刺放气，然后松弛幽门口，促进胃排空。可灌服食醋 100 ～ 200 毫升、吗丁啉 1 ～ 2 片、干酵母 5 ～ 10 片、乳酶生 2 ～ 5 片、多酶片 2 ～ 5 片，肌内注射维生素 B_1 注射液 2～4 毫升、复合维生素 B 注射液 2～4 毫升、胃复安注射液 1～2 毫升。

2. 抗休克

出现休克时，应进行抗休克治疗。可静脉注射林格液、乳酸林格液、糖盐水、复方氨基酸等，同时给予强心剂（三磷酸腺苷二钠 0.1～0.4 毫克/千克体重）、呼吸兴奋剂及氢化可的松 5～20 毫克或地塞米松 2～10 毫克，并配合抗生素（氨苄西林、头孢菌素、喹诺酮类药物等）治疗。

3. 手术治疗

若放气后症状不能立即获得显著改善，或伴有胃扭转病例应及时进行剖腹手术治疗。局部浸润麻醉或全身麻醉，切开腹壁（由剑状软骨到脐的后方），由口腔插入粗的胃管，将扭转部整复到正常位置。胃整复困难时，预先用腹部穿刺排出胃内气体后再整复。并将胃与腹壁固定防止复发。如果胃内容物洗不出来或胃内有大的异物，应行胃切开术。术后给予抗生素 4～6 天，做过胃壁手术的犬、猫应禁食 5～7 天，其间静注或直肠灌注营养液，以后给予流质食物，如牛奶、肉汁等，或给予营养膏，饲喂量要逐渐增加，同时可给予健胃、助消化药物。

三十一、胃肠炎

胃肠炎是指胃肠道黏膜表层及其深层组织的急性和慢性炎症。临床上以消化紊乱、呕吐、腹痛、腹泻、发热和自体中毒等为特征。按其病因可分为原发性和继发性，按其病理过程分为急性和慢性。

（一）发病原因

1. 原发性胃肠炎

主要是由于采食腐败的食物、动物废弃物、病原微生物所污染的食物和饮水或者误食化学物质（如重金属、清洁剂、化肥、除草剂等）、刺激性药物（如阿司匹林、消炎痛、保泰松等）、异物（如包装材料、破布、木棒、毛发、石块、小玩具等）等所致。营养不良、过度疲劳或感冒等因素，能降低机体的防御能力，胃肠屏障功能减弱，胃肠道的常在菌如大肠杆菌、产气荚膜梭菌、沙门菌和弧菌等趁机大量繁殖而致病。此外，滥用抗生素，常造成肠道的菌群失调而引起二重感染。

2. 继发性胃肠炎

常继发于某些传染病（如细小病毒病、犬瘟热、钩端螺旋体病、弯曲菌病、沙门菌病、轮状病毒病、冠状病毒病、传染性肝炎和猫泛白细胞减少症等）及寄生虫病（如蛔虫病、绦虫病、球虫病、弓形虫病等）。本病也可继发于全身性疾病和过敏反应，如尿毒症、肝病、急性胰腺炎、肾炎、休克、脓毒症等。饲喂蛋、牛奶或鱼肉等，有时可引起个别犬、猫变态反应性胃肠炎。营养不良、过度疲劳、感冒、过食或长期滥用抗生素等，也可发生胃肠炎。

（二）临床症状

1. 急性胃肠炎

呕吐、腹痛、腹泻和自体中毒是急性胃肠炎的主要症状。病初表现消化不良，精神沉郁（图1-76），食欲减少或废绝。当炎症波及黏膜下层组织时，则呈现持续而剧烈腹痛，腹壁紧张，压迫胃部时有痛感，病犬经常俯卧于凉的地面或做祈祷姿势（图1-77）。当以胃和十二指肠炎症为主时，表现口腔干燥，极度渴感，饮后即吐，眼结膜黄染，出现黄色舌苔和口臭，频频呕吐，开始吐出食糜，后则吐出泡沫样黏液和胃液，有时呕吐物中混有血液、胆汁和黏膜碎片。若以小肠和大肠（尤其是结肠）炎症为主时，出现剧烈腹泻，粪便恶臭，混有血液、黏液、黏膜组织或脓液。病的后期，肛门松弛，排便失禁，呈里急后重现象。肠音初期增强，后期减弱或绝止。患结肠炎时，可出现里急后重（图1-78），粪便稀软、水样或胶冻状，并带有难闻的臭味。全身症状重剧，体温升高，脉搏细数，黏膜发绀，眼球下陷，皮肤弹力减退，尿量减少。濒死期虚弱无力，体温低下，四肢厥冷，昏迷，全身肌肉搐搦而死亡。

图1-76 精神沉郁，目光呆滞

图1-77 患犬呈祈祷姿势

2. 慢性胃炎

饮食减退，有时出现异食，间歇性呕吐，呕吐物常混有少量血液，反复腹泻或腹泻与便秘交替出现。由于消化不良，食欲不振，逐渐消瘦，轻度贫血，最后发展为恶病质而导致死亡。

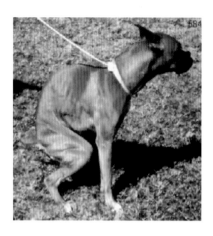

图 1-78 结肠炎出现里急后重

（三）病理变化

轻者胃肠黏膜轻度充血和水肿，严重的为广泛性坏死，肝、肾实质脏器变性等。

（四）类症鉴别

1. 胃内异物

有异食或吞食异物的病史，临床上主要表现顽固性呕吐，呈祈祷姿势，胃部触诊有痛感，摸到胃内的异物。内窥镜和 X 射线检查发现胃内异物。

2. 急性胰腺炎

发病急，死亡率高，发热，严重呕吐，明显腹痛，呈祈祷姿势，血性腹泻。实验室检查白细胞总数和中性粒细胞增多，血清淀粉酶及脂肪酶活性升高，高血糖症，高脂血症。

3. 犬食管线虫病

由狼旋尾线虫寄生于犬的食管壁、胃壁或主动脉壁而引起，临床上主要表现食管肉芽肿、呕吐、流涎、咳嗽、吞咽和呼吸困难以及主动脉动脉瘤等。剖检在食管、胃等处可见狼旋尾线虫的寄生病变；胸主动脉动脉瘤。粪便或呕吐物检查发现狼旋尾线虫虫卵，X 射线及胃镜检查食管和胃壁有结节。

4. 食管炎

呈疼痛性咽下障碍，触诊或探诊食管时，病畜敏感疼痛，流涎量不大，其中往往含有黏液、血液和坏死组织等炎症产物。

5. 结肠炎

主要症状是腹泻、腹痛、消瘦和发热。腹泻呈持续性，药物治疗无效，里急后重，粪便稀薄如水，有难闻的气味，含有血液、脓汁和黏液。

6. 胃溃疡

顽固性呕吐，吐血，便血和腹痛。胃镜检查胃黏膜有溃疡和糜烂，其周围黏膜水肿、充血或黏膜皱襞粗厚。X 射线钡餐检查可见密度增加的暗影，其周围环绕月晕样浅影或透明区。剖检胃黏膜有大而深的溃疡灶（图 1-79）。

（五）预防措施和安全用药

治疗原则为除去病因，加强护理，保护胃黏膜，镇静止吐，抑菌消炎，止泻，纠正脱水和自

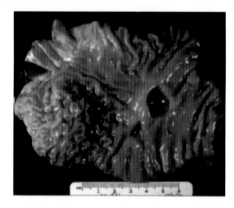

图 1-79 胃黏膜溃疡灶

体中毒。

1. 除去病因，加强护理

首先应限制饮食，禁食 24 小时以上，并应尽量控制饮水，24 小时后可少量多次给予饮水或饮用口服补液盐溶液，病情好转后饲喂无刺激性饮食，如菜汤、肉汤、米粥、米饭或少量的瘦肉等。当有害物质尚残留在胃内时，可使用盐酸阿扑吗啡，猫可用止吐灵皮下注射。当有害物质已进入肠道吐出有困难时，可用液状石蜡作泻剂，一次灌服 10 ～ 20 毫升。

2. 镇静止吐

对持久性、顽固性呕吐的犬、猫，应镇静止吐。可用氯丙嗪 0.5 ～ 1 毫克 / 千克体重、溴米那普鲁卡因 2 ～ 4 毫升、胃复安 1 ～ 2 毫克 / 千克体重，肌内注射或皮下注射，每天 2 次。

3. 抑菌消炎

控制和预防继发感染，可选用有效抗菌药物，如庆大霉素、氨苄西林、氟喹诺酮类、头孢菌素、磺胺类等抗菌药物，亦可选用甲硝唑 25 毫克 / 千克体重静注。同时配合应用肾上腺皮质激素，如地塞米松注射液，犬 2 ～ 10 毫克，猫 0.5 ～ 5 毫克，肌内注射或静脉注射。

4. 止泻，保护胃黏膜

对腹泻不止的犬、猫，常用吸附收敛药物，如思密达 0.5 ～ 2 克、活性炭 0.5 ～ 2 克、鞣酸蛋白 0.5 ～ 2 克、次硝酸铋 0.2 ～ 1 克。每日 2 ～ 3 次内服，或 0.1% 高锰酸钾溶液 50 ～ 200 毫升灌肠。也可口服多酶片、乳酶生、乳酸菌片、复合维生素 B、食母生、健胃消食片等。

5. 纠正脱水和自体中毒

脱水明显的犬可进行强心补液，选用乳酸林格液或林格液、5% 葡萄糖溶液和复方氯化钠溶液等量混合 100 ～ 500 毫升，维生素 C 0.2 ～ 1 克，维生素 B_1 50 ～ 200 毫克，25% 葡萄糖液 5 ～ 20 毫升，5% 碳酸氢钠 1 ～ 2 毫升 / 千克体重，樟脑磺酸钠溶液 2 ～ 20 毫克或安钠咖 100 ～ 200 毫克 / 千克体重，静脉滴注，每日 1 次或 2 次。亦可给予口服补液盐溶液，任其自由饮用或行营养性灌肠（每日 50 ～ 80 毫升 / 千克体重，分 2 次或 3 次直肠灌入）。

6. 对症治疗

对病毒性胃肠炎，应采用抗血清；对寄生虫性胃肠炎，首先驱虫；对中毒性胃肠炎，应以解毒为主；对出血性胃肠炎，应用维生素 K 或止血敏等止血药。同时注意补充钾离子和防止碱中毒。

三十二、肠梗阻

肠梗阻是指犬、猫的小肠肠腔发生机械性阻塞、肠变位及功能性因素引起的阻塞并伴有局部血液循环严重障碍的一种急性腹痛病。临床上以剧烈腹痛、持续性呕吐、休克和全身症状重剧为特征。本病发生急剧，预后慎重，病死率高。

（一）发病原因

1. 机械性肠梗阻

多由骨头、果核、橡皮、弹性玩具、石块、木块、布条、塑料等异物引起；粪便秘结、肠道寄生虫等亦可引起阻塞。肠道内外肿瘤、肠道手术后形成疤痕及疝等，使肠腔闭塞，造成肠道内容物运转障碍。

2. 肠变位

包括肠套叠、肠嵌闭、肠绞窄、肠扭转、肠缠结等。临床以肠套叠多发，是指一段肠管及其附着的肠系膜套入到邻近一段肠管内的肠变位（图1-80）。犬的肠套叠较多见，尤以幼犬发病率较高。多见于前段肠管套入后段肠管，以空肠、回肠套入结肠最多见（图1-81），有时也发生盲肠套入结肠、十二指肠套入胃内。常见于犬细小病毒感染、犬瘟热、急性肠炎、寄生虫病等；食入大量冰冷食物或冷水，刺激肠道产生剧烈蠕动，引起近端肠道套入远端肠道；幼犬断乳后采食新的食物引起吸收不良、反复剧烈呕吐或腹泻、肠肿瘤和肠道局部增厚变形等，也能引起肠套叠。

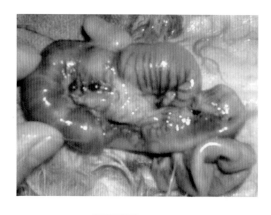

图 1-80 肠套叠

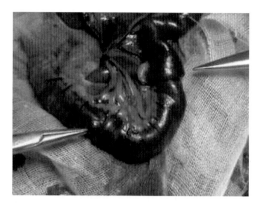

图 1-81 空肠套入结肠

3. 功能性因素

支配肠壁的神经紊乱或发炎、坏死，导致肠蠕动减弱或消失；肠系膜血栓，导致肠血液循环发生障碍，继而肠壁肌肉麻痹，肠道内容物停留。

（二）临床症状与病理变化

肠梗阻部位愈接近胃，其症状愈急剧，病程发展愈迅速。最为显著的症状是剧烈腹痛、持续性呕吐等。初期表现精神沉郁，食欲废绝，腹部僵硬，抗拒腹部触诊。呕吐是早期症状，不完全梗阻仅在采食固体食物时发生呕吐，以慢性腹泻或便秘为主要症状。完全梗阻时，腹痛不安，饮欲亢进。呕吐，初期呕吐物中含有不消化食物和黏液，随后呕吐物中含有胆汁和肠内容物。排便减少，排出煤焦油样稀便，以后排便停止。肠套叠时粪便多呈稀薄黏液性血便，呈现里急后重。由于呕吐导致机体脱水、电解质紊乱和伴发碱中毒。腹部触诊时在腹腔中摸到正常肠管 2 倍左右粗的坚实而有弹性、弯曲而移动自如的香肠样肠段，触压敏感，其前方肠道由于充满气体和液体而扩张增粗富有弹性，后方肠道空虚。剖检套叠的肠管瘀血、坏死（图 1-82）；肠缠结引起严重循环障碍，肠壁坏死（图 1-83）；肠扭转肠壁因循环障碍而变黑（图 1-84）。

图 1-82 套叠的肠管瘀血、坏死

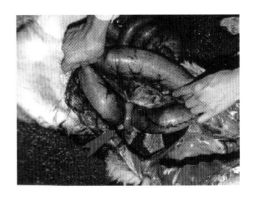

图 1-83 肠缠结引起肠壁坏死

（三）类症鉴别

1. 肠便秘

多发生于老龄犬猫，临床上主要表现持续性呕吐，排便困难，后腹部触诊和 X 射线检查可发现干粪球。

2. 巨结肠

临床表现呕吐，便秘，腹围胀大，腹部触诊可触到坚实粗硬的肠管。

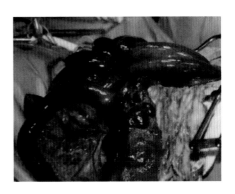

图 1-84 肠扭转引起肠壁变黑

（四）预防措施和安全用药

治疗原则为解除梗阻，恢复肠道功能，纠正脱水和全身性代谢紊乱。

1. 解除梗阻，恢复肠道功能

解除梗阻最有效的疗法是立即进行外科手术治疗。对肠套叠初期可试用温肥皂水灌肠；有时用止痛药和麻醉药，可使初期肠套叠自然复位。亦可采用腹壁触诊整复，一只手握住套叠部肠管的前端往前牵引，另一只手从套入肠段的断端往前轻轻挤压，可望复位。

2. 纠正脱水、电解质和酸碱平衡失调

可用乳酸林格液、生理盐水、复方氯化钠溶液、葡萄糖生理盐水等，常需补钾。同时应以乳酸钠溶液、碳酸氢钠溶液或三羟甲基氨基甲烷纠正酸中毒。选用广谱抗生素以控制感染。术后禁食 24 ～ 48 小时，然后投予流质食物，直至恢复常规饮食。

三十三、肠便秘

肠便秘是由于肠蠕动功能障碍，肠内容物不能及时后送而滞留于大肠内，水分进一步吸收，内容物变干、变硬，致使肠道不通。临床上以持续性呕吐，排便过少，排便困难为特征。多发于老龄犬、猫。由于结肠壁受到粪石的压迫会发生不可逆的退行性变化，引起排便功能障碍和继发巨大结肠症。

（一）发病原因

1. 饲料和环境因素

食入多量骨头、异物和毛发，与粪便混在一起，形成大的硬粪块。另外，环境突然改变、缺乏运动，也会打乱原有的排便习惯。

2. 直肠及肛门受到机械性压迫

如肛窦炎，肛门囊肿，肛瘘，会阴疝，腹水，前列腺肥大囊肿，盆腔器官及结肠、直肠、肛门肿瘤等。

3. 其他引起肠弛缓的因素

如老龄性肠弛缓，缺乏运动，髋关节脱位，骨盆骨折，肢体骨折等。许多药物也可引起便秘，如抗胆碱能药、抗组胺药、硫酸钡、利尿药和阿片类药物。某些神经原性疾患也会引起便秘，如腰荐部脊髓或神经损伤，使肛门括约肌丧失排便反射。

（二）临床症状

主要症状是排便迟滞，里急后重，肠音减弱或消失，持续性呕吐，剧烈的腹痛。经常试图排便，反复努责而排不出粪便，常因疼痛而鸣叫，有时仅排少量附有血液和黏液的干粪。初期精神、食欲多无变化，久之出现食欲减少甚至废绝。结肠梗阻有时可发生积粪性腹泻，排出褐色水样粪便。后腹部触诊可触及肠管内成串的干粪球。肛门指检过敏，在直

肠内有干燥、秘结的粪块（图1-85）。X射线检查，可根据钡餐在胃肠道的运行情况，清晰可见肠管扩张状态，其中含有致密粪块等异物阴影（图1-86、图1-87）。

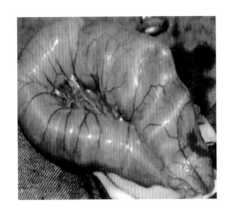

图 1-85　大肠中的结粪

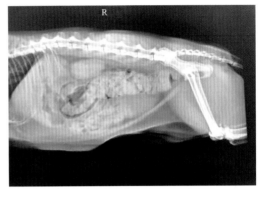

图 1-86　结肠中结粪影像

（三）类症鉴别

1.肠梗阻

有吞食异物的病史，发病急，病死率高，临床上主要表现剧烈腹痛，持续性呕吐，腹部触诊和X射线检查在中腹部以前可发现梗阻物。

2.巨结肠

临床表现呕吐，便秘，腹围胀大，腹部触诊可触到坚实粗硬的肠管。

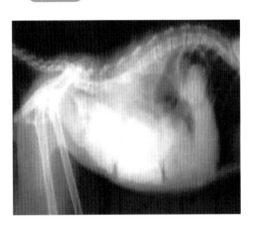

图 1-87　直肠中结粪影像

（四）预防措施和安全用药

治疗原则为疏通肠道，纠正脱水，防止酸中毒。可采用温水或2%小苏打水或温肥皂水或口服补液盐溶液反复灌肠，每次20～200毫升，并在腹部适当按压肠内粪块。灌肠时需特别注意压力不可过高（尤其是对猫），否则极易造成直肠壁穿透。亦可用甘油5～30毫升或开塞露5～10毫升，肛门注入。服用缓泻药，如果导片，每次1～2片，或硫酸钠（或硫酸镁）5～30克，或液状石蜡10～80毫升。对直肠后段、肛门便秘时可在全身麻醉后用镊子破碎粪块并取出。当药物治疗无效，可进行剖腹手术。直接按压结粪或肠管侧壁切开取出结粪。加强护理，采取补液、强心等措施。粪便排出后的恢复期，可投服适当润滑性泻剂，如液状石蜡或蓖麻油10～60毫升，促进肠内容物排出。适当运动，合理调配饲料，饮水要充足。

三十四、胰腺炎

胰腺炎是指胰腺腺泡与腺管的炎症，分为急性胰腺炎和慢性胰腺炎。急性胰腺炎是由于胰腺酶消化胰腺自身所引起的急性炎症，临床上以突发前腹部剧痛、腹膜炎、休克为特征，病理上有胰腺水肿、出血及坏死等变化。急性胰腺炎分为水肿型胰腺炎和出血型（败血型）胰腺炎，前者早期治疗预后尚可，后者死亡率极高。慢性胰腺炎是指胰腺的反复发作性或持续性炎症变化，胰腺呈广泛性纤维化、局灶性坏死，胰腺腺泡和胰岛组织的萎缩和消失，假囊肿形成和钙化。临床上以呕吐、腹痛、黄疸、脂肪泻、糖尿病为特征。

犬、猫的胰腺炎较多，但有临床症状的较少见，多在死后剖检时才能发现病变。犬发病率比猫高，雌犬多于雄犬，幼犬和中年肥胖雌犬更为常见。

（一）发病原因

1. 营养因素

长期饲喂高脂食物，又不喜运动，肥胖可以改变胰腺细胞内酶的含量而诱发急性胰腺炎，饮食中的脂肪含量和犬、猫的营养状况是急性胰腺炎发病的重要因素。在急性胰腺炎患犬中，多伴有高脂血症。反之，急性胰腺炎又可诱发高脂血症，并能改变血浆蛋白酶。富含脂肪食物可产生明显食饵性高脂血症（乳糜微粒血症），继而发生胰腺炎。

2. 胆管疾病

如胆管寄生虫、胆结石、慢性胆管感染、肿瘤压迫等，致使胆管梗阻，胆汁逆流入胰管并使未激活的胰蛋白酶原激活为胰蛋白酶，而后进入胰腺组织并引起自身消化。

3. 胰管梗阻

如胰管痉挛、水肿、胰石、蛔虫、十二指肠炎及肠阻塞，或迷走神经兴奋性增强引发胰液分泌旺盛等，致使胰管内压力增高，以致胰腺腺泡破裂，胰酶逸出而发生胰腺炎。

4. 胰腺损伤

如腹部钝性损伤、被车压伤或腹部手术等损伤了胰腺或胰管，使胰腺腺泡组织包囊内含有消化酶的酶原粒被激活，引起胰腺自身消化并导致严重的炎症反应。

5. 感染

急性胰腺炎可并发于某些疾病，如犬传染性肝炎、钩端螺旋体病、弓形虫病、中毒病、猫传染性腹膜炎、肾脏病、胆囊炎、败血症等，病毒、细菌或毒物经血液、淋巴侵害胰腺组织引起炎症。

慢性胰腺炎可由急性胰腺炎未及时治疗转化而来，或急性炎症后又多次复发成慢性炎症，以及邻近器官如胆囊、胆管的感染经淋巴管转移至胰腺，致使胰腺发生慢性炎症。

（二）临床症状与病理变化

1. 急性胰腺炎

多数表现发热、严重呕吐和明显腹痛（图 1-88），呕吐物常带鲜血（图 1-89）。病犬采取以肘及胸骨支地而后躯高起的祈祷姿势，有的则找阴凉地方，腹部紧贴地面躺卧。患犬精神沉郁、厌食、黄疸（图 1-90）。腹部有压痛，腹壁紧张，腹部膨胀。腹泻乃至出血性腹泻，粪便中含有大量脂肪和蛋白质。部分病例呈现烦渴，饮水后立即呕吐，呼吸急促，心动过速，脱水。严重病例出现昏迷或休克。急性出血型胰腺炎的临床症状与急性水肿型胰腺炎相似，但症状更严重。腹痛是经常出现的症状，腹胀、腹泻和呕吐都较急性水肿型胰腺炎严重，粪便常带血。急性出血型胰腺炎的病犬常常发生休克。剖检胰腺水肿（图 1-91～图 1-93）。

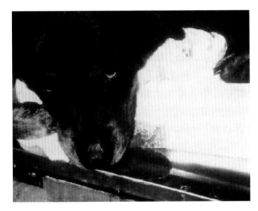

图 1-88　急性胰腺炎严重呕吐

图 1-89　急性胰腺炎呕吐物带鲜血

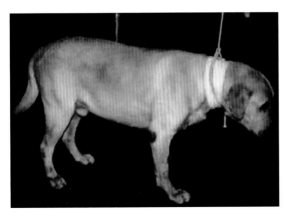

图 1-90　精神沉郁、腹痛

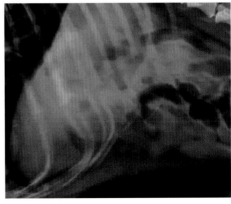

图 1-91　剑状软骨处（偏右）密度增高（侧位）

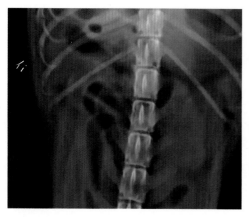

图 1-92 剑状软骨处（偏右）密度增高（正位）

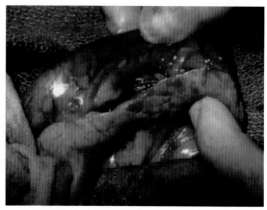

图 1-93 急性出血型胰腺炎胰腺水肿

2. 慢性胰腺炎

特征是反复发作持续性呕吐和腹痛。常见症状是排便次数增多，粪便发油光，呈橙黄色或黏土色，有恶臭味，呈酸性反应，含有未完全消化的食物。因粪便中含脂肪较多，使尾毛和会阴部污染呈油污样。当病变累及胃、十二指肠、总胆管或胰岛时，可产生消化道梗阻、梗阻性黄疸、高血糖及糖尿。胰腺有假性囊肿形成时，腹部触诊可摸到肿块。

（三）类症鉴别

1. 急性肾衰竭

突然发病，无急性腹痛，高血钾，血液肌酐、尿素氮降低，尿沉渣检查有活性、有许多管型，B 超检查肾脏正常或变大。

2. 小肠梗阻

有吞食异物的病史，发病急，病死率高，临床上主要表现剧烈腹痛，持续性呕吐，腹部触诊和 X 射线检查在中腹部以前可发现梗阻物。

3. 胆囊炎

表现消化不良、黄疸、消瘦、贫血、水肿、腹水等。

4. 胃溃疡

顽固性呕吐，吐血，便血和腹痛。胃镜检查胃黏膜有溃疡和糜烂，其周围黏膜水肿、充血或黏膜皱襞粗厚。X 射线钡餐检查可见密度增加的暗影，其周围环绕月晕样浅影或透明区。

5. 胃肠炎

发热，呕吐，剧烈腹泻，粪便恶臭，脱水，自体中毒。

（四）预防措施和安全用药

治疗原则为加强护理，抑制胰腺分泌，抑菌消炎，镇痛解痉，纠正水与电解质失衡等。

1. 急性胰腺炎

（1）加强护理　首先禁食（包括水和药物）48～96小时，以防止食物刺激胰腺分泌。以后病情好转时，可给予少量肉汤或柔软易消化的食物，并逐渐恢复喂食高糖食物，但不能饲给大量食物或含脂肪多的食物。

（2）抑制胰腺分泌　抗胆碱能药可用于阻抑胰腺分泌，如肌内注射阿托品0.5mg，每天3次，限制在24～36小时内使用，以防肠梗阻，或口服乙酰唑胺100毫克/千克体重或普鲁本辛5毫克，每日2～3次。待症状缓解后，再用雷尼替丁5毫克静注，抑制胃酸的分泌。

（3）抑菌消炎　以广谱抗生素或多种抗生素联合应用效果较好，如氨苄西林、头孢菌素、卡那霉素或庆大霉素、喹诺酮类或普康素、牧特灵等，肌内注射，每日2次或3次。

（4）镇痛解痉　剧烈腹痛时，可肌内注射盐酸哌替啶5～10毫克/千克，必要时每隔6～12小时重复一次。也可用痛立定4.8mL，皮下注射，或普鲁卡因0.25克溶于10%葡萄糖溶液200～500毫升中，静脉注射。

（5）抗酶疗法　抑胰肽酶为抑制胰蛋白酶和胰舒血管素活性药物，每次5万～10万国际单位，缓慢静脉注射。抑胰肽酶是多肽类物质，可能具有免疫作用，当血清淀粉酶、血清尿素氮、白细胞数等恢复正常时，应当即停止用药，连续应用易导致休克的发生，故应慎重。

（6）纠正水与电解质失衡　大量补液、调节肾的排泄功能是治疗急性胰腺炎的中心环节，常用5%葡萄糖、生理盐水、5%葡萄糖生理盐水、复方氯化钠、5%碳酸氢钠、乳酸钠等溶液，每次静脉注射50～500毫升。为增强其作用，可于药液中加入一定量的血管收缩剂。

（7）支持和对症治疗　禁食时需静脉注射5%～10%葡萄糖50～500毫升、复合氨基酸20～100毫升、维生素C 0.2～1克、维生素B_1 100毫克等，注意适量补钾。为防止休克，可应用皮质激素类药物，如氢化可的松5～20毫克或地塞米松2～10毫克，溶于5%葡萄糖溶液中，静脉注射。严重呕吐时可应用止呕药，如溴米那普鲁卡因、维生素B_6、氯丙嗪等。吐血或便血者，可用维生素K_3注射液1～2毫克/千克体重，肌内注射。有脂肪泻者，补给胰酶制剂及维生素K、维生素A、维生素D、维生素B_{12}、叶酸及钙制剂。当胰腺坏死时，应立即手术切除坏死的胰腺。

2. 慢性胰腺炎

（1）食饵疗法　应用高蛋白、高碳水化合物和低脂肪食物，少食多餐，每日至少饲喂3次。

（2）交换消化酶疗法　将胰蛋白酶或胰粉制剂混于食物中连日饲喂，根据食物种类、日量及外分泌功能的障碍程度决定其饲喂量，将胰酶与碳酸氢钠合用作用更强。同时，可给予维生素 K、维生素 A、维生素 D、维生素 B、叶酸及钙剂。并发糖尿病时多预后不良。

三十五、腹膜炎

腹膜炎是由细菌感染或化学物质刺激所引起的腹膜炎症。临床上以呕吐、腹壁紧张、腹痛和腹腔有炎症渗出物为特征。按病程分为急性与慢性；按病变范围分为局限性和弥漫性；按病因分为原发性与继发性；按炎症性质分为浆液性、纤维素性、浆液纤维素性和化脓性。犬多为继发性腹膜炎。

（一）发病原因

1. 急性腹膜炎

常见于内脏器官穿孔或破裂，如消化道异物、肠套叠及肠梗阻等时导致胃肠破裂；膀胱破裂；子宫蓄脓症及子宫扭转等导致子宫破裂以及肝、脾、胆囊或胆管等破裂或穿孔。腹壁损伤，多见于腹部手术，也见于腹壁创伤、脏器与腹膜粘连以及肿瘤破裂等。腹膜内注入刺激性药物，如磺胺、钙制剂或各种消毒液等，可引起无菌性腹膜炎。腹腔及骨盆器官炎症的蔓延，如胃肠炎、肠梗阻、胰腺炎、子宫炎等，可继发腹膜炎。

2. 慢性腹膜炎

多发生于腹腔脏器炎症的扩散或急性腹膜炎的持续发展，逐步转为慢性弥漫性腹膜炎。

（二）临床症状

1. 急性腹膜炎

主要表现食欲不振，精神沉郁，剧烈的持续性腹痛，呈弓背姿势，反射性呕吐，体温升高，呼吸浅快并呈胸式呼吸，心悸亢进，心律不齐，脉搏急速而微弱。腹痛剧烈时，腹肌收缩，腹壁紧张、卷缩。抗拒触诊，压痛明显处有温热感。病犬不愿活动，行动拘谨。肠音初期强盛。后期减弱或停止，排便迟滞或不排便。腹腔积液时，下腹部向两侧对称性膨大（图 1-94、图 1-95），叩诊呈水平浊音，浊音区上方呈鼓音，穿刺腹腔有数量不等或性质不同的渗出液流出。血液白细胞计数，白细胞数显著增多，并有核左移现象。

2. 慢性腹膜炎

发展缓慢，症状轻微。表现消化不良，反复发生腹泻、便秘或臌气，体温正常，或短期内轻度升高，一般无腹痛症状。常发生腹膜与腹腔脏器粘连，有时伴发腹水和水肿。X射线检查以腹部呈毛玻璃样、腹腔内阴影消失为特征。腹水中可见中性粒细胞和巨噬细胞（但初期不易发现）等。

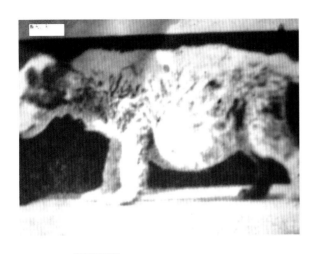

图 1-94　站立时腹部下垂性增大

图 1-95　直立时腹部下垂性增大

（三）类症鉴别

1. 胸膜炎

多发生一侧，表现体温升高，热型不定，腹式呼吸，咳嗽，触诊胸壁疼痛，胸部听诊有摩擦音、拍水音，叩诊呈水平浊音，呼吸音和心音均减弱。胸腔穿刺流出大量渗出液，李凡他反应呈阳性。血液学检验白细胞总数和中性粒细胞增多，核左移。

2. 心内膜炎

心悸亢进，心律不齐，胸壁出现震动，心浊音区扩大，心搏动增数，脉搏增快，多出现间歇脉，第一心音微弱、混浊，第二心音几乎消失，第一心音与第二心音往往融合为一个心音，可听到心内杂音。

3. 子宫积液

通过试验性穿刺、腹壁触诊及叩诊、B 超检查可以区别。

4. 膀胱麻痹

可触诊到波动性的肿胀物，叩击时发出浊音。即使改变其体位，该肿胀物位置不变。

5. 子宫蓄脓

多见于 5 岁以上犬，没有妊娠过的小型犬多发，多在发情期后 2 ～ 8 周出现病症，表现烦渴，呕吐，多尿，腹部膨大，触诊子宫角胀满、疼痛。中性粒细胞增多、核左移，B 超检查多个液性暗区。

6. 腹水症

由于心、肝、肾功能障碍或严重贫血引起，体温正常，四肢水肿，下腹部两侧对称性膨大，触诊腹壁不敏感，冲击触诊呈击水音。腹腔穿刺为透明的漏出液，相对密度低于1.015，李凡他反应阴性。

（四）预防措施和安全用药

治疗原则为除去原因，控制感染，制止渗出，促进吸收，增强机体抗病力。

1. 除去原因

应查明病因，治疗原发病。对外伤引起的腹膜炎，应及时施行外科处置。

2. 控制感染

对各种原因所引起的腹膜炎，应早期应用抗菌药物，如氨苄西林、头孢菌素、喹诺酮类、庆大霉素、磺胺类药物等。同时应用泼尼松龙。

3. 制止渗出

可用 10% 氯化钙溶液或葡萄糖酸钙溶液 5 ～ 40 毫升，静脉注射，与高渗葡萄糖溶液混合后静脉注射。也可静脉注射 25% 葡萄糖溶液 10 ～ 50 毫升、维生素 C 溶液 5 毫升、40% 乌洛托品溶液 5 毫升，每天 1 ～ 2 次。

4. 对症治疗

根据机体情况，施行强心、缓泻、利尿等对症疗法。纠正水、电解质与酸碱平衡紊乱，可静脉注射 5% 葡萄糖生理盐水、复方氯化钠溶液、林格液等 100 ～ 500 毫升和地塞米松 2 ～ 10 毫克。对出现心律失常、全身无力及肠弛缓等缺钾症状的犬猫，可在盐水内加适量 10% 氯化钾溶液，静脉滴注。出现内毒素休克危象的，按中毒性休克实施抢救。腹腔内渗出液过多，要及时穿刺放液，同时注入 0.25% 的普鲁卡因氨苄西林 10 毫升。也可应用利尿剂，如肌内注射呋塞米（速尿），或口服螺内酯、氢氯噻嗪片等。

三十六、肝炎

肝炎是指以肝细胞变性、坏死和肝组织炎症病变为特征的一种肝脏疾病。临床上以黄疸、急性消化紊乱、出现神经症状及肝功能障碍为特征。

（一）发病原因

1. 中毒性因素

多因采食了霉败食物和腐烂的鱼肉类及其工业加工副产品等有毒分解产物；由于长期服用某些抗生素与磺胺类药物，如氯丙嗪、阿司匹林、扑热息痛、酚类药物等；误服某些刺激性与腐蚀性毒物，如四氯化碳、氯仿、汞、砷、铜、硒、磷、氟化物、酚等致使肝脏受到严重损害。因猫肝脏中缺乏葡萄糖醛酸转移酶，因此猫的中毒性肝炎在临床上比犬多见。

2.感染性因素

如传染性肝炎、疱疹病毒病、猫传染性腹膜炎、钩端螺旋体病、沙门菌病、犬细小病毒感染、肝吸虫病、巴贝斯虫病及胃肠炎等都会引起肝脏发生炎症。

（二）临床症状

病犬表现精神沉郁，食欲不振或废绝，呕吐，全身无力，行动迟缓，体温升高或正常，脉搏增速，有的兴奋，惊厥和昏迷，甚至对外界无反应，呈嗜睡状态（图1-96）。肌肉震颤，皮肤发痒，用爪不断搔抓皮肤，眼结膜和全身皮肤出现不同程度的黄染（图1-97～图1-101）。常呈现消化不良症状，时而便秘，时而腹泻。粪便色泽较淡，味臭难闻。如食入多量脂肪往往易出现脂肪泻。肝区触诊有疼痛反应，叩诊肝脏浊音区扩大。尿色发暗或变黄，尿中可检出胆红素、蛋白质。天冬氨酸转氨酶（AST）、丙氨酸转氨酶（ALT）、碱性磷酸酶（ALP）、乳酸脱氢酶（LDH）的活性均升高，出现高胆红素血症和低血糖症。

慢性肝炎由急性肝炎转化而来，主要表现为消瘦，可视黏膜苍白，水肿，消化不良，食欲缺乏，全身乏力，肝、脾肿大。继发肝硬化出现腹水（图1-102、图1-103）。

图1-96　肝性脑病，出现昏迷

图1-97　眼结膜和巩膜黄染

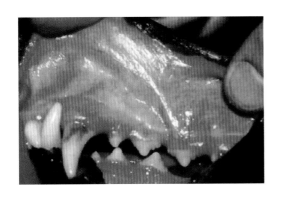

图1-98　口腔黏膜黄染

图1-99　猫肝炎口腔发黄

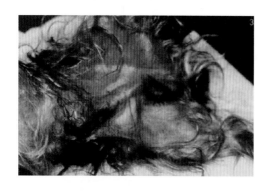

图 1-100 腹部皮肤发黄

图 1-101 耳部皮肤发黄

图 1-102 肝硬化下腹部增大

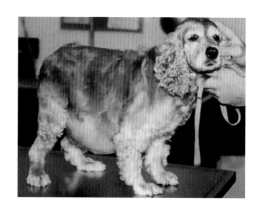

图 1-103 肝硬化腹部下垂性增大

（三）类症鉴别

1. 犬传染性肝炎

由犬腺病毒Ⅰ型引起，以冬季发生较多，呈流行性，断乳至 1 岁的犬发病率和死亡率最高，临床上主要表现体温升高，双相热型，呕吐，腹痛，腹泻，眼鼻流水样液体，角膜混浊，肝炎性蓝眼，黄疸，剑突处有压痛。剖检有肝和胆囊病变及体腔血样渗出液。丙氨酸转氨酶、天冬氨酸转氨酶活性增高，凝血酶原时间、凝血酶时间和激活凝血激酶时间延长。肝实质细胞和皮质细胞核内出现包涵体。

2. 猫传染性腹膜炎

呈流行性，1 ~ 2 岁猫多发，有持续性发热（39.5 ~ 41℃）症状，呼吸困难，腹部膨大且有大量腹水（腹水相对密度大）。无黄疸，多不发热，肝功能试验无变化，按消化不良治疗容易收获效果。

3. 钩端螺旋体病

由钩端螺旋体引起，多发生于夏秋季节，主要表现发热、呕吐、黄疸、血红蛋白尿、出血性素质、流产、皮肤黏膜坏死、水肿和肾炎等。不发生呼吸道和结膜的炎症，但具有明显的黄疸。血清学试验阳性。

4. 药物性肝炎

病症轻微，胆汁严重淤滞，血清乳酸脱氢酶活性明显升高，丙氨酸转氨酶活性稍升高，嗜酸性粒细胞和中性粒细胞数量增加，核左移。粪便恶臭，出血性腹泻。

5. 肝硬化

发生缓慢，呈慢性消化不良，可视黏膜黄染，有腹水及皮下水肿。

6. 胆囊炎

表现消化不良、黄疸、消瘦、贫血、水肿、腹水等。

（四）预防措施和安全用药

治疗原则为除去病因，加强护理，保肝利胆，控制感染，配合对症治疗。

1. 食饵疗法

首先让其安静休息，饲喂富含碳水化合物、蛋白质和维生素的易消化食物，限制食盐和多脂肪的食物，减少饮水量。

2. 保肝利胆

可用 25% 葡萄糖溶液 50 ～ 100 毫升、林格液 20 ～ 200 毫升、复方氨基酸 10 ～ 100 毫升、5% 维生素 C 注射液 2 ～ 6 毫升，静脉注射，每日 1 次或 2 次，但若已出现神经症状，不能投予氨基酸制剂。维生素 B_1 200 ～ 300 毫克、维生素 B_2 5 ～ 10 毫克、维生素 B_6 50 ～ 100 毫克或复合维生素 B 0.5 ～ 1 毫升、烟酸 50 ～ 100 毫克、维生素 B_{12} 20 ～ 50 毫克、维生素 C 300 毫克、维生素 K_1 10 ～ 20 毫克，肌内注射，每日 1 次或 2 次。为促进胆汁排泄，内服人工盐或硫酸镁或硫酸钠 10 ～ 30 克。为增强肝脏解毒功能，内服谷氨酸（0.5 ～ 2 克 / 次）或肝泰乐（犬 0.1 ～ 0.2 克 / 次），每日 2 ～ 3 次。

3. 控制感染

选用对肝脏损害较轻的抗生素，如氨苄西林、庆大霉素等。配合糖皮质激素如地塞米松 1 ～ 5 毫克，肌内或静脉注射。

4. 对症治疗

如果肠道内积滞多量腐败发酵物质，可适当应用中性盐类泻剂清肠止酵，如人工盐 10 ～ 20 克，水适量，经口投服；有出血倾向时应用止血剂，如 1% 维生素 K_3 1 ～ 5 毫升，肌内注射，也可应用钙制剂。对衰弱犬猫可给予同化激素如苯丙酸诺龙，促进蛋白质合成。多种维生素对恢复肝细胞功能有一定效果。传染性肝炎出现黄疸、消化道出血时，可应用肾上腺皮质激素。为促进急性肝坏死的肝再生，可用甲硫氨酸 50 毫克，皮下或静脉注射，每天 1 ～ 2 次。

三十七、直肠脱垂

直肠脱垂是指直肠末端黏膜层脱出至肛门外（脱肛），或后部直肠全层脱出至肛门外（直肠脱垂）所致的疾病。临床上以肛门处形成蘑菇状或香肠状突出物为特征，以幼年犬和老年犬发病率较高。

（一）发病原因

多继发于各种原因引起的里急后重或强烈努责，如慢性腹泻、便秘、胃肠道寄生虫、盲肠炎、结肠炎、直肠炎、膀胱炎、会阴疝、尿石症、前列腺疾病、直肠内异物或肿瘤、难产或某些驱虫药的应用等。长期营养不良、直肠与肛门周围缺乏脂肪组织、直肠黏膜下层与肌层结合松弛、肛门括约肌松弛无力均是本病的易发因素。直肠脱垂有时发生在会阴疝修补术后，尤其是两侧会阴疝及已形成大的直肠囊，或尿生殖道手术后。

（二）临床症状

轻症者在卧地或排便后，直肠部分脱出，直肠黏膜的皱襞往往在一定时间内，不能自行复位，在肛门口处见到脱出的黏膜多呈圆盘状或蘑菇状，表面呈淡红或暗红色（图1-104）。重症者直肠完全脱出，其脱出的直肠似香肠状外观，并向后下方下垂（图1-105）。因受肛门括约肌嵌夹，肠壁瘀血、水肿严重，颜色暗红或发紫，卧地时极易造成损伤，易发生溃疡和坏死（图1-106）。患病动物频频努责，在地面上摩擦肛门，屡做排便姿势，仅能排出少量水样便。全身症状一般较轻，可见精神沉郁、食欲减退或废绝现象，体温、心率和呼吸多为正常。

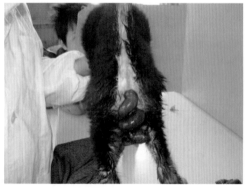

图1-104 脱出的黏膜呈圆盘状   图1-105 脱出的直肠似香肠状

（三）类症鉴别

1. 单纯性直肠脱

呈圆筒状肿胀脱出，向下弯曲下垂，手指不能沿脱出的直肠与肛门之间向骨盆腔的方向插入。触压早期脱出的肠管，呈现空虚感，整复后进行腹部触诊，腹腔松软，有整体空虚感。

2. 肠套叠直肠脱

图 1-106　肠壁瘀血、水肿、坏死

脱出的肿胀物向上弯曲，坚实而厚，手指可沿直肠与肛门之间向骨盆腔方向插入，没有障碍。触压早期脱出的肠管，坚实，整复后腹部触诊，可触及一段坚实、无弹性的香肠状肠管。

（四）预防措施和安全用药

病初及时治疗原发病，并注意饲喂流质、含纤维少的饮食，禁喂牛奶，因为牛奶可使努责加重。

1. 整复与固定

适用于急性直肠脱垂，且脱出的肠管未损伤，也未水肿，或水肿不严重。动物镇静或全身麻醉，后肢抬高保定。用温 0.1% 高锰酸钾溶液清洗脱出的肠管，除去污物或坏死黏膜，挤出水肿液使其变软变小，并涂抹红霉素软膏。然后用手指或清洁纱布包裹肠管并逐渐送入肛门至原位。水肿严重时，可针刺肠壁并用纱布包裹肠管挤出水肿液，使肠管皱缩后再行整复。确认肠管完全复位后，选择粗细适宜的缝线对肛门做荷包缝合（缝线保留 7 天）。注意保留恰当的排便孔，以确保软便排出。对反复发生的单纯性直肠脱垂，在整复后，可在距肛缘 1.5～2 厘米处左、右、背侧 3 点各注入含 0.5% 普鲁卡因的 95% 乙醇溶液 2～2.5 毫升，注射深度 3～5 厘米，以诱发直肠壁周围组织炎症，提高直肠壁肌肉的紧张度，增强直肠壁的收缩力。若效果仍不理想，可剖腹施行直肠骨盆腔侧壁固定术。为防止病犬努责，可采用镇静剂，或直肠涂以局麻药（如可卡因）软膏。排便困难时，可用温热的液状石蜡 50 毫升灌肠，使粪便软化。

2. 直肠截除术

适用于慢性直肠脱垂，且脱出的直肠损伤严重、坏死、硬化，难以整复。动物全身麻醉或硬膜外麻醉，俯卧保定，后躯抬高。在欲切除脱出物稍前方 12 点、5 点、8 点处分别安置牵引线，其缝线穿过直肠全层。在牵引线后切除脱出的直肠，并对齐、缝合，拆除牵引线，轻轻地将吻合的部分送回盆腔或肛管。若怀疑术后里急后重，可在肛门周围做荷包缝合。对肠套叠引起的直肠脱垂，在整复脱出的直肠后，再打开腹腔行肠套叠整复术。

三十八、肛门囊疾病

肛门囊疾病是肛门部最常见的疾病，主要包括肛门囊阻塞、肛门囊炎和肛门囊脓肿三种，以犬发病较多。

（一）发病原因

长期饲喂高脂肪性食物，粪便稀软阻塞肛门囊管或开口；全身性皮脂溢并发肛门囊腺分泌过剩等使囊内分泌物积留，造成肛门囊肿大，并引起感染和炎症反应，严重时形成脓肿和蜂窝织炎；肛外括约肌张力减退，造成肛门囊皮脂样物积留，均易导致本病发生。

（二）临床症状

突出症状为犬常呈坐地姿势，不时摩擦或试图啃咬肛门，排便困难，拒绝抚拍臀部，烦躁不安。接近患犬可闻到腥臭味，可见肛门一侧或两侧下方肿胀（图1-107），肛门囊管口及肛门周围黏附大量脓性分泌物。触之肿胀部敏感、疼痛，若见稀薄脓性或血样分泌物从肛门囊管口流出，即为肛门囊已发生化脓感染的特征。炎症严重时，肛门囊破溃，可在肛门囊附近形成一个或多个窦道，流出大量混有脓汁的黄色稀薄分泌液，进而发展为蜂窝织炎（图1-108）。

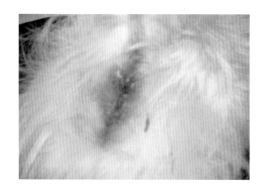

图 1-107 肛门囊红肿、敏感

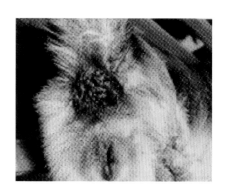

图 1-108 肛门囊破溃

图 1-109 锁肛仔犬腹部异常增大

（三）类症鉴别

1. 锁肛

常发生于新生仔犬，腹部异常增大（图1-109），排便痛苦，肛门向外突出。

2. 肛周瘘

其为肛周组织的慢性、渐进性、消耗性、炎

性、溃疡性疾病，病因不明，疑是免疫缺陷，与食物过敏有关，德国牧羊犬的发病率很高。发生于肛门周围任一部位，肛周有久不愈合的开口（图1-110），不断流出脓汁、粪便或带血的分泌物（图1-111），表现排便困难，常有舔咬肛门和用臀部擦地现象，肛门周围肿胀、疼痛（图1-112）。

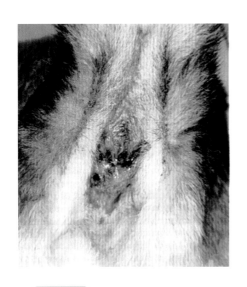

图 1-110 肛周有久不愈合的开口

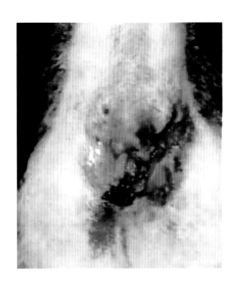

图 1-111 出现大量血性或脓性分泌物

3. 肛周炎

患病动物常在障碍物上摩擦臀部，肛门周围红肿、热痛，有结节、化脓、溃疡（图1-113）。

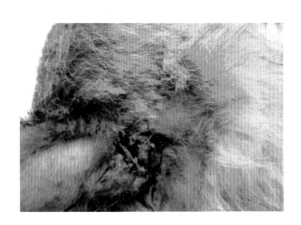

图 1-112 肛门周围肿胀、疼痛

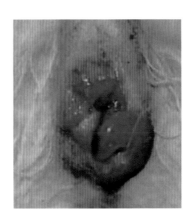

图 1-113 肛门周围红肿、热痛

（四）预防措施和安全用药

治疗原则以去除病因、消炎为主。首先除去内容物，将患病动物尾部举起。暴露肛门，将拇指和食指分别置于肛门 4 时和 8 时位置挤压肛门囊开口，或将食指插入肛门，与外面的拇指配合挤压，除去肛门囊的内容物。如果内容物过于黏稠或浓缩，可用生理盐水或 0.1% 高锰酸钾溶液冲洗囊腔，1～2 周后再重复冲洗 1 次。对于化脓性肛门囊炎，在除去内容物的同时还要向囊内注入氨苄西林或庆大霉素等广谱抗生素，并可沿肛门囊周围行广谱抗生素普鲁卡因封闭，一般需处理 2～3 次。对顽固性复发病例，可囊内注入复方碘甘油，每日 3 次，连用 4～5 日。当肛门囊已溃烂或形成瘘管时，宜手术摘除肛门囊，并按肛周瘘治疗方法清除窦道或瘘管和坏死组织。

三十九、变质食物中毒

变质食物中毒是指犬、猫采食变质食物后引起的中毒。

（一）发病原因

在温暖季节，所有食物，尤其是肉类、奶及其制品、蛋和鱼等富含营养和水分食品，极易腐败变质。在夏季即使放在冰箱里的食物，时间长了也会变质，变质食物不再适合人类食用，常用来饲喂犬、猫，便会引起中毒。

（二）临床症状

犬、猫采食变质食物后，一般 0.1～3 小时就发生呕吐，采食量少，犬、猫呕吐出变质食物后便康复。严重中毒者，出现腹泻，便中带血，腹壁紧张，触压疼痛。随后肠蠕动变弱，肠内充气，肚腹膨胀，更有利于革兰氏阴性菌生长繁殖，释放内毒素，使病情进一步恶化，甚至发生内毒素性休克。内毒素中毒，体温常在采食后 2～24 小时升高，同时发生呕吐，腹泻，排水样便。腹部胀大，腹壁紧张，触压疼痛。毛细血管再充盈时间延长，心搏增快，脉搏变细弱，精神委顿，最后休克。

（三）病理变化

可见胃肠炎，肝、肾和心脏水肿等。

（四）类症鉴别

1. 胃肠炎

发热，呕吐，剧烈腹泻，粪便恶臭，脱水，自体中毒。

2. 急性胰腺炎

发病急，死亡率高，发热，严重呕吐，明显腹痛，做出祈祷姿势，血性腹泻。实验室检查白细胞总数增多，中性粒细胞增多，血清淀粉酶及脂肪酶活性升高，高血糖症，高脂血症。

3. 黄曲霉毒素中毒

患病动物有采食被黄曲霉污染的食物的病史，多呈慢性经过，表现消瘦、贫血、黄疸、出血性肠炎等。饲料分析含黄曲霉毒素。

（五）预防措施和安全用药

1. 一般解毒措施

发病初期，呕吐有利于排出食入的变质食物，等呕吐完后，可应用止吐药物。如盐酸苯海拉明，犬、猫肌内注射每千克体重 0.5 ～ 2.0 毫克，口服每千克体重 2 ～ 5 毫克，2 ～ 3 次 / 日。应用止吐药物的同时，还应使用吸附剂，如药用炭每千克体重 10 ～ 20 毫克，3 次 / 日，口服；白陶土每千克体重 10 ～ 15 毫克，3 次 / 日，口服。

2. 止泻

腹泻初期，不要止泻，在肠内容物基本排完后，才用止泻药物。如硫酸阿托品，犬 0.3 ～ 1.0 毫克 / 次，猫每千克体重 0.05 毫克，皮下或肌内注射。氢溴酸东莨菪碱，犬 0.1 ～ 0.3 毫克 / 次，皮下注射。

3. 抗菌消炎

为了防止肠道内细菌继续生长繁殖，产生毒素，应口服广谱抗生素，如庆大霉素、四环素等。

4. 维持水、电解质和酸碱平衡

由于呕吐和腹泻会引起脱水和酸碱平衡失调，需静脉输液，补充水分和电解质，调节酸碱平衡。在少尿或无尿时，输液中加入甘露醇，每千克体重 1 ～ 3 克。

5. 防止休克

可应用皮质类固醇，如静脉或肌注地塞米松磷酸钠注射液，犬 0.25 ～ 1.00 毫克 / 次，猫 0.125 ～ 0.500 毫克 / 次，根据病情间隔 1 ～ 4 小时可重复应用，或应用泼尼松龙。禁止用腐败变质食物饲喂犬、猫，不要让犬、猫采食过量鱼及肉食品。

四十、磷化锌中毒

磷化锌是使用已久的灭鼠药和熏蒸杀虫剂，常同食物配制成毒饵使用。犬、猫常因摄入该诱饵而发生磷化锌中毒，犬口服致死量一般为每千克体重 20 ～ 40 毫克。

（一）发病原因

多因误食灭鼠毒饵或被磷化锌污染的食物，造成中毒；犬常因吃入磷化锌中毒的鼠而发生中毒。

（二）临床症状

犬食入中毒量的磷化锌后，常在 15 分钟至 4 小时之内出现中毒症状。首先表现食欲减退，呕吐和腹痛。呕吐物有蒜臭味，在暗处可出现磷光。腹泻，粪便中混有血液，在暗处也见发磷光。呼吸促迫，共济失调，心跳缓慢，节律不齐，尿呈黄色，尿中有红细胞、蛋白质和管型。后期感觉过敏，甚至痉挛发作，呼吸极度困难，张口呼吸，昏迷而死亡。

（三）病理变化

切开胃，散发带有蒜臭味的气体，将其内容物移至暗处，可见有磷光，胃肠黏膜充血、出血和黏膜脱落。尸体静脉扩张，泛发性微血管损害。肝、肾瘀血，混浊肿胀。肺脏显著充血，有的肺间质水肿，气管内充满泡沫状液体，胸膜有渗出，胸膜下出血。

（四）类症鉴别

1. 抗凝血杀鼠药中毒

有误食抗凝血杀鼠药的毒饵或死鼠的病史，表现可视黏膜苍白、出血，呼吸困难，鼻出血和便血，跛行，血液凝固不良。毒物分析检查到抗凝血杀鼠药。

2. 砷中毒

表现呕吐，流涎，黏膜充血、肿胀、出血、脱落，腹痛，出血性下痢，血尿，兴奋不安，肢体麻痹，运动失调，心律不齐，瞳孔散大。

3. 有机磷中毒

有接触有机磷农药的病史，表现流涎，腹痛，呕吐，腹泻，尿频，瞳孔缩小，呼吸困难，肌肉震颤，兴奋不安，运动失调，抽搐。胆碱酯酶活性升高，采集病料毒物分析有有机磷农药。

（五）预防措施和安全用药

1. 预防措施

加强毒鼠药的保管和使用，确保人畜安全，防止犬偷食或误食毒饵和死鼠，大面积灭鼠时，可将催吐剂配入毒饵中使用。

2. 安全用药

无特效解毒药。如能早期发现，可用 5% 碳酸氢钠溶液洗胃，以延缓磷化锌分解磷化氢，亦可灌服 2% ～ 5% 硫酸铜溶液催吐，并可与磷化锌形成不溶性的磷化铜，阻滞磷化锌的吸收而降低毒性。有人主张，中毒初期，用 0.1% 高锰酸钾溶液洗胃，可使磷化锌变成毒性较低的磷酸盐。在病犬体况尚好情况下，可用硫酸钠导泻，但不宜用油类和硫酸镁。为防止酸中毒，可静脉注射葡萄糖酸钙溶液、乳酸钠溶液或高渗葡萄糖溶液，同时采取对症治疗。

四十一、安妥中毒

安妥也称甲-萘硫脲，常将其按 2% 比例混食品内配成毒饵，用以毒杀鼠类。犬、猫多因误食这种毒饵而发生中毒。

（一）发病原因

因保管不严，致使安妥散失；或因同其他药剂混淆，造成使用上的失误；或因投放毒饵地点、时间不当，引起犬猫误食而中毒。猫可因捕食中毒的鼠类而间接中毒。5～10 月幼龄犬安妥致死量为 85～100 毫克/千克，老龄犬为 10～40 毫克/千克。

（二）临床症状

症状发展很快，通常以呕吐、呼吸困难为特点。中毒犬猫呼吸迫促，体温偏低，有时伴有呕吐。很快因肺水肿和出血性胸膜炎而呼吸困难，流出带血色的泡沫状鼻液，咳嗽，肺部听诊有明显的湿啰音，叩诊肺部有浊音。心音浊，脉搏增数，有时腹泻，运动失调。后期表现张口呼吸，兴奋不安，常发强直性痉挛，最后因窒息而死亡。

（三）病理变化

安妥中毒死亡病例，以肺部病变最为显著。黏膜发绀，血液颜色较暗。肺水肿十分明显，全肺呈暗红色，极度肿大，且有许多出血斑，气管内充满血色泡沫，胸腔内有大量水样透明液体。肝呈暗红色，稍肿。脾也呈暗红色，并见有溢血斑。心包有大量出血斑，容积稍增大，心脏冠状血管扩张，肾充血，表面也有溢血斑。有胃肠卡他性病变。

（四）类症鉴别

1. 心力衰竭

左心衰竭表现高度呼吸困难，黏膜发绀，两侧鼻孔流出泡沫样的鼻液，胸部听诊有广泛湿啰音。右心衰竭表现静脉怒张，四肢水肿，体腔积液，心音减弱，心内杂音和心律失常。

2. 中暑

有中暑病史，多在盛夏剧烈运动或环境闷热或车船运输过程中发病，体温显著升高。

3. 肺充血及肺水肿

有广泛的湿啰音，流细小泡沫样的鼻液，而心音和脉搏的变化比较轻微。

（五）预防措施和安全用药

1. 预防措施

加强对安妥的保管，特别是在拟订灭鼠计划时，应将有关人和动物的安全问题，列为必须考虑的因素，并做好必要的防护措施，由专人负责执行，以免发生意外事故。

2. 安全用药

尚无特效疗法。中毒初期可给予催吐剂和镇静剂。当病犬十分衰弱时，不宜给予镇静剂，输氧常可缓解病情。含巯基的药物（如二巯基丙醇）可竞争夺取含巯基的酶，以防肺水肿的发展。此外，可给予利尿剂或脱水剂（如50%葡萄糖溶液和甘露醇溶液），以解除肺水肿和胸膜渗出。但要注意安妥中毒时，肺水肿较为严重，故静脉注射时必须缓慢，同时必须采取强心、保肝措施。也可试用维生素K。

四十二、抗凝血杀鼠药中毒

抗凝血杀鼠药种类较多，一般用于杀灭老鼠的有敌鼠钠盐、溴敌隆（溴敌鼠）、杀鼠隆、敌鼠、克灭鼠、杀鼠迷、双杀鼠灵（敌害鼠）、杀它仗、氯敌鼠（氯鼠酮）等。犬猫因误食抗凝血杀鼠药的毒饵或死鼠而发生中毒，临床上以天然孔流血，可视黏膜出血及血流凝固不良为特征，犬猫口服敌鼠急性半数致死量为5～15毫克。

（一）发病原因

犬、猫误食了抗凝血杀鼠药，或采食了抗凝血杀鼠药杀死的老鼠，发生二次性中毒；用华法林钠等抗凝血药物，防治血栓性疾病，用药量大或用药时间过长，或者在用华法林钠时，同时应用能增强其毒性的保泰松、阿司匹林、广谱抗生素和氯丙嗪等。

图1-114 鼻出血

（二）临床症状

急性中毒，无任何症状即死亡，尤其是在脑血管、心包腔、纵隔和胸腔发生大出血时，常很快死亡。亚急性中毒一般在食后3日左右出现症状，中毒初期表现精神沉郁，食欲减退，可视黏膜苍白，呼吸困难，鼻出血和便血为常见症状（图1-114）。稍后不愿活动，关节疼痛，跛行，厌站喜卧，呼吸费力，结膜有出血点，齿龈、唇黏膜出血，尿血及皮肤出血斑，体表可能出现大面积血肿，稍有创伤即长时间出血不止。严重失血时，病犬十分虚弱，心跳减弱，节律不齐，行走摇晃。当肺出血时，呼吸极度困难，鼻孔流红色泡沫状液体。如出血发生于脑、脊髓或硬膜下间隙，则表现轻瘫、共济失调及痉挛，并很快死亡，病期长者可出现黄疸。后期呼吸高度困难，结膜发绀，终因窒息而死亡。

（三）病理变化

以全身器官组织呈现泛发性出血为特征，常见胸腔、纵隔、心内外膜下、皮下组织、脑膜下和脊髓、胃肠及腹膜出血。心肌松软，心外膜下出血，肝小叶中心坏死。如死亡时间过长，即发生血液自溶而出现黄疸。

（四）类症鉴别

1. 砷中毒

表现呕吐，流涎，黏膜充血、肿胀、出血、脱落，腹痛，出血性下痢，血尿，兴奋不安，肢体麻痹，运动失调，心律不齐，瞳孔散大。

2. 磷化锌中毒

有误食毒饵或污染食物的病史，表现呕吐，呕吐物有蒜臭味，腹痛，腹泻，粪便中混有血液，呼吸困难，共济失调，心律不齐，尿中有红细胞、蛋白质和管型。实验室检验有磷和锌的存在。

3. 黄曲霉毒素中毒

患病动物有采食被黄曲霉污染的食物的病史，多呈慢性经过，表现消瘦、贫血、黄疸、出血性肠炎等。饲料分析含黄曲霉毒素。

4. 血小板减少症

在皮肤和黏膜出现自发性瘀血点和瘀血斑，天然孔和内脏出血，出血时间延长，贫血。实验室检查血小板明显减少，血小板聚集功能异常。

（五）预防措施和安全用药

使患犬保持安静，维生素 K 是治疗抗凝血杀鼠药中毒的特效药物，尤其是维生素 K_1，最初可用维生素 K_1 犬 0.5～2 毫克 / 千克体重，猫 5～25 毫克，加入葡萄糖或生理盐水中，缓慢静脉注射，也可肌内或皮下注射，每 12 小时 1 次，连用 2～3 次。然后改为口服维生素 K 每日 2 毫克 / 千克体重，连用 10～20 日。如果出血过多，应输血治疗，10～20 毫升 / 千克体重，开始输血时，速度稍快些，输一半后，速度应缓慢。呼吸困难及严重贫血时，给予吸氧能延长生存时间，争得治疗机会。另外，再配合一些支持疗法。已中毒的犬、猫，不能行手术或放血，皮下或胸腹腔的血液，如果不危及生命，可让其慢慢吸收。病愈恢复期，应加强饲养管理，多饲喂些有营养的食物，最好是犬、猫商品性食品。

┌─   ─┐
  第二章
└─   ─┘

以呼吸系统为主症的犬猫疾病类症
鉴别与安全用药

一、犬瘟热

犬瘟热是由犬瘟热病毒引起犬科、鼬科和浣熊科等动物的一种急性、高度接触性、致死性传染性病毒病。临床上以双相热型、白细胞减少、急性鼻炎、支气管肺炎、严重的胃肠炎和神经症状为特征。主要发生于幼犬，青年犬也有感染。发病率极高，死亡率有时高达80%。

（一）发病原因

病原为犬瘟热病毒，属于副黏病毒科麻疹病毒属RNA病毒。对乙醚和氯仿敏感，3%氢氧化钠溶液、3%甲醛溶液或5%苯酚溶液可迅速杀灭这种病毒。本病一年四季均可发生，以冬春季（10月至翌年4月间）多发。1～12个月龄的犬发病率最高，2岁以上的犬发病率逐渐降低，5～10岁老龄犬很少发病，康复的犬可获终生免疫。纯种犬和警犬比土种犬的易感性高，且病情严重，死亡率高。病犬是本病最主要的传染源，病犬的分泌物、排泄物以及血液、脑脊髓液、肝、脾、肾、淋巴结等都含有大量病毒，并随呼吸道分泌物及尿液向外排毒，污染周围环境。主要传播途径是病犬与健康犬直接接触，通过空气飞沫经呼吸道感染或通过污染的食物经消化道感染。

（二）临床症状

本病潜伏期一般为3～6天。患犬精神沉郁，食欲降低，体温升高，呈双相热型，即病初体温高达40℃左右，持续1～2天后降至常温，2～3天后再次升高。多数病例初期表现明显的卡他性鼻炎和结膜炎症状，眼鼻流水样分泌物（图2-1），并在1～2天内转变为黏液性、脓性（图2-2），打喷嚏、咳嗽。此时如不及时治疗，很快发展为肺炎、肠炎、肾炎、膀胱炎和脑炎等，并出现相应的症状。

以呼吸道炎症为主的病犬，鼻镜皲裂，呼出恶臭的气体，排出脓性鼻液，严重时将鼻孔堵塞，病犬张口呼吸（图2-3），并不时以爪搔鼻。眼睑肿胀，有脓性分泌物（图2-4），严重时甚至将上下眼睑黏合到一起（图2-5），后期可发生角膜溃疡，甚至穿孔，病犬咳嗽、打喷嚏，呼吸困难，肺部听诊有啰音和捻发音。

图 2-1　结膜炎，眼有水样分泌物

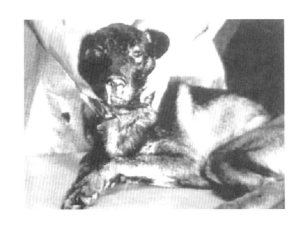

图 2-2　鼻流大量脓性分泌物

图 2-3　呼吸困难，张口呼吸

图 2-4　眼周围有脓性分泌物

以消化道炎症为主的病犬，食欲完全丧失，呕吐，排带有黏液的稀便或干便，严重时排高粱米汤样的血便（图2-6），病犬迅速脱水、消瘦，尤其是离乳不久的幼犬，有时仅表现为出血性肠炎症状。

以神经症状为主的病犬，有的开始就出现神经症状，有的先表现呼吸道或消化道症状，7～10天后再呈现神经症状。病犬轻则口唇、眼睑局部抽搐（图2-7），重则流涎、空嚼、转

图 2-5　脓性分泌物将上下眼睑黏合到一起

圈、冲撞或口吐白沫，牙关紧闭，倒地抽搐，呈癫痫样发作（图2-8），持续时间为数秒至数分钟不等，发作的次数也往往由每天几次发展到十几次，后期倒地昏迷（图2-9），多半预后不良。有的病犬表现为一肢、两肢或整个后躯抽搐麻痹、共济失调等神经症状，常留有肢体舞蹈、麻痹或后躯无力等后遗症（图2-10）。

图2-6　以消化道炎症为主的病犬粪便含有脓血

图2-7　口唇、眼睑局部抽搐

图2-8　倒地抽搐，呈癫痫样发作

图2-9　后期倒地昏迷

图2-10　患犬后躯瘫痪

　　以皮肤症状为主的病犬较为少见。在唇部、耳郭、腹下、会阴部和股内侧等处皮肤上出现小红点、水疱或脓性丘疹（图2-11），有的出现阴囊湿疹（图2-12），有少数病犬的足垫肿胀、增生、角化，形成所谓的硬脚掌病（图2-13、图2-14）。

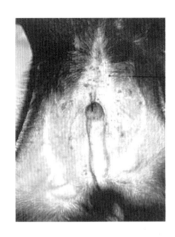

图 2-11　会阴部皮肤出现小红点

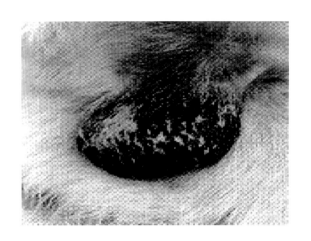

图 2-12　阴囊皮肤出现湿疹

图 2-13　足垫角化变硬

图 2-14　足垫角化、皲裂

（三）病理变化

　　新生幼犬通常表现胸腺萎缩；成年犬多表现结膜炎、鼻炎、气管支气管炎和卡他性肠炎。肺局部充血、水肿及弥漫性炎性出血（图2-15），病程延长，肺实变发生（图2-16）。发生细菌继发感染后可见化脓性鼻炎、结膜炎、化脓性肺炎（图2-17）。消化道可见卡他性乃至出血性胃肠炎，肝肿大有出血点，胆囊充盈，胆汁墨绿色，膀胱黏膜出血（图2-18）。表现神经症状的犬通常可见鼻端和脚垫的皮肤角化病。中枢神经系统的大体病变包括脑膜充血、脑室扩张和因脑水肿所致的脑脊液增加。

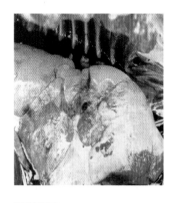

图 2-15 肺部弥漫性炎性出血

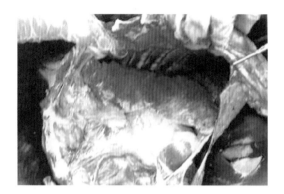

图 2-16 肺实变

图 2-17 化脓性肺炎

图 2-18 膀胱黏膜出血

（四）类症鉴别

1.犬传染性肝炎

有黄疸、肝脏出血，全身淋巴结肿大、出血等变化。出血后血凝时间延长，剖检有特征性的肝和胆囊病变及体腔血样的渗出液，而犬瘟热无此变化，可以区别。组织学检查犬传染性肝炎为核内包涵体，而犬瘟热核内及胞浆内均有包涵体，且以胞浆内包涵体为主。

2.钩端螺旋体病

由钩端螺旋体引起，多发生于夏秋季节，主要表现发热、呕吐、黄疸、血红蛋白尿、出血性素质、流产、皮肤黏膜坏死、水肿和肾炎等。不发生呼吸道和结膜的炎症，但具有明显的黄疸。血清学试验阳性。

3.狂犬病

由狂犬病病毒引起，病犬有咬伤病史，呈地方流行或散发，主要表现极度兴奋，狂躁不安，行为反常，攻击性强，瞳孔散大，流涎，唾液黏稠，意识丧失，吞咽障碍，下颌、后躯麻痹。突然死亡少见，有内氏小体。

4. 副伤寒

由沙门菌引起，发病率低，临床上主要表现肠炎、肺炎、败血症和流产。实验室检查，血红蛋白增加，白细胞总数增加，血液、尿发现沙门菌。粪便涂片检查时，粪便中有大量白细胞。

5. 支气管炎

由于感染或理化因素刺激引起，常发生于冬春湿冷季节，表现体温升高，热型不定，剧烈咳嗽，气喘。触诊喉头或气管敏感，流鼻液，胸部听诊有啰音，X射线检查肺纹理增多、变粗，但无病灶性阴影。

6. 肺炎

全身症状比较重剧，表现发热，流鼻涕，咳嗽，呼吸困难，肺部听诊有啰音或捻发音，肺部叩诊呈半浊音或浊音。血液学检查白细胞增多，核左移。X射线检查肺纹理增粗，有云雾状阴影。

7. 胃肠炎

单纯性胃肠炎无双相热型，无鼻、眼分泌物等。

8. 犬细小病毒病

呕吐剧烈、频繁、饮水后立即发生呕吐，渴欲强烈，排出的番茄汁样血便次数多、数量大。

9. 感冒

由于突然遭受寒冷刺激引起，多发于气温骤变季节，临床上以体温升高、热型不定、咳嗽、流鼻液、打喷嚏、羞明流泪为特征。

（五）预防措施和安全用药

1. 预防措施

免疫接种是预防本病的关键措施。目前常用的疫苗有英特威公司生产的犬二联苗（犬瘟热病毒、犬细小病毒）和犬四联苗（犬瘟热病毒、犬细小病毒、犬腺病毒和犬副流感病毒）、国产犬五联弱毒疫苗（犬狂犬病病毒、犬瘟热病毒、犬副流感病毒、犬传染性肝炎病毒）以及美国和法国犬六联弱毒疫苗（犬瘟热病毒、犬细小病毒、犬传染性肝炎病毒、犬腺病毒Ⅱ型、犬副流感病毒以及犬钩端螺旋体）。常用的免疫程序为：3月龄以内幼犬，4～6周龄使用进口犬二联苗首免，间隔2周（国产犬五联苗）或3周（进口犬四联苗或犬六联苗）二免，再间隔2周（国产犬五联苗）或3周（进口犬四联苗或犬六联苗+狂犬苗）三免。大于3月的龄犬，使用国产犬五联苗，或进口犬四联苗或犬六联苗首免，间隔

2 周（国产犬五联苗）或 3 周（进口犬四联苗或犬六联苗）二免。成年犬每 6 个月（国产犬五联苗），或 12 个月（进口犬四联苗或犬六联苗 + 狂犬苗）加强免疫 1 次。

若母犬犬瘟热抗体水平很低或生后因某种原因未吃初乳的幼犬，2 周龄时即可首次免疫接种；防疫条件好的或非疫区可于 8 ～ 12 周龄首免；疫区受犬瘟热威胁的犬，可先注射一定剂量的犬瘟热高免血清做紧急预防，7 ～ 10 天后再接种疫苗。为防止在母源抗体下降期间感染发病，可于断奶时进行首次免疫；为防止免疫犬在产生免疫力之前感染发病，注射疫苗期间，严防其与病犬或可疑病犬接触。新引进的犬，一定要隔离检查；原有的犬，尤其是种犬和曾经感染过犬瘟热的犬，需定期进行抗体检查和犬瘟热带毒检查。犬瘟热病毒中和抗体在 1∶100 以下的需及时加强免疫，对带毒犬应做淘汰处理。

2. 安全用药

一旦发生犬瘟热，必须迅速隔离病犬，用火碱、漂白粉或来苏尔彻底消毒，对病犬积极治疗，对病死犬尸体焚烧或深埋，对假定健康犬和可疑感染犬紧急注射高免血清。

（1）抗病毒　最初发热期间给以高免血清或犬瘟热病毒单克隆抗体 1 ～ 2 毫升 / 千克，皮下注射，每天 1 次，连用 3 ～ 7 天。当出现神经症状时，使用高免血清则效果不佳。犬用干扰素 20 万 IU/ 千克体重，肌内注射，每天 1 次，连用 7 天。犬血免疫球蛋白，5 千克以下犬 5 毫升 / 天，5 ～ 10 千克犬 10 毫升 / 天，10 千克以上犬 10 ～ 10 毫升 / 天，静脉注射，连用 3 天。犬用转移因子口服液 1 毫升 / 次，每天 2 次，连用 3 ～ 7 天。黄芪多糖注射液 0.1 ～ 0.2 毫升 / 千克，肌内或静脉注射，每天 1 ～ 2 次，连用 3 天。聚肌胞 0.5 ～ 1 毫克 / 千克体重，肌内注射，每天 1 ～ 2 次，连用 3 ～ 5 天。病毒唑或病毒灵 20 毫克 / 千克，肌内或静脉注射，每天 2 次，连用 3 天。阿昔洛韦 20 毫克 / 千克体重，静脉注射，每天 1 次，连用 3 天。双黄连 60 毫克 / 千克体重，静脉注射，每天 1 次，连用 3 天。犬瘟灵注射液 0.05 ～ 0.1 毫升，静脉注射，每天 1 次，连用 5 ～ 7 天。犬抗病毒口服液 5 ～ 10 毫升 / 次，口服，每天 2 次，连用 7 ～ 20 天。黄芪多糖口服液 0.1 克 / 毫升，口服，每天 2 次，连用 5 ～ 7 天。

（2）预防继发感染　选用抗生素或磺胺类药物，可以减少死亡，缓解病情，如头孢菌素类抗生素（如头孢唑啉钠、头孢噻肟钠等）、喹诺酮类药物（如氧氟沙星、环丙沙星、培氟沙星、恩诺沙星等）。病初并用糖皮质激素（如地塞米松、氢化可的松等），具有抗过敏、抗炎和解热作用。

（3）支持和对症治疗　根据病犬的病型和病征表现进行支持和对症疗法，加强饲养管理和注意饮食，结合采用强心、补液、解毒、退热、收敛、止痛、镇痛等措施，具有一定的治疗作用。对呕吐病犬，用溴米那普鲁卡因或胃复安溶液，肌内注射；尿血或便血病犬，用安络血、止血敏或维生素 K_3，肌内注射；腹泻病犬，用诺氟沙星、庆大霉素，口服，1 日 2 次；对咳嗽和气喘病犬，肌内注射咳喘停；对抽搐或痉挛病犬，口服或肌内注射氯丙嗪、奋乃静或安定等，安宫牛黄丸也有一定疗效，配合应用谷维素、维生素 B_1、维生素 B_6、维生素 B_{12} 和清开灵注射液（0.2 ～ 0.3 毫升 / 千克体重，肌内或静脉注射，连用 2 ～ 3 天）；对体温升高病犬，肌内注射安痛定或安乃近等；对心脏衰弱病犬，肌内或静脉注射肌苷或 ATP 等；对酸中毒病犬，静脉注射碳酸氢钠溶液或乳酸林格液；对脱水病犬，用复方氯化钠溶液、10%～20%葡萄糖溶液或糖盐水、葡萄糖酸钙溶液、维生素C或维生素 B_1 溶液，静脉注射，也可口服补液盐溶液（葡萄糖20克、氯化钠3.5克、氯化钾1.5克、碳酸氢钠2.5克、柠檬酸钠29克、凉开水1000毫升）。

二、犬疱疹病毒感染

犬疱疹病毒感染是由犬疱疹病毒引起仔犬（3周龄内）的一种高度接触传染性、败血性、严重致死性传染病。临床上以呼吸道卡他性炎症、肺水肿、全身性淋巴结炎和体腔渗出液增多为特征；母犬以流产和繁殖障碍为特征。

（一）发病原因

病原为犬疱疹病毒，属于甲型疱疹病毒亚科，是DNA型病毒。其最适增殖温度为35～37℃，3周龄以下仔犬的体温偏低恰好处于病毒增殖的最适温度，故3周龄以下仔犬易发生疱疹病毒感染。本病只感染犬，患病仔犬和康复犬是本病的主要传染源，主要通过唾液、鼻液、尿液向外排毒，传播途径为呼吸道、消化道和生殖道；新生幼犬也可经胎盘感染。

（二）临床症状

感染潜伏期4～6天，小于3周龄的幼犬可引起致死性感染。临床症状主要是上呼吸道感染，随后导致全身性感染，表现精神迟钝，食欲不良，软弱无力，或停止吮乳，打喷嚏，咳嗽，呼吸困难（图2-19）。粪便呈黄绿色（图2-20），压迫腹部时有痛感，病犬常连续嚎叫。有的病犬表现鼻炎症状，浆液性鼻漏，鼻黏膜表面广泛性斑点状出血。皮肤病变以红色丘疹为特征，主要见于腹股沟、母犬的阴门和阴道以及公犬的包皮和口腔。病犬最终丧失知觉，角弓反张，癫痫，多在临床症状出现后24～48小时死亡。个别耐过犬，常遗留中枢神经症状，如出现共济失调，向一侧做圆周运动，伴有失明。

图2-19 流鼻汁，打喷嚏，干咳

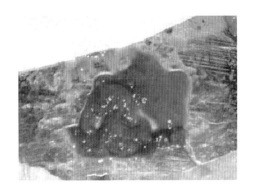

图2-20 呕吐，排黄绿色粪便

　　3～5周龄仔犬一般不呈现全身感染症状，只引起轻度鼻炎和咽炎，随后很快康复，个别可致死亡。5周龄以上幼犬和成年犬呈隐性感染，基本不表现临床症状，偶尔表现轻微的鼻炎、气管炎或阴道炎。母犬的生殖道感染以阴道黏膜弥漫性小泡状病变为特征。妊娠母犬可造成流产死胎。公犬可见阴茎和包皮病变，分泌物增多。

（三）病理变化

　　幼犬的致死性感染以实质器官，尤其是肝、肾、肺的弥漫性出血、坏死为特征。剖检可见肝、肾、肺、肾上腺、小肠等有点状出血，并散在针尖至粟粒大的灰白色坏死灶（图2-21～图2-23）。肾脏被膜下出血点和坏死灶为中心形成球状出血斑，肾脏断面的皮质与髓质交界处形成楔形出血灶，这是本病的特征性肉眼变化。此外，脾脏肿大，肺严重水肿，支气管内有含气泡的血样分泌物。

图2-21　肾脏被膜下出血点和坏死灶

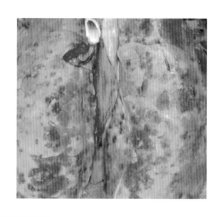

图2-22　肺脏散在灰白色坏死灶或出血点

图2-23　肠黏膜点状出血

（四）类症鉴别

1.犬瘟热

　　由犬瘟热病毒引起，以冬春季（10月至翌年4月间）多发，1～12个月龄的犬发病率最高，临床上以双相热型、白细胞减少、急性脓性鼻炎和脓性结膜炎、支气管肺炎、严重的胃肠炎和神经症状为特征。核内及胞浆内均有包涵体，且以胞浆内包涵体为主。

2.犬传染性肝炎

　　由犬腺病毒Ⅰ型引起，以冬季发生较多，断乳至1岁的犬发病率和死亡率最高，临床上主要表现体温升高，双相热型，呕吐，腹痛，腹泻，眼鼻流水样液体，角膜混浊，肝炎性蓝眼，黄疸，剑突处有压痛。剖检有肝和胆囊病变及体腔血样渗出液。丙氨酸转氨酶、天冬氨酸转氨酶活性增高，凝血酶原时间、凝血酶时间和激活凝血激酶时间延长。肝实质细胞和皮质细胞核内出现包涵体。

3. 犬副流感病毒感染

由犬副流感病毒引起，发病急，传播快，主要感染幼犬，表现卡他性鼻炎、喉气管炎和肺炎症状。

（五）预防措施和安全用药

1. 预防措施

对妊娠母犬接种疫苗，通过母体产生的抗体保护仔犬是防治本病的有效方法。但犬疱疹病毒的抗原性较弱，至今尚未研制出有效的弱毒疫苗。有试验证明，多次接种加佐剂的灭活疫苗，能产生一定水平的抗体。一旦发现可疑病犬，要立即隔离，特别是在养犬场。认真消毒发病犬的窝及其周围环境，深埋或烧毁死亡仔犬。

2. 安全用药

本病发病急，2周龄发病仔犬很难治愈。可试用广谱抗生素控制继发感染，补液及试用抗病毒类药物等。在流行期间给幼犬腹腔注射 1～2 毫升高免血清或 γ- 球蛋白，可减少死亡。提高环境温度对病犬有利，将病犬放入保温箱中，保温箱以 35℃温度、50% 湿度为宜。

三、犬副流感病毒感染

犬副流感病毒感染是由犬副流感病毒引起的犬的一种以急性呼吸道炎症为主要特征的呼吸道传染病。临床上以咳嗽、流涕、发热为特征；病理变化以卡他性鼻炎和支气管炎为特征。主要感染幼犬，发病急，传播快。

（一）发病原因

病原为副流感病毒，属副黏病毒科副黏病毒属，对犬有致病性的主要是副流感病毒 2 型，为单股 RNA 病毒，主要感染幼龄犬，且病情较重。本病主要经呼吸道传播，并常与其他病原混合感染。本病自然流行时，常突然发生，迅速传播。

（二）临床症状

潜伏期 5～6 天，常突然发病，主要表现喉气管炎和肺炎的症状，病犬发热，精神沉郁，食欲降低，咳嗽，随后出现大量浆液性、黏液性甚至脓性鼻液（图 2-24），扁桃体红肿，呼吸困难。一般 1 周左右病情好转，如有继发感染，则病程延长，咳嗽可持续数周，甚至死亡。近年来有报道认为，犬副流感病毒 2 型也可感染脑组织和肠道，引起脑脊髓炎、脑室积水和肠炎，病犬呈现后肢麻痹和出血性肠炎症状。

黏性分泌物

图 2-24 流浆液性、黏液性或脓性鼻液

（三）病理变化

可见鼻孔周围有浆液性或黏液脓性鼻漏，结膜炎，扁桃体炎，气管、支气管炎，有时肺部有点状出血。神经型主要表现为急性脑脊髓炎和脑内积水，整个中枢神经系统和脊髓均有病变，前叶灰质最为严重。

（四）类症鉴别

1. 呼吸型犬瘟热

由犬瘟热病毒引起，以冬春季（10 月至翌年 4 月间）多发，1 ～ 12 个月龄的犬发病率最高，临床上以双相热型、白细胞减少、急性脓性鼻炎和脓性结膜炎、支气管肺炎、严重的胃肠炎和神经症状为特征。核内及胞浆内均有包涵体，且以胞浆内包涵体为主。

2. 犬传染性气管支气管炎

由犬腺病毒 II 型引起，主要发生于 4 月龄以下幼犬，以寒冷季节多发，主要表现喉气管炎、扁桃体炎和肺炎，突出症状是阵发性咳嗽，运动时或晚上咳嗽加重。

3. 犬传染性肝炎

由犬腺病毒 I 型引起，以冬季发生较多，断乳至 1 岁的犬发病率和死亡率最高，临床上主要表现体温升高，双相热型，呕吐，腹痛，腹泻，眼鼻流水样液体，角膜混浊，肝炎性蓝眼，黄疸，剑突处有压痛。剖检有肝和胆囊病变及体腔血样渗出液。丙氨酸转氨酶、天冬氨酸转氨酶活性增高，凝血酶原时间、凝血酶时间和激活凝血激酶时间延长。肝实质细胞和皮质细胞核内出现包涵体。

4. 犬呼肠孤病毒感染

由呼肠孤病毒引起，以幼犬感冒、肺炎为特征。

5.犬疱疹病毒感染

由犬疱疹病毒引起，多发生于 3 周龄内仔犬，发病急，死亡率高，表现打喷嚏，咳嗽，流鼻涕，呼吸困难，皮肤丘疹，压迫腹部时疼痛嚎叫，肾局灶性出血。犬疱疹病毒感染无胆囊壁增厚和水肿症状。

（五）预防措施和安全用药

1.预防措施

可用美国生产的六联弱毒疫苗，或国产五联弱毒疫苗免疫接种，具体免疫方法参见犬瘟热和犬细小病毒感染。

2.安全用药

本病没有特效药，一旦发病，应立即隔离病犬，全群皮下注射五联血清 2 毫升 / 千克，每天 1 次，连用 3 天，同时应用抗生素或磺胺类药物防止继发感染，配合化痰止咳等综合治疗措施。糖皮质激素类药物有助于减轻临床症状。此外，搞好犬舍的卫生，保持犬舍空气清新，防止忽冷忽热。

四、犬传染性气管支气管炎

犬传染性气管支气管炎指主要由犬腺病毒Ⅱ型引起的除犬瘟热外的以咳嗽为特征的犬慢性接触性传染性呼吸道疾病的总称，又称"犬窝咳"。临床上以持续性高热、阵发性干咳，咳后间或有呕吐，浆液性或黏液性鼻漏，扁桃体炎，喉气管炎和肺炎为特征。

（一）发病原因

引起犬传染性气管支气管炎的病原有犬腺病毒Ⅱ型，犬副黏病毒，犬腺病毒Ⅰ型，呼肠孤病毒 1 型、2 型、3 型和犬疱疹病毒，支气管败血波氏杆菌等，其中犬腺病毒Ⅱ型是犬咳嗽常见的致病因子。主要通过吸入被病原体污染的空气，经呼吸道感染。本病只感染犬，4 月龄以下幼犬发病率较高，尤其是刚断奶不久的幼犬最易发病，且可能引起死亡，以寒冷季节多发。

（二）临床症状

潜伏期一般 5 ～ 10 天。主要表现喉炎、气管炎、支气管炎、扁桃体炎和肺炎，突出症状是阵发性咳嗽，运动时或晚上咳嗽加重，继而干咳或作呕以清除喉中的黏液。病犬体温升高，精神沉郁，食欲减退。严重的可出现鼻漏，随呼吸向外流出较多鼻液，扁桃体肿大。人工诱咳阳性，气管听诊有啰音，有的犬表现呕吐或腹泻。最后可发展成肺炎，表现呼吸困难，可视黏膜发绀，肺部听诊可闻粗粝的肺泡音及干啰音。

（三）病理变化

主要病变为肺炎和支气管炎，肺膨胀不全，充血、实变。有时可见增生性腺瘤病灶，支气管淋巴结充血、出血。支气管镜检，轻者可见到支气管黏膜充血、变脆；重者除见到上述病变外，还可见到黏膜变厚及支气管内有大量分泌物。

（四）类症鉴别

1. 犬副流感病毒感染

由犬副流感病毒引起，发病急，传播快，主要感染幼犬，表现卡他性鼻炎、喉气管炎和肺炎症状。

2. 犬瘟热

由犬瘟热病毒引起，以冬春季（10 月至翌年 4 月间）多发，1 ～ 12 个月龄的犬发病率最高，临床上以双相热型、白细胞减少、急性脓性鼻炎和脓性结膜炎、支气管肺炎、严重的胃肠炎和神经症状为特征。核内及胞浆内均有包涵体，且以胞浆内包涵体为主。

3. 犬呼肠孤病毒感染

由呼肠孤病毒引起，以幼犬感冒、肺炎为特征。

（五）预防措施和安全用药

1. 预防措施

可用犬腺病毒Ⅱ型、犬副流感病毒、犬细小病毒、犬疱疹病毒和钩端螺旋体多价疫苗接种，可防止相应病原体的感染，6 个月后重复接种。支气管败血波氏杆菌疫苗是一种鼻内接种的活的无毒株；肌内注射用的灭活支气管败血波氏杆菌苗为细菌培养物或浸出液。

2. 安全用药

目前尚无特效的治疗药物，应加强护理，改善营养，对症治疗和防止继发感染。护理上要特别注意防寒保暖、减少运动等，对症治疗以止咳、平喘、抗感染为主。可用高免血清治疗。常用的镇咳祛痰剂有硫酸可待因，口服 1 ～ 2 毫克 / 千克体重，4 ～ 8 小时一次；重酒石酸二氢可待因酮，口服 0.25 毫克 / 千克体重，每日 3 次；右旋甲氧甲基吗啡，口服 1 ～ 2 毫克 / 千克体重，每日 3 次；硫酸吗啡，皮下注射 0.1 毫克 / 千克体重，每日 1 次；或 10% ～ 20% 乙酰半胱氨酸（痰易净）液，气管内滴注或喷雾给药。为了缓解和减轻临床症状，可用硝基呋喃妥英 4 毫克 / 千克，口服，每 8 小时 1 次，连续 7 ～ 14 天；或地塞米松，每天 0.125 ～ 1 毫克，口服或肌内注射；或用泼尼松龙 2.5 毫克，每天 2 次，连服 3 天，而后用量改为 1.25 毫克，每天 2 次，连服 3 天，后再改为 1 毫克，每天 2 次，连服 1 周。为了控制细菌感染，可应用头孢菌素、庆大霉素、卡那霉素、金霉素等抗生素，连续 5 ～ 7 天。

五、猫病毒性鼻气管炎

猫病毒性鼻气管炎又称猫传染性鼻气管炎或猫疱疹病毒Ⅰ型感染，是由猫疱疹病毒Ⅰ型引起猫的一种急性、高度接触性上呼吸道疾病。临床上以发热、角膜结膜炎、上呼吸道感染和流产为特征，主要侵害仔猫，发病率可达100%，死亡率约50%。

（一）发病原因

病原为猫疱疹病毒Ⅰ型，属疱疹病毒科甲型疱疹病毒亚科，为双股DNA病毒。对酸和脂溶剂敏感；在-60℃时只能存活3个月，在56℃时经4～5分钟被灭活。猫科动物易感，主要通过口、鼻直接接触传播，分泌物或排泄物为传染源，也可垂直传染给仔猫。仔猫常在4～6周龄，因其母源抗体水平下降而易感。

（二）临床症状

潜伏期为2～6天。典型症状为打喷嚏，眼、鼻分泌物增多（图2-25～图2-27），眼结膜充血、水肿（图2-28），重剧的鼻炎，结膜炎，支气管炎，溃疡性口炎等，病情严重时可导致肺炎。患猫表现体温升高，阵发性喷嚏和咳嗽，食欲减退，精神沉郁。鼻液和泪液初期透明，后变为黏液性甚至脓性（图2-29、图2-30）。由于分泌物刺激，眼、鼻周围脱毛（图2-31）。口腔、舌及硬腭出现溃疡的猫，因口腔剧痛，可致过度流涎，溃疡处易发生细菌感染（图2-32、图2-33）。疱疹性角膜炎为本病的示病症状（图2-34），典型损害是角膜出现严重的树枝状溃疡，继发细菌感染时溃疡加深，甚至角膜穿孔（图2-35）。感染进一步扩散，可导致全眼球炎，造成永久性失明。生殖系统感染时，可致阴道炎和宫颈炎，并发生短期不孕。孕猫感染时，缺乏典型的上呼吸道症状，但可能造成死胎或流产，即使顺利生产，幼仔多伴有呼吸道症状，体质衰弱，极易死亡。幼猫感染时鼻甲损害表现为鼻甲及黏膜充血、溃疡甚至扭曲变形。由于正常的解剖学发生改变及黏膜防御机制被破坏，易引起慢性细菌感染，导致慢性鼻窦炎。

急性病例症状通常持续10～14天。成年猫一般预后良好，仔猫死亡率可达20%～30%。部分转为慢性的病例，表现持续咳嗽、呼吸困难的鼻窦炎症状。

图 2-25　双眼流浆液性分泌物

图 2-26　双眼流黏液性分泌物

图 2-27　双眼流脓性分泌物

图 2-28　眼结膜充血、水肿

图 2-29　流浆液性、黏液性鼻液

图 2-30　流脓性鼻液

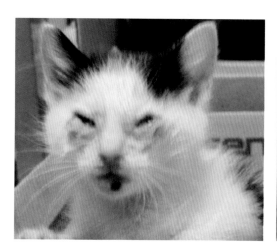

图 2-31　眼睛周围脱毛

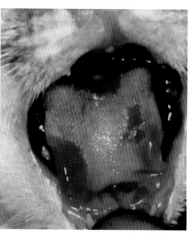

图 2-32　口腔、硬腭溃疡

图 2-33　口腔和舌面溃疡

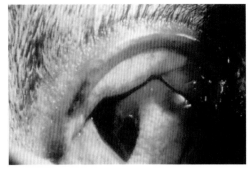

图 2-34　角膜炎，角膜浑浊

（三）病理变化

病初、鼻腔、鼻甲骨、喉头和气管黏膜呈弥漫性充血。较严重病例，鼻腔、鼻甲骨黏膜坏死、眼结膜、扁桃体、会厌软骨、喉头、气管、支气管甚至细支气管的部分黏膜上皮也发生局部灶性坏死，坏死区上皮细胞中可见大量的嗜酸性核内包涵体。慢性病例可见鼻窦炎病变。表现下呼吸道症状的病猫，可见间质性肺炎、支气管炎、细支气管炎及其周围组织坏死。

图 2-35　角膜溃疡

（四）类症鉴别

1. 猫杯状病毒感染

由猫杯状病毒引起，常发生于 8 ～ 12 周龄的猫，临床上以双相热型、口腔溃疡、鼻炎、结膜炎、气管炎、关节疼、跛行（风湿型）等为特征。

2. 猫细小病毒感染

由猫细小病毒感染引起，主要发生于 1 岁以下的幼猫，冬末至春季多发，发病急，流行迅速而广泛，主要表现突发高热、双相热型、顽固性呕吐、白细胞严重减少、淋巴结肿大、贫血和排水样血便，母猫流产、死胎。长骨的红髓变为液状或半液状。

（五）预防措施和安全用药

1. 预防措施

猫病毒性鼻气管炎具有高度传染性，对感染猫应及时严格隔离。猫疱疹病毒Ⅰ型疫苗不能完全阻止病毒感染，但可减轻临床症状。目前常用的有猫泛白细胞减少症、猫杯状病毒感染和传染性鼻气管炎三联灭活疫苗（美国硕腾公司生产的妙三多）和弱毒疫苗（荷兰英特威生产的猫三联），2 个月以上的猫需免疫（肌内注射）2 ～ 3 次，间隔 3 ～ 4 周，以后每年免疫注射 1 次。

2. 安全用药

目前尚无特效药，主要采取对症和支持治疗。抗病毒可用猫 ω- 干扰素 30 ～ 50 万 IU/ 千克体重，肌内或皮下注射。病毒唑或病毒灵 20 毫克 / 千克，肌内或静脉注射，每天 2 次，连用 3 天。阿昔洛韦 20 毫克 / 千克体重，静脉注射，每天 1 次，连用 3 天。配合应用猫安（L- 氨基酸）2 ～ 4 粒 / 天，口服。对患猫眼、鼻周围应常擦拭，清除分泌物，避免结痂。鼻黏膜严重充血时，可短期经鼻腔喷雾缩血管药物如盐酸麻黄碱滴鼻液。结膜炎时可先用宠物洗眼液冲洗眼睛，然后涂擦 10% 磺醋酰胺钠、红霉素、四环素、金霉素、1% 氯霉素或 0.5% 新霉素眼膏，每天多次。对急性非化脓性结膜炎可用先锋霉素 0.05 克 / 千克体重、地塞米松 0.5 毫克 / 千克体重，2% 普鲁卡因 0.15 毫克 / 千克体重混合，结膜下封闭，每天 1 次。也可用氯霉素眼药水，可的松眼药水交替点眼，每日 3 ～ 5 次。出现角膜溃疡时可用鱼肝油 2 号眼药水点眼（鱼肝油滴剂 8 毫升，维生素 B_2 1 毫升，氨苄西林 1000IU，混匀），每天 2 ～ 3 次，连用 7 ～ 10 天。当出现疱疹性角膜炎时，需使用抗疱疹的药物如 5- 碘脱氧尿苷（疱疹净），4 ～ 6 次 / 天。对口腔溃疡和病程长的病猫，可用碘甘油涂布口腔，口服或肌内注射维生素 A、维生素 B 族等。当发生上呼吸道和肺部的继发感染时，可应用四环素注射液 0.1 毫克 / 千克体重，静脉注射，每天 2 次。庆大霉素 1 ～ 1.5 万 IU/ 千克体重，地塞米松 0.5 毫克 / 千克体重，混合肌内注射，每天 2 次。复方新诺明片每次 1/4 片，内服，每日 2 次。也可用阿莫西林、盐酸多西环素等。继发慢性鼻窦炎治疗较困难，但在抗生素治疗后会有所缓解，停药后极易复发。病猫不食或有脱水症状时，口服、静脉注射或皮下注射等渗葡萄糖盐水，每次 50 ～ 100 毫升，每天 2 次。为增进食欲，可给予少量香味食物，如鱼、瘦肉等。

六、猫杯状病毒感染

猫杯状病毒感染是由猫杯状病毒引起的一种多发性口腔和呼吸道传染病，又称猫流行性感冒。临床上以双相热型、口腔溃疡、鼻炎、结膜炎、气管炎、关节疼、跛行（风湿型）等为特征。猫科动物均易感，发病率较高，但病死率较低。

（一）发病原因

病原为猫杯状病毒，属杯状病毒病科杯状病毒属，为单股 RNA 病毒。对乙醚、氯仿和脱氧胆酸盐等脂溶剂具有抵抗力；对酸的敏感性介于肠道病毒和鼻病毒之间，pH 4 ～ 5 时稳定，pH 3 时失去活力；加热 50℃ 30 分钟即灭活。7 ～ 84 日龄的猫均可感染发病，但常发生于 56 ～ 84 日龄的猫。病猫和带毒猫是本病的主要传染源。大量病毒可随分泌物和排泄物排出，污染笼具、地面等，或直接传染给易感猫。

（二）临床症状

潜伏期为 2～3 天。最有特征性的症状是口腔溃疡，舌和硬腭的溃疡最常见，尤其是腭中裂周围。舌部水疱破溃后形成溃疡（图 2-36），鼻黏膜有时也可出现类似病变。病猫精神欠佳，采食进食困难，体温 39.5～40.5℃，打喷嚏，口腔和鼻眼分泌物增多，眼、鼻分泌物开始为浆液性，4～5 天后转为脓性（图 2-37、图 2-38），角膜炎可在 2 周内恢复。严重病例可发生肺炎，咳嗽，呼吸困难，肺部有干啰音或湿啰音，3 月龄以下幼猫可因肺炎致死。

风湿型病例出现发热，关节肿胀、疼痛，肌肉疼痛及跛行，不过这些症状不经特殊治疗也可在 2～4 天内消失。接种猫杯状病毒弱毒疫苗时，个别猫可出现风湿型症状。康复猫终生带毒，并通过口腔等向外排毒。某些发生浆细胞性口炎和齿龈炎的病例，可能和慢性带毒状态有关。

图 2-36　舌部水疱、溃疡

图 2-37　眼、鼻浆液性分泌物

（三）病理变化

口腔黏膜、舌、腭病变部初为水疱，后期水疱破溃形成溃疡（图 2-39）。肺部可见纤维素性肺炎及间质性肺炎。支气管及细支气管内常有单核细胞、脱落的上皮细胞和大量蛋白性渗出物。继发细菌感染时，则可呈现典型的化脓性支气管肺炎的变化。

（四）类症鉴别

1. 猫病毒性鼻气管炎

由猫疱疹病毒Ⅰ型引起，主要侵害 4～6 周龄仔猫。表现发热，鼻炎，角膜结膜炎，支气管炎，肺炎，溃疡性口炎，流产等。眼结膜和上呼吸道黏膜涂片检查到包涵体。

图 2-38　眼、鼻脓性分泌物　　　图 2-39　口腔黏膜、舌、腭水疱、溃疡

2. 猫细小病毒感染

由猫细小病毒感染引起，主要发生于 1 岁以下的幼猫，冬末至春季多发，发病急，流行迅速而广泛，主要表现突发高热、双相热型、顽固性呕吐、白细胞严重减少、淋巴结肿大、贫血和排水样血便，母猫流产、死胎。长骨的红髓变为液状或半液状。

3. 慢性肾衰竭

体重逐渐减轻，有呕吐，黏膜苍白，口腔溃疡，消化道黏膜糜烂，口臭，低血钾，血液肌酐、尿素氮明显升高，尿沉渣检查无活性、有少量管型，B 超检查肾脏变小。

（五）预防措施和安全用药

1. 预防措施

目前常用的有猫泛白细胞减少症、猫杯状病毒感染和传染性鼻气管炎三联灭活疫苗（美国硕腾公司生产的妙三多）和弱毒疫苗（荷兰英特威生产的猫三联），2 个月以上的猫需免疫（肌内注射）2 ～ 3 次，间隔 3 ～ 4 周，以后每年免疫注射 1 次。但由于猫杯状病毒具有抗原漂移现象，应随时研制新流行株疫苗。

2. 安全用药

无特异性疗法，一旦发病应严格隔离病猫和带毒猫，防止病毒扩散，可采取对症治疗。抗病毒治疗可采用重组猫干扰素 30 万 IU/ 千克，皮下或肌内注射，每天 1 次，连用 5 天为一疗程；当眼、鼻症状较为明显时，每支重组猫干扰素用 1 毫升注射用水溶解后点眼、滴鼻，每日 3 ～ 5 次。猫杯状疱疹二联卵黄抗体 0.5 毫升 / 千克，皮下或肌内注射，每天 1 次，连用 3 ～ 7 天。胸腺肽 0.1 毫升 / 千克，皮下或肌内注射，连用 2 天。转移因子注射液，一次 1 支，皮下或肌内注射，一周或两周 1 次。利巴韦林 5 毫克 / 千克，肌内或静脉注射，每 1 ～ 2 次，连用 3 天。阿昔洛韦片 10 ～ 15 毫克，口服，每天 2 次，连用 3 天。双黄连注射液 0.1 毫升 / 千克，静脉注射，每天 1 次。口腔溃疡严重时，可用可鲁（复合溶菌酶口腔抗菌喷剂）、怡口安猫口炎喷剂、桂林西瓜霜喷剂等按说明口腔喷施，也可用冰硼散吹患部，或先用 0.1% 高锰酸钾冲洗口腔，再用棉签涂擦碘甘油或甲紫于患部。

鼻炎症状明显时，可用麻黄素、氢化可的松和庆大霉素混合滴鼻。出现结膜炎时，用 5% 硼酸溶液或宠物洗眼液洗眼，再用鼻支滴眼液、妥布霉素地塞米松滴眼液、阿昔洛韦眼药水、环孢菌素滴眼液、马啉呱滴眼液等交替滴眼，或用金霉素、四环素软膏。发病期间应用广谱抗生素防止继发感染，如使用头孢曲松钠、头孢唑林钠、氨苄西林、甲硝唑、盐酸多西环素、恩诺沙星、速诺（阿莫西林克拉维酸钾）、阿奇霉素片、马波杀星等。对于病情较为严重，精神食欲较差者，采用支持疗法，静脉输入 5% 葡萄糖盐水、10% 葡萄糖、ATP、辅酶 A 等，同时使用复合维生素 B、维生素 B_2、维生素 B_6、维生素 C 等。风湿型通常可在 2～3 天内自愈，可服用少量阿司匹林解热和减轻病猫关节疼痛。浆细胞口炎可注射低剂量皮质类固醇或其他免疫抑制药物，并联用抗生素防止继发感染。

七、结核病

结核病是由结核分枝杆菌引起犬、猫的一种人畜共患慢性传染病。临床上以多种组织器官形成肉芽肿和干酪样钙化结节为特征。

（一）发病原因

病原为结核分枝杆菌，可分为牛型、人型和禽型三型，革兰氏染色阳性。对外界环境有相当的抵抗力，在水和粪便中可存活 5 个月，在土壤中可存活 7 个月，对常用消毒剂和链霉素、异烟肼、利福平等敏感。犬主要对人型及牛型结核菌敏感，猫对牛型结核菌则更易感，犬、猫感染禽型结核菌则极少。主要通过呼吸道和消化道感染，患结核病的人、牛、猫等是犬结核病的传染源。猫和犬也可因采食感染牛未经消毒的奶液、生肉或内脏而感染，猫还可能因捕食被感染的啮齿类动物而感染。

（二）临床症状

犬和猫结核病多为亚临床感染。犬常表现为支气管肺炎、胸膜上有结节形成和肺门淋巴结炎、发热、食欲下降、体重减轻、肺部听诊有啰音和干咳。有时在病原侵入部位引起原发性病灶，如果发生在口咽部，犬、猫表现为吞咽困难、干呕、流涎及扁桃体肿大等。猫的原发性肠道病灶比犬多见，主要表现为消瘦、贫血、呕吐、腹泻等症状；肠系膜淋巴结常肿大，有时在腹部触诊就能触摸到；某些病例腹腔渗出液增多。禽型结核菌感染主要表现为全身淋巴结肿大、食欲减退、消瘦和发热、实质器官形成结节或肿大。结核病灶蔓延至胸膜和心包膜时，可引起胸膜、心包膜渗出液增多，临床上表现为呼吸困难、发绀和右心衰竭。猫的肝脏、脾等脏器和皮肤也常见结节及溃疡。骨结核时可见跛行及自发性骨折。有的病例出现咯血、血尿及黄疸等症状。

（三）病理变化

患结核病的犬及猫极度消瘦，剖检时在许多器官可发现多发性的灰白色至黄色有包囊的结节性原发性病灶。犬的原发性病灶常在肺及气管、淋巴结，猫则在回肠、盲肠淋巴结及肠系膜淋巴结。犬的继发性病灶多分布于胸膜、心包膜、肝、心肌、肠壁和中枢神经系统。猫的继发性病灶则常见于肠系膜淋巴结、脾脏和皮肤。通常继发性结核结节较小，但在许多器官亦可见到较大的融合性病灶。有的结核病灶中心积有脓汁，外周有包囊，包囊破溃后，脓汁排出，形成空洞。随着病程的发展，部分干酪样坏死组织能够进一步钙化。

（四）类症鉴别

1. 猫传染性腹膜炎

由猫冠状病毒引起，多发生于 6 个月至 2 岁幼猫和 13 岁以上的猫，湿性传染性腹膜炎主要表现胸腔和腹腔积液，个别病猫具有中枢神经系统和眼部症状。干性传染性腹膜炎主要表现消瘦，各种器官出现肉芽肿，并出现相应的临床症状。

2. 莱姆病

由蜱传伯氏疏螺旋体引起，多发生于蜱滋生的 6～9 月，表现发热，淋巴结肿大，关节肿大、疼痛，跛行，心肌炎，脑膜脑炎和肾病。

3. 芽生菌病

1～5 岁大型犬多发，是因吸入皮炎芽生菌孢子而引起，呈慢性经过，表现消瘦，鼻部和脸部皮肤疹块、结节、脓肿、溃疡。干咳，呼吸困难，听诊肺部肺泡音减弱或消失，叩诊肺部出现浊音区。结膜炎，角膜炎，淋巴结肿大，真菌性骨髓炎等。X 射线检查肺实变，肺门淋巴结肿大，肺叶有小结节。病料涂片实验室检查可见芽生酵母样细胞。

4. 组织胞浆菌病

由荚膜组织胞浆菌引起，多发生于 4 岁以下的猫，表现黏膜苍白，消瘦，咳嗽，呼吸急促，结膜炎和角膜炎，淋巴结肿大，腹泻，皮肤结节、溃疡。X 射线检查肺结节大小不一，有钙化灶。

（五）预防措施和安全用药

1. 预防措施

对犬、猫定期检疫，可疑及患病动物尽早隔离。人或牛发生结核病时，与其经常触的犬、猫应及时检疫。对开放性结核患犬或猫，无治疗价值者尽早扑杀，尸体焚烧或深埋。加强饲养管理，平时不用未经消毒的牛奶及生的动物杂碎饲喂犬、猫。

2. 安全用药

对犬、猫结核病，首先应考虑其对公共卫生构成的威胁，最好施以安乐死并进行消毒处理。确有治疗价值的，可选用下列药物：异烟肼 4～8 毫克/千克体重，每天 1～2 次，肌内注射；利福平 10～20 毫克/千克体重，分 2～3 次内服；乙胺丁醇 15 毫克/千克，每天 1 次；链霉素 10 毫克/千克体重，每天 1～2 次，肌内注射（猫对链霉素较敏感，故不宜采用）。需注意的是，药物治疗结核病仅能促进病灶愈合，停止向体外排菌，防止复发，而不能杀死体内所有结核菌。治疗过程中，应给予营养丰富的食物，增强机体自身的抗病能力，冬季应注意保暖。

八、弓形虫病

弓形虫病又称弓形体病，是由刚地弓形虫引起的一种人畜共患原虫病。犬、猫多为隐性感染，但有时也可引起发病。

（一）发病原因

病原为孢子虫纲肉孢子虫科弓形虫属的刚地弓形虫，为细胞内寄生虫，根据其发育阶段的不同分为五型。滋养体和包囊两型，出现在中间宿主体内，裂殖体、配子体和卵囊出现在终宿主体内。犬、猫吞食了含有滋养体或包囊的肉类或被感染性卵囊污染的食物、饮水等而感染，或经损伤的皮肤而感染，或经胎盘而感染。

（二）临床症状

成年犬多为隐性感染，发病和死亡的多是幼犬。幼犬精神沉郁，食欲减退，发热、消瘦、黏膜苍白、咳嗽、流鼻液、呼吸困难，甚至发生肺炎。患犬有时出现剧烈的呕吐，水样出血性下痢，里急后重，随后出现中枢神经系统障碍，麻痹、运动失调、脑炎等症状（图2-40）。怀孕犬易早产和流产。犬的弓形虫性眼病，主要侵害网膜，有时也侵害脉络膜、睫状体、虹膜等，患犬出现网膜出血、网膜炎及白内障等。

猫的症状分急性型和慢性型。急性型主要表现为厌食、嗜睡、高热（体温在40℃以上）、呼吸困难（呈腹式呼吸）、咳嗽等。有时猫出现呕吐、腹泻、黄疸、过敏、眼结膜充血、对光反应迟钝，甚至失明。怀孕猫流产或新生仔猫出生后数日死亡。慢性型时病猫常反复，厌食、发热（体温在39.7～41.1℃以上）、腹泻、虹膜发炎、贫血。有些猫出现惊厥、抽搐等，表现为脑炎症状（图2-41）。怀孕猫流产或死产。病猫有时没有明显症状便突然死亡。

 图2-40　犬弓形虫病后躯瘫痪　　图2-41　猫弓形体脑炎症状

（三）病理变化

剖检时可见肠系膜淋巴结肿大，有点状出血、坏死灶。脾脏肿大、坏死，血管周围有浸润现象。腹膜炎，肠溃疡，小肠肿胀，肠壁呈肉芽样肥厚、肉芽肿。急性食管炎。胰脏有灰白色病灶，慢性胰腺炎。肝脏充血、肿大、有坏死斑。肺有许多坚硬的白色结节、坏死斑。肺炎、肺充血、支气管炎、肾充血、肉芽肿、慢性间质性肾炎。脑、脊髓、视神经有退行性变化等。

（四）类症鉴别

1. 犬瘟热

由犬瘟热病毒引起，以冬春季（10月至翌年4月间）多发，1～12个月龄的犬发病率最高，临床上以双相热型、白细胞减少、急性脓性鼻炎和脓性结膜炎、支气管肺炎、严重的胃肠炎和神经症状为特征。核内及胞浆内均有包涵体，且以胞浆内为主。

2. 肺炎

表现发热，流鼻涕，咳嗽，呼吸困难，肺部听诊有啰音或捻发音，肺部叩诊呈半浊音或浊音。血液学检查白细胞和中性粒细胞增多，核左移。X射线检查肺纹理增粗，有云雾状阴影。

（五）预防措施和安全用药

1. 预防措施

最主要的预防措施为管理好猫的粪便，防止污染环境、水及饲料。犬窝、猫舍经常保持清洁卫生，定期消毒。死于本病的或可疑的动物尸体应严格处理掉，禁止饲喂犬、猫。禁止用未煮熟的肉喂犬、猫，在室外不让犬捕食小动物。

2. 安全用药

常用药物为磺胺嘧啶加乙胺嘧啶，磺胺嘧啶10毫克/千克体重，乙胺嘧啶0.5～1毫克/千克体重，每天分4～6次投服，连用14天。为防药物引起的贫血，应同时投服甲酰四氢叶酸，剂量为每天1毫克/千克体重。氨苯砜5毫克/千克体重，每天1次，连用5～7天；也可用磺胺-6-甲氧嘧啶。

九、猫圆线虫病

猫圆线虫病是由莫名猫圆线虫寄生于猫的细支气管和肺泡引起的一种寄生虫病，临床上以呼吸道症状为特征。

（一）发病原因

病原为后圆线虫科猫圆线虫属的莫名猫圆线虫，猫是本病的唯一终末宿主，蜗牛和蛞蝓为中间宿主，啮齿类动物、蛙、蜥蜴、蛇和鸟类为贮存宿主。当猫吞吃了含有感染性幼虫的贮存宿主后而被感染。

（二）临床症状

轻度感染时一般只引起呼吸道黏液增多，体弱的小猫易继发感染而导致肺炎。中度感染时，患猫主要出现咳嗽、打喷嚏、厌食、呼吸急促等症状；严重感染时（少见）则出现剧烈咳嗽、消瘦、腹泻、厌食、呼吸困难，常引起死亡。

（三）病理变化

肺表面有大小不等的灰色虫卵结节，结节内含有虫卵和幼虫，胸腔内充满乳白色液体，内含有虫卵和幼虫。由于结节的压迫和堵塞，可引起周围肺泡萎缩或炎症。

（四）类症鉴别

1. 犬瘟热

由犬瘟热病毒引起，以冬春季（10月至翌年4月间）多发，1～12个月龄的犬发病率最高，临床上以双相热型、白细胞减少、急性脓性鼻炎和脓性结膜炎、支气管肺炎、严重的胃肠炎和神经症状为特征。核内及胞浆内均有包涵体，且以胞浆内为主。

2. 肺毛细线虫病

由肺毛细线虫寄生于支气管、气管、鼻腔和额窦引起，临床上以鼻炎、气管炎和支气管炎、鼻窦炎为特征。鼻液、气管黏液和粪便检查发现肺毛细线虫虫卵或幼虫。

3. 肺吸虫病

由肺吸虫寄生于肺组织内所引起，临床上以支气管肺炎为特征。肺表面有虫体包囊，肺组织中有虫卵小结节。唾液、痰液及粪便检查发现肺吸虫虫卵。

4. 犬类丝虫病

由类丝虫寄生于气管、支气管和肺引起，呈慢性经过，临床上以顽固性咳嗽为特征，气管、支气管黏膜或肺脏有寄生虫结节，显微镜检查痰液及粪便中发现类丝虫幼虫。

5. 支气管炎

由于感染或理化因素刺激引起，常发生于冬春湿冷季节，表现体温升高，热型不定，剧烈咳嗽，气喘。触诊喉头或气管敏感，流鼻液，胸部听诊有啰音，X射线检查肺纹理增多、变粗，但无病灶性阴影。

6. 肺炎

表现发热，流鼻涕，咳嗽，呼吸困难，肺部听诊有啰音或捻发音，肺部叩诊呈半浊音或浊音。血液学检查白细胞增多，核左移。X射线检查肺纹理增粗，有云雾状阴影。

（五）预防措施和安全用药

1. 预防措施

保持猫舍干燥，处理好猫的粪便，以防污染环境；猫不宜放养，防止猫吃入生的蜗牛、蛙、蛇等动物；每年春、夏对猫进行检查，并及时驱虫，可用乙胺嗪等药物进行预防。

2. 安全用药

左旋咪唑 10 毫克 / 千克体重，口服，1 次 / 天，连服 3 天。阿苯达唑 20 毫克 / 千克体重，口服，每天 1 次，连用 5 天为一疗程，间隔 5 天后，再重复一个疗程。

十、犬猫类圆线虫病

类圆线虫病是由类圆属的粪类圆线虫寄生于犬、猫肠道内而引起的一种线虫病，临床上以皮炎、支气管肺炎、肠炎为特征。本病广泛分布于热带和亚热带地区，主要侵害幼年犬、猫。

（一）发病原因

病原为杆形目类圆科类圆属的类圆线虫，寄生于动物体的均是雌虫，未见雄虫。本病在夏季和雨季流行特别普遍。未孵化的虫卵能在适宜的环境中保持其发育能力达 6 个月以上；感染性幼虫在潮湿的环境下可生存 2 个月。幼犬还可经母乳感染。

（二）临床症状

本病主要发生在幼犬。初期表现湿疹性皮炎的症状，继之发生肺炎症状，可出现呼吸浅表、咳嗽、肺部有啰音或捻发音、轻度发热等。幼虫移行至肠道后，出现带有血丝的黏液样稀便、腹痛等肠炎症状；严重感染可导致水泻、脱水和衰竭等，若腹泻是非出血性的，一般很快康复。偶有幼虫侵入脑、泌尿生殖道等处，引起相应的临床症状。常见的症状为发热、水肿、贫血、嗜酸性粒细胞增多和某些神经症状。严重感染的犬、猫常因极度的消瘦、衰竭而死亡。

（三）病理变化

剖检发现肺部有实变区。肠道出血、黏膜脱落和出现大量黏液分泌物。

（四）类症鉴别

1. 犬瘟热

由犬瘟热病毒引起，以冬春季（10 月至翌年 4 月间）多发，1 ～ 12 个月龄的犬发病率最高。临床上以双相热型、白细胞减少、急性脓性鼻炎和脓性结膜炎、支气管肺炎、严重的胃肠炎和神经症状为特征。核内及胞浆内均有包涵体，且以胞浆内包涵体为主。

2. 胃肠炎

多由饲养管理不当引起，表现发热，呕吐，饮后即吐，腹泻，粪便恶臭，脱水，自体中毒。

3. 钩虫病

由钩口线虫寄生于十二指肠引起，多发生于夏季，临床上以趾间皮炎、肺炎、胃肠炎、高度贫血为特征。粪便检查发现钩口线虫及虫卵。

（五）预防措施和安全用药

1. 预防措施

保持犬、猫舍清洁干燥，及时清理粪便，经常用苯酚、热碱水或石灰乳消毒。将患病动物隔离饲养，定期驱虫，连续服用 0.01%～0.05% 噻苯达唑溶液，可防止成熟类圆线虫的侵袭。

2. 安全用药

左旋咪唑 10～15 毫克 / 千克，内服，间隔 48 小时再服 1 次。阿苯达唑 25～50 毫克 / 千克，1 次内服。噻苯达唑 50 毫克 / 千克，1 次内服，连用 3 天，2 周后重复用药 1 次。也可用阿维菌素，1 次皮下注射。

十一、肺毛细线虫病

肺毛细线虫病是由毛细科毛细属的肺毛细线虫寄生于犬、猫的支气管、气管、鼻腔和额窦引起的疾病。临床上以鼻炎、气管炎和支气管炎、鼻窦炎为特征。

（一）发病原因

病原为毛细科毛细属的肺毛细线虫，属直接发育型，不需要中间宿主。雌虫在细支气管和气管内产卵，卵随痰液上行到喉、咽，咽下后随粪便排出体外，在外界适宜条件下，经 5～7 周，发育为感染性虫卵。犬、猫吞食感染性虫卵后，幼虫在小肠中逸出，然后钻入肠黏膜，随血液移行到肺，幼虫在肺中发育 40 天后变为成虫。

（二）临床症状

犬、猫轻度感染时不表现明显的临床症状，偶见病犬、猫有轻微咳嗽。严重感染时，常引起慢性支气管炎、气管炎、鼻炎。病犬流涕，咳嗽，呼吸困难，逐渐消瘦，贫血，被毛粗糙等。肺毛细线虫高度侵袭时，可引起支气管肺炎。如鼻黏膜同时患病，可见黏液性或脓性鼻液。

（三）类症鉴别

1. 犬瘟热

由犬瘟热病毒引起，以冬春季（10月至翌年4月间）多发，1～12个月龄的犬发病率最高。临床上以双相热型、白细胞减少、急性脓性鼻炎和脓性结膜炎、支气管肺炎、严重的胃肠炎和神经症状为特征。核内及胞浆内均有包涵体，且以胞浆内包涵体为主。

2. 猫圆线虫病

由莫名猫圆线虫寄生于猫的细支气管和肺泡引起，临床上以呼吸道症状为特征。剖检肺表面有虫卵结节，结节内含有虫卵和幼虫，胸腔内充满乳白色液体，内含有虫卵和幼虫。粪便检查发现大量莫名猫圆线虫幼虫。

3. 肺吸虫病

由肺吸虫寄生于肺组织内所引起，临床上以支气管肺炎为特征。肺表面有虫体包囊，肺组织中有虫卵小结节。唾液、粪便检查发现肺吸虫虫卵。

4. 犬类丝虫病

由类丝虫寄生于气管、支气管和肺引起，呈慢性经过，临床上以顽固性咳嗽为特征，气管、支气管黏膜或肺脏有寄生虫结节，显微镜检查粪便中发现类丝虫幼虫。

5. 支气管炎

由于感染或理化因素刺激引起，常发生于冬春湿冷季节，表现体温升高，热型不定，剧烈咳嗽，气喘。触诊喉头或气管敏感，流鼻液，胸部听诊有啰音，X射线检查肺纹理增多、变粗，但无病灶性阴影。

6. 肺炎

表现发热，流鼻涕，咳嗽，呼吸困难，肺部听诊有啰音或捻发音，肺部叩诊呈半浊音或浊音。血液学检查白细胞和中性粒细胞增多，核左移。X射线检查肺纹理增粗，有云雾状阴影。

（四）预防措施和安全用药

1. 预防措施

主要是及时清除粪便，保持犬舍和猫舍干燥，搞好环境卫生；及时治疗病犬、猫及带虫的犬、猫；饲喂不被粪便污染的食物；对犬、猫每季度检查1次，并及时驱虫。

2. 安全用药

左旋咪唑5毫克/千克，内服，1次/天，连用5天，停药9天后再按上法重复治疗1～2次；或4.4毫克/千克，皮下注射，1次/天，连用2天，两周后8.8毫克/千克，皮下注射 1 次。甲苯达唑 6 毫克 / 千克，内服，2 次 / 天，连用 5 天。阿苯达唑 250 毫克 / 千克，内服，1 次 / 天，连用 5 天。此外针对肺炎、支气管炎等，采取对症治疗。

十二、肺吸虫病

肺吸虫病又名肺蛭病或卫氏并殖吸虫病，是由肺吸虫寄生于犬、猫肺组织内所引起的一种人畜共患寄生虫病，临床上以支气管肺炎为特征。主要流行于浙江、台湾和东北地区。

（一）发病原因

病原为并殖科并殖属的肺吸虫，成虫主要寄生于肺组织所形成的虫囊里。肺吸虫的发育需要 2 个中间宿主，第一中间宿主是淡水螺类，第二中间宿主为甲壳类，犬、猫吃到含囊蚴的第二中间宿主而遭感染。

（二）临床症状

患病犬、猫表现发热，精神不振，阵发性咳嗽，呼吸困难，早晨较剧烈，初为干咳，以后有痰液，痰多为白色黏稠状，并带有腥味。若继发细菌感染，则痰量增加，并常出现咯血，铁锈色或棕褐色痰液，此为本病的特征性症状。肺吸虫在体内有窜扰的习性，易出现移位寄生，寄生于脑部时表现为感觉降低、头痛、共济失调、癫痫或瘫痪等神经症状；寄生于腹部时，出现腹痛、腹泻，有时粪便带血。有时进入循环系统的虫卵可引起心脏、脑和脾的栓塞症。在心脏冠状动脉有多数虫卵的情况下，往往导致急性死亡。

（三）病理变化

虫体包囊暗红色或灰白色，有小拇指头大，突出于肺表面。肺组织中的虫卵形成结核样小结节。另外，在胸膜发生纤维蛋白沉着而引起纤维素性胸膜炎。肺吸虫除寄生于肺外，还寄生于肝脏。

（四）类症鉴别

1. 犬瘟热

由犬瘟热病毒引起，以冬春季（10 月至翌年 4 月间）多发，1 ～ 12 个月龄的犬发病率最高。临床上以双相热型、白细胞减少、急性脓性鼻炎和脓性结膜炎、支气管肺炎、严重的胃肠炎和神经症状为特征。核内及胞浆内均有包涵体，且以胞浆内包涵体为主。

2. 猫圆线虫病

由莫名猫圆线虫寄生于猫的细支气管和肺泡引起，临床上以呼吸道症状为特征。剖检肺表面有虫卵结节，结节内含有虫卵和幼虫，胸腔内充满乳白色液体，内含有虫卵和幼虫。粪便检查发现大量莫名猫圆线虫幼虫。

3. 肺毛细线虫病

由肺毛细线虫寄生于支气管、气管、鼻腔和额窦引起，临床上以鼻炎、气管炎和支气管炎、鼻窦炎为特征。鼻液、气管黏液和粪便检查发现肺毛细线虫虫卵或幼虫。

4. 犬类丝虫病

由类丝虫寄生于气管、支气管和肺引起，呈慢性经过。临床上以顽固性咳嗽为特征，气管、支气管黏膜或肺脏有寄生虫结节，显微镜检查粪便中发现类丝虫幼虫。

5. 支气管炎

由于感染或理化因素刺激引起，常发生于冬春湿冷季节，表现体温升高，热型不定，剧烈咳嗽，气喘。触诊喉头或气管敏感，流鼻液，胸部听诊有啰音，X射线检查肺纹理增多、变粗，但无病灶性阴影。

6. 肺炎

表现发热，流鼻涕，咳嗽，呼吸困难，肺部听诊有啰音或捻发音，肺部叩诊呈半浊音或浊音。血液学检查白细胞和中性粒细胞增多，核左移。X射线检查肺纹理增粗，有云雾状阴影。

（五）预防措施和安全用药

1. 预防措施

在流行地区，防止犬、猫生食或半生食溪蟹和蝲蛄是预防本病的关键性措施。有条件的地区可以配合进行灭螺。

2. 安全用药

常用吡喹酮10毫克/千克，1次内服；阿苯达唑20毫克/千克，口服，每天1次，连服12天；芬苯达唑30～50毫克/千克，口服，每天1次，连服10～14天；硫氯酚100毫克/千克，内服，1次/天，连用7天；硝氯酚1毫克/千克，内服，1次/天，连用3天，或2毫克/千克，分2次，隔天服药。

十三、犬类丝虫病

犬类丝虫病是由类丝虫属的几种类丝虫寄生于犬的气管、支气管和肺引起的肺部疾病，临床上以顽固性咳嗽为特征。

（一）发病原因

病原为类丝虫科类丝虫属的虫体，主要有两种。欧氏类丝虫寄生于犬的气管和支气管，肺实质较少见；褐氏类丝虫寄生于犬的肺实质。两种虫体生活史相似，属直接发育型。在唾液和粪便中可见到第一期幼虫，幼虫很快发育为感染性幼虫。含有感染性幼虫的唾液或粪便污染了食物、水源或环境。6 周龄以下的幼犬易感，母犬舔幼犬时也可能使幼犬感染。

（二）临床症状

犬类丝虫病以肺部病变为特征，主要感染幼犬，多呈慢性经过。幼犬感染后，其症状取决于感染程度和结节数目的大小。最明显的临床症状为顽固性的咳嗽，呼吸困难，食欲降低，消瘦，贫血等，重者引起死亡。某些感染群死亡率可达 75%。

（三）病理变化

虫体寄生于气管、支气管黏膜下或肺脏，引起结节，呈灰白色或粉红色，直径 1 厘米以下。严重感染时，引起肺气肿，气管分叉处有许多出血性病变覆盖。

（四）类症鉴别

1. 犬瘟热

由犬瘟热病毒引起，以冬春季（10 月至翌年 4 月间）多发，1 ～ 12 个月龄的犬发病率最高。临床上以双相热型、白细胞减少、急性脓性鼻炎和脓性结膜炎、支气管肺炎、严重的胃肠炎和神经症状为特征。核内及胞浆内均有包涵体，且以胞浆内包涵体为主。

2. 猫圆线虫病

由莫名猫圆线虫寄生于猫的细支气管和肺泡引起，临床上以呼吸道症状为特征。剖检肺表面有虫卵结节，结节内含有虫卵和幼虫，胸腔内充满乳白色液体，内含有虫卵和幼虫。粪便检查发现大量莫名猫圆线虫幼虫。

3. 肺吸虫病

由肺吸虫寄生于肺组织内所引起，临床上以支气管肺炎为特征。肺表面有虫体包囊，肺组织中有虫卵小结节。唾液、粪便检查发现肺吸虫虫卵。

4. 肺毛细线虫病

由肺毛细线虫寄生于支气管、气管、鼻腔和额窦引起，临床上以鼻炎、气管炎和支气管炎、鼻窦炎为特征。鼻液、气管黏液和粪便检查发现肺毛细线虫虫卵或幼虫。

5. 支气管炎

由于感染或理化因素刺激引起，常发生于冬春湿冷季节，表现体温升高，热型不定，剧烈咳嗽，气喘。触诊喉头或气管敏感，流鼻液，胸部听诊有啰音，X 射线检查肺纹理增多、变粗，但无病灶性阴影。

6. 肺炎

表现发热，流鼻涕，咳嗽，呼吸困难，肺部听诊有啰音或捻发音，肺部叩诊呈半浊音或浊音。血液学检查白细胞和中性粒细胞增多，核左移。X 射线检查肺纹理增粗，有云雾状阴影。

（五）预防措施和安全用药

1. 预防措施

犬饲养场应严格执行卫生消毒措施，保持犬舍干燥卫生；母犬在产前应进行驱虫；对新引进的犬要进行隔离检查，确认健康后方可并入犬群中饲养。

2. 安全用药

常用阿苯达唑 25 ～ 50 毫克 / 千克，内服，1 次 / 天，连用 5 天，停药 2 周后再用 5 天。

十四、感冒

感冒是以上呼吸道黏膜炎症为主的急性全身性疾病，临床上以体温升高、咳嗽、流鼻液、打喷嚏、羞明流泪、伴发结膜炎和鼻炎为特征。多发生于早春、晚秋和气温骤变的季节，幼龄犬、猫多发。

（一）发病原因

主要是由于管理不当，突然遭受寒冷刺激所致。如圈舍条件差，防寒保暖能力差，受贼风侵袭，潮湿阴冷，垫草长久不换，运动后被雨淋风吹等。长途运输，过度劳累，营养不良等，造成机体抵抗力下降，可促进本病的发生。

（二）临床症状

患病犬、猫精神沉郁，表情淡漠，食欲减退或废绝；眼半闭，结膜充血潮红伴轻度肿胀，羞明流泪，多眵；皮温不整，耳尖，鼻端发凉，而耳根、股内侧感到烫手。体温升高（39 ～ 40℃），热型不定，脉搏增数，呼吸加快，咳嗽。初流水样鼻液，后变浓稠（图 2-42）。呈现鼻黏膜充血、肿胀，鼻黏膜发痒，常有前肢抓鼻等鼻炎症状。严重时畏寒怕冷，拱腰战栗。胸部听诊，肺泡呼吸音增强，可听到湿啰音，心音增强，心跳加快。如治疗不及时，幼犬则继发支气管炎及支气管肺炎。

图 2-42 患犬流泪，有鼻液

（三）类症鉴别

1. 流行性感冒

由病毒所引起，发病急剧，呈流行性发生，高热。除具有感冒症状外，尚伴有结膜炎及胃肠卡他等。

2. 鼻炎

由于鼻腔黏膜受到各种刺激所致，表现打喷嚏，鼻腔黏膜红肿，流鼻液，呼吸困难，全身症状不明显。

3. 犬瘟热

由犬瘟热病毒引起，以冬春季（10月至翌年4月间）多发，1～12个月龄的犬发病率最高。临床上以双相热型、白细胞减少、急性脓性鼻炎和脓性结膜炎、支气管肺炎、严重的胃肠炎和神经症状为特征。核内及胞浆内均有包涵体，且以胞浆内包涵体为主。

4. 猫病毒性鼻气管炎

由猫疱疹病毒Ⅰ型引起，主要侵害4～6周龄仔猫。表现发热，鼻炎，角膜结膜炎，支气管炎，肺炎，溃疡性口炎，流产等。眼结膜和上呼吸道黏膜涂片检查到包涵体。

（四）预防措施和安全用药

1. 预防措施

犬舍应通风良好，阳光充足和保持一定的室温；运动后防止雨淋受寒，特别是气温骤变时注意护理，以防感冒。

2. 安全用药

治疗原则为解热镇痛、祛风散寒，防止继发感染。解热镇痛可皮下或肌内注射30%安乃近或复方氨基比林或柴胡注射液，每次量犬1～5毫升，猫0.5～1毫升，每日2次。也可口服阿司匹林、感康、康泰克、正痛片等。为防止继发感染，可适当配合应用抗生素或磺胺类药物，如氨苄西林、头孢菌素类、磺胺类等。为控制病毒感染，可选用病毒唑、病毒灵及板蓝根冲剂、感冒冲剂等。可适当配合维生素C、地塞米松等。

十五、鼻炎

鼻炎是指鼻腔黏膜的炎症。临床上以打喷嚏，鼻腔黏膜充血、肿胀，流鼻液，呼吸困难为特征。根据病因有原发性鼻炎和继发性鼻炎之分，根据病程有急性鼻炎和慢性鼻炎之分。春秋季节多发。

（一）发病原因

1. 原发性鼻炎

主要是由于鼻腔黏膜受到机械性、化学性、物理性刺激所致。机械性刺激如树枝、铁丝、钢丝等尖锐异物刺伤，鼻腔检查或胃管投药时动作粗暴以及昆虫叮咬；化学性刺激如吸入氨气、硫化氢、氯气、二氧化硫、甲醛及浓烟等有毒有害气体；物理性刺激如天气寒冷吸入过冷的空气，或天气炎热吸入过热的空气等。此外，吸入某些花粉、植物纤维、粉尘及真菌孢子等，可引起过敏性鼻炎。

2. 继发性鼻炎

常继发于某些传染病（犬瘟热、犬副流感、腺病毒感染、猫细小病毒病、猫泛白细胞减少症、猫鼻气管炎、猫大肠杆菌病、犬猫支气管败血波氏杆菌、出血败血性巴氏杆菌感染等）、寄生虫病（鼻螨、肺棘螨病等）、某些过敏性疾病以及邻近组织器官炎症的蔓延，如咽喉炎、副鼻窦炎、齿槽骨膜炎、口腔炎症等。

（二）临床症状

1. 急性鼻炎

病初鼻黏膜潮红、肿胀，患病犬、猫常用前爪搔抓鼻部，摇头后退，频频打喷嚏，轻度咳嗽。随着炎症的发展，自一侧或两侧鼻孔流出鼻液，初为水样透明浆液性鼻液，后变为黏液性或黏液脓性鼻液（图2-43），若混有血液为血性鼻液。呼吸迫促，呼吸时出现鼻塞音或鼾声，严重者张口呼吸或发生吸气性呼吸困难。伴有结膜炎时，可见羞明流泪。伴发咽喉炎和扁桃体炎时，病犬、猫呈现吞咽困难，咳嗽，下颌淋巴结肿大。体温、呼吸、脉搏及食欲一般无明显变化。

图2-43 患犬流脓性鼻液

2. 慢性鼻炎

病情发展缓慢，临床症状时轻时重，长期流出黏液性或脓性的鼻液，鼻侧常见到色素沟，如有腐败性感染则有恶臭味。检查鼻黏膜，出现肿胀、肥厚，严重者可见糜烂、溃疡或瘢痕。犬的慢性鼻炎能引起窒息或脑病。猫的慢性化脓性鼻炎可导致鼻骨肿大、鼻梁皮肤增厚及淋巴结肿大，很难痊愈。

（三）类症鉴别

1. 感冒

由于突然遭受寒冷刺激引起，多发于气温骤变季节，临床上以体温升高、热型不定、咳嗽、流鼻液、打喷嚏、羞明流泪为特征。

2. 犬瘟热

由犬瘟热病毒引起，以冬春季（10月至翌年4月间）多发，1～12个月龄的犬发病率最高。临床上以双相热型、白细胞减少、急性脓性鼻炎和脓性结膜炎、支气管肺炎、严重的胃肠炎和神经症状为特征。核内及胞浆内均有包涵体，且以胞浆内包涵体为主。

3. 犬副流感

由犬副流感病毒引起，发病急，传播快，主要感染幼犬，表现卡他性鼻炎、喉气管炎和肺炎症状。

4. 犬传染性肝炎

由犬腺病毒Ⅰ型引起，以冬季发生较多，断乳至1岁的犬发病率和死亡率最高，临床上主要表现体温升高，双相热型，呕吐，腹痛，腹泻，眼鼻流水样液体，角膜混浊，肝炎性蓝眼，黄疸，剑突处有压痛。剖检有肝和胆囊病变及体腔血样渗出液。丙氨酸转氨酶、天冬氨酸转氨酶活性增高，凝血酶原时间、凝血酶时间和激活凝血激酶时间延长。肝实质细胞和皮质细胞核内出现包涵体。

5. 犬传染性气管支气管炎

由犬腺病毒Ⅱ型引起，主要发生于4月龄以下幼犬，以寒冷季节多发。主要表现喉气管炎、扁桃体炎和肺炎，突出症状是阵发性咳嗽，运动时或晚上咳嗽加重。

6. 猫泛白细胞减少症

由猫细小病毒感染引起，主要发生于1岁以下的幼猫，冬末至春季多发，发病急，流行迅速而广泛。临床上主要表现突发高热、双相热型、顽固性呕吐、白细胞严重减少、贫血和排水样血便，母猫流产、死胎。长骨的红髓变为液状或半液状。

7. 猫鼻气管炎

由猫疱疹病毒Ⅰ型引起，主要侵害4～6周龄仔猫。表现发热，鼻炎，角膜结膜炎，支气管炎，肺炎，溃疡性口炎，流产等。眼结膜和上呼吸道黏膜涂片检查到包涵体。

8. 副鼻窦炎

多为一侧性鼻液，特别在低头时大量流出。

（四）预防措施和安全用药

1. 预防措施

防止受寒感冒和其他致病因素的刺激是预防本病发生的关键。对继发性鼻炎应及时治疗原发病。

2. 安全用药

首先除去病因，将患病犬、猫移至温暖、通风良好的场所，勿受凉，或受尘埃及刺激性气体的刺激。对鼻液黏稠的病例，选用温热生理盐水或 1% 碳酸氢钠溶液冲洗鼻腔；对鼻液量大、稀薄的病例，选用 1% 明矾溶液、0.1% 鞣酸溶液、2% ～ 3% 硼酸溶液或 0.1% 高锰酸钾溶液冲洗鼻腔。对鼻黏膜肿胀而出现鼻塞病例，选用 1% 麻黄碱滴鼻或用可卡因 0.1 克、0.1% 肾上腺素溶液 1 毫升、蒸馏水 20 毫升混合滴鼻；对鼻塞严重而出现呼吸困难者，可用去甲肾上腺素滴鼻液（内含 0.2% 去甲肾上腺素、3% 林可霉素、0.05% 倍他米松）滴鼻，每日数次。喷鼻频繁、痒觉剧烈时，可将可卡因和 0.1% 肾上腺素溶液、蒸馏水混合液注入鼻腔。对鼻炎较重的犬、猫，在局部处理的同时，可选用抗生素治疗，如氨苄西林、青霉素和链霉素。对于慢性鼻炎、变态反应性鼻炎，可用地塞米松。平时搞好犬、猫饲养管理，加强耐寒训练，注意防寒保暖。对于邻近组织炎症应及时治疗。

十六、扁桃体炎

扁桃体炎是由于扁桃体受感染或刺激而发生的急性或慢性炎症，临床上以发热、寒战、咽喉疼痛、吞咽困难、扁桃体充血及肿胀为特征。按其经过分为急性和慢性扁桃体炎，按其病原分为原发性和继发性扁桃体炎。短头颅的犬种多发，猫少见。

（一）发病原因

原发性因素主要有物理性、化学性和生物性因素。物理性因素如异物刺激、过热的食物刺激；化学性因素包括各种化学药品及毒物刺激；生物性因素如细菌（溶血性链球菌或葡萄球菌）、病毒（如犬传染性肝炎病毒）等的感染。继发性因素指常继发于传染病，如犬瘟热、流行性感冒等。此外，邻近器官炎症（如口炎、咽炎、鼻炎、气管炎等）蔓延也可引起。

（二）临床症状

1. 急性扁桃体炎

体温升高，精神委顿，食欲减退，流涎，呕吐，吞咽困难，下颌淋巴结肿胀，常有轻度的咳嗽，继之呕出或排出少量黏液。触诊咽部疼痛，病犬经常搔抓耳根。口腔检查时，两侧扁桃体肿大、潮红，并有淡黄色或白色的脓点（图 2-44）。严重时，扁桃体水肿，由隐窝向外突出，鲜红色，表面有小的坏死灶或化脓灶，或形成溃疡。

2. 慢性扁桃体炎

多由急性炎症反复发作所致。口腔检查可见隐窝口上纤维组织增生，扁桃体表面失去光泽，隐窝内有脓性或干酪样物质存在（图 2-45）。病犬有口臭或反射性咳嗽，全身症状不明显。

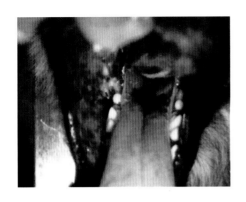

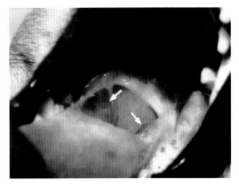

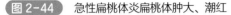 图 2-44 急性扁桃体炎扁桃体肿大、潮红　　图 2-45 隐窝口上纤维组织增生

（三）类症鉴别

1. 喉炎

多发于春秋季节，表现剧烈咳嗽，喉头敏感和肿胀，吞咽困难，呈头颈伸直姿势，喉部听诊有狭窄音或啰音。

2. 咽炎

主要以吞咽障碍为主，病犬流涎，咽下障碍，饮水与食糜多由鼻孔逆出，咳嗽较轻。

（四）预防措施和安全用药

急性扁桃体炎初期，可在颈部冷敷，用盐水、2% 碳酸氢钠溶液、2% 硼酸溶液、0.8% 磺胺醋酰钠溶液洗涤咽腔，每天 3～4 次，局部涂抹 2% 复方碘甘油溶液。抗菌消炎可用青霉素 40 万～160 万 IU，肌内注射，每日 2 次；皮下注射磺胺二甲氧嘧啶，首次 0.2～1 克，次日减半。对采食困难的犬、猫，静脉滴注 5% 葡萄糖生理盐水溶液，肌内注射复合维生素 B、维生素 C 注射液等，每日 1～2 次。尽可能避免口腔投药，以减少刺激。对反复发作的慢性扁桃体炎病犬，可在炎症缓解期实施手术，摘除扁桃体。

十七、喉炎

喉炎是喉黏膜及黏膜下组织的炎症。临床上以剧烈咳嗽、喉头敏感和肿胀为主要特征。根据炎症性质可分为卡他性和纤维蛋白性喉炎；根据病因和临床经过又可分为原发性和继发性、急性和慢性喉炎。临床上则以急性卡他性喉炎为多见，且常与咽炎并发。多发于春秋季节。

（一）发病原因

原发性喉炎主要由物理性、化学性和生物性因素刺激引起。物理因素刺激（如骨渣、鱼刺以及各种尖锐异物刺伤）；化学性因素刺激（如强酸、强碱、烟雾等有毒有害气体的刺激）；生物性因素刺激（如由犬瘟热病毒、猫鼻气管炎病毒等感染所致）。继发性喉炎由邻近器官的炎症蔓延，如鼻炎、咽炎、扁桃体炎、气管炎、肺炎等。还可继发于某些传染病过程中，如传染性支气管炎、犬副流感、流行性感冒、支原体病、犬腺病毒病等。

（二）临床症状

1.急性喉炎

以剧烈疼痛性咳嗽为主要特征。病初为干、短、剧痛性咳嗽，数天后则变为湿、长而痛感稍缓和性咳嗽。遇冷咳嗽加重，往往呈痉挛性咳嗽，咳嗽后常发呕吐。病犬叫声嘶哑，喉部肿胀（图 2-46），头颈伸展，呈吸气性呼吸困难，严重者甚至引起窒息。吞咽困难，表情痛苦，叫声异常。触诊喉部或邻近喉气管环敏感，可引起强烈的咳嗽。喉部听诊，可听到呼噜声或狭窄音。病犬有时

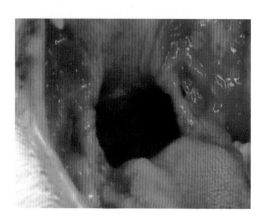

图 2-46　急性喉炎喉部肿胀

流出浆液性、黏液性或黏液脓性鼻液。轻症喉炎，全身症状一般无明显变化。严重时体温升高 1～1.5℃，精神沉郁，脉搏增数，呼吸困难，可视黏膜发绀，喉头附近淋巴结肿胀，甚或窒息死亡。

2.慢性喉炎

一般无明显的症状，仅表现早晨频频咳嗽，或喉部受到刺激时才出现阵发性咳嗽，喉部触诊敏感。口腔检查，喉黏膜增厚，呈颗粒状或结节状，结缔组织增生，喉腔狭窄。

（三）类症鉴别

1.扁桃体炎

表现体温升高，流涎，吞咽困难，下颌淋巴结肿胀，触诊咽部疼痛，口腔检查扁桃体红肿、化脓、坏死、溃疡。白细胞总数增多。

2.急性支气管炎

由于感染或理化因素刺激引起，常发生于冬春湿冷季节，表现体温升高，热型不定，剧烈咳嗽，气喘，触诊喉头或气管敏感，流鼻液。胸部听诊有啰音，X射线检查肺纹理增多、变粗，但无病灶性阴影。

3. 咽炎

主要以吞咽障碍为主，病犬流涎，咽下障碍，饮水与食糜多由鼻孔逆出，咳嗽较轻。

4. 鼻炎

由于鼻腔黏膜受到各种刺激所致，表现打喷嚏，鼻腔黏膜红肿，流鼻液，呼吸困难，全身症状不明显。

（四）预防措施和安全用药

治疗原则是加强护理、抗菌消炎、祛痰止咳。

加强护理：首先除去原发病因，将患病犬、猫置于温暖、清洁的环境中，给予柔软而易消化的食物，多饮清水，以减少对喉黏膜的刺激。避免不良刺激，注意防寒保暖。

抗菌消炎：可用 10% 高渗盐水、硫酸镁溶液温敷喉部，每天 2 次；局部涂擦 10% 樟脑酒精等刺激剂。当鼻液黏稠时用 1%～2% 碳酸氢钠溶液、2% 明矾溶液、1%～2% 鞣酸溶液蒸气吸入。如炎症重剧时，可肌内注射或静脉注射抗生素或磺胺类药，亦可以向喉腔内滴入抗生素，或用 0.25% 盐酸普鲁卡因溶液和青霉素在喉头两侧封闭。

祛痰止咳：当频发咳嗽时，可用盐酸吗啡 0.05 克，杏仁水、茴香水各 20 毫升，每次内服一食匙；或口服急支糖浆、复方甘草片等；或磷酸可待因溶液、0.5% 硫酸阿托品溶液皮下注射。若有窒息危险时，应立即施行气管切开。

慢性喉炎时，可向喉腔内滴入收敛剂，如 0.1%～0.3% 硝酸银、复方碘溶液以及 1% 明矾溶液等。

十八、支气管炎

支气管炎是由于感染或物理、化学因素刺激所引起的支气管黏膜表层或深层的炎症。临床上以咳嗽、气喘、流鼻液、胸部听诊有啰音以及不定热型为特征。根据病程可分为急性支气管炎和慢性支气管炎；按炎症发生的部位可分为大支气管炎和细支气管炎。常于冬春湿冷季节呈流行性发生。

（一）发病原因

主要是寒冷刺激和机械、化学、生物因素刺激所引起。寒冷刺激，如在寒冷、多风和遇雨的夜间，或贼风侵袭以及寒冷潮湿的外界环境、气候突变等。机械刺激，如异物刺激，吸入烟尘、真菌孢子、寄生虫、尘埃，药物误投，过度勒紧脖（项）圈，食管异物及肿瘤等的压迫。化学刺激，如强酸、强碱、烟雾等有毒有害气体的刺激等。生物因素刺激，如某些病毒性传染病（犬瘟热、犬副流感、猫鼻气管炎病毒感染）、细菌感染（肺炎

链球菌、嗜血杆菌、链球菌、葡萄球菌等）、寄生虫感染（肺丝虫、类圆线虫、蛔虫等）
或由上呼吸道或肺部炎症蔓延所致。

（二）临床症状

1. 急性支气管炎

主要症状为剧烈咳嗽。病初为剧烈短而带
痛的干咳，3～4天后转为湿咳，严重时为痉挛
性咳嗽，在早晨尤为明显。随病程发展，两侧
鼻孔流浆液性、黏液性乃至脓性鼻液。触诊喉
头或气管敏感，常诱发持续性咳嗽，咳嗽声音
高亢。肺部听诊支气管呼吸音粗粝，发病2～3
天后可听到干啰音、湿啰音。叩诊无明显变化。
发病初期体温轻度升高。若炎症蔓延到细支气

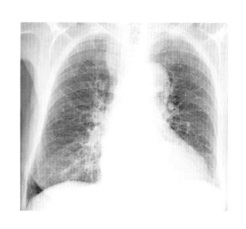

图2-47 肺纹理增多、变粗

管，则体温持续升高，脉搏增数，呼吸困难，食欲减退，精神委顿，可视黏膜发绀，呈腹
式呼吸等全身症状。X射线检查：无病灶性阴影，但有较粗纹理的支气管阴影（图2-47）。

2. 慢性支气管炎

全身体况一般表现正常，主要症状是长期顽固性持续性咳嗽，常为剧烈、粗粝、突然

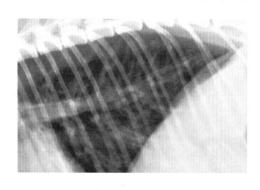

图2-48 支气管阴影增重而延长

发作、痉挛性咳嗽，尤其在运动、采食、夜
间和早晨咳嗽更为严重。当支气管扩张时，
咳嗽后有大量腐臭液外流，严重者出现吸气
性呼吸困难，甚至死亡。当并发肺气肿时，
呼吸极度困难，并有肋间凹陷与出现息劳沟。
病犬日益消瘦，被毛粗乱无光泽。胸部听诊，
肺泡音增强，并发肺气肿时肺泡音减弱，常
可听到干啰音。胸部叩诊音高亢，肺界扩大。
X射线检查，肺部的支气管阴影增重而延长
（图2-48）。

（三）病理变化

支气管黏膜充血，呈斑点状或条纹状发红，有些部位瘀血。病初黏膜肿胀，渗出物
少，主要为浆液性渗出物。中后期有大量黏液性或黏液脓性渗出物。黏膜下层水肿，由淋
巴细胞和分叶型粒细胞浸润。

（四）类症鉴别

1. 鼻炎

由于鼻腔黏膜受到各种刺激所致，表现打喷嚏，鼻腔黏膜红肿，鼻塞及鼻分泌物明显

增多，呼吸困难，全身症状不明显。

2. 喉炎

多发于春秋季节，有喉头狭窄音及明显的频咳，喉头敏感和肿胀，吞咽困难，呈头颈伸直姿势，喉部听诊有狭窄音或啰音。

3. 肺炎

全身症状比较重剧，表现发热，流鼻涕，咳嗽，呼吸困难，肺部听诊有啰音或捻发音，肺部叩诊呈半浊音或浊音。血液学检查白细胞增多，核左移。X 射线检查肺纹理增粗，有云雾状阴影。

4. 流行性感冒

发病迅速，体温高，全身症状明显，并具有传染性。

5. 急性上呼吸道感染

鼻咽部症状明显，一般咳嗽较轻，肺部听诊无异常。

（五）预防措施和安全用药

1. 预防措施

加强饲养管理，平时搞好犬猫舍的清洁卫生；寒冷天气应注意保暖，避免受寒冷和潮湿的刺激；供给营养丰富、易消化饮食，增强抵抗力；避免烟尘、粉尘等不良刺激的影响，积极治疗原发病。

2. 安全用药

治疗原则为去除病因，加强管理，祛痰镇咳，抑菌消炎，抗过敏，强心补液。

去除病因，加强管理：将患病犬、猫放在干燥、保温、通风及清洁的环境中，避免敏感型的犬、猫长期处于寒冷潮湿的环境中，在过分干燥的圈舍内地面适当洒水，以提高空气湿度，减少黏液分泌。

祛痰镇咳：干咳时可用磷酸可待因 1～2 毫克 / 千克体重，皮下注射，每日 2 次；急支糖浆 5～20 毫升 / 次，口服，每日 2 次；复方甘草片 1～2 片 / 次或复方甘草合剂 2～10 毫升 / 次，口服，每日 2 次。湿咳不宜用止咳药。痰多时，可用氯化铵 100 毫克 / 千克体重或蛇胆川贝液 5～20 毫升 / 次或口服化痰片（羧甲基半胱氨酸）0.1～0.2 克 / 次，每日 3 次。喘气严重时，可肌注氨茶碱，0.05～0.1 克 / 次，每日 2 次。也可用气雾疗法，1%异丙肾上腺素 0.3 毫升、卡那霉素 250 毫克、多黏菌素 B30 万单位，用 5 毫升生理盐水溶解后使用。或用痰易净（乙酰半胱氨酸）以 50 毫升 / 时速度向呼吸道喷雾 30～60 秒，每日 2 次。

抑菌消炎：可应用抗生素和磺胺类制剂。一般选择在支气管黏膜中浓度高的氨苄青霉素、链霉素、头孢菌素类、丁胺卡那霉素或四环素等。呛咳严重时，用 0.5% 普鲁卡因氨苄青霉素溶液行喉周皮下封闭注射，每日 2 次。

抗过敏：对特异性变态反应引起的支气管炎，可肌注地塞米松 0.5 ～ 1 毫克 / 千克体重，每日 1 次，连用 3 ～ 5 日；亦可选用扑尔敏、苯海拉明等药物。

强心补液：可用 5% 葡萄糖溶液或 5% 右旋糖酐生理盐水、10% 安钠咖，静脉注射。

对慢性支气管炎可内服碘化钾或碘化钠 20 毫克 / 千克体重，每日 1 次或 2 次。

十九、肺炎

肺炎是指肺实质的炎症，临床上以发热，呼吸困难，肺部听诊有啰音或捻发音，肺部叩诊散在或广泛性浊音等为特征。多见于老龄及幼龄犬、猫，晚秋和早春易发。

（一）发病原因

1. 饲养管理不当

受寒感冒、贼风侵袭、舍内潮湿、长途运输、过劳、支气管炎日久失治、营养不良、饲养管理不当等使呼吸道防卫能力降低导致呼吸道常在菌大量繁殖或病原菌入侵而诱发本病。

2. 生物性因素

病毒感染：如犬瘟热病毒、副流感病毒、犬猫疱疹病毒、猫传染性鼻气管炎病毒等都可诱发，猫杯状病毒能引起严重的肺部病变。

细菌感染：细菌感染是犬、猫肺炎的常见原因。常见的病原菌有铜绿假单胞菌、克雷伯菌、大肠杆菌、化脓杆菌、肺炎球菌、巴氏杆菌、葡萄球菌、链球菌等。

霉菌感染：如组织胞浆菌、白色念珠菌、烟曲霉菌、球孢子菌等可引起霉菌性肺炎。

寄生虫的侵袭：如肺毛细线虫、犬类丝虫、蛔虫、弓形体，猫圆线虫和肺吸虫也可引起肺炎。

3. 异物吸入性肺炎

尘埃、异物、毒气等刺激性物质的吸入可直接引起肺炎，而且是造成细菌侵入的因素。

4. 其他因素

支气管炎及一些化脓性疾病（如子宫炎、乳腺炎等）的蔓延，某些过敏原引起的变态反应等。

（二）临床症状

病初常有流鼻涕、咳嗽等支气管炎的症状，但全身症状比较重剧。体温升高到 40℃

左右，脉搏增数至 140 ～ 190 次 / 分。精神沉郁，食欲减退或废绝，结膜潮红或发绀。呼吸浅表快速，以腹式呼吸为主。流鼻液，先为浆液性，后为黏液性或脓性，有时可见到铁锈色鼻液。咳嗽多为短速的弱咳。肺部听诊，病初局部肺泡呼吸音增强，有湿啰音及捻发音。随病程发展，病区肺泡呼吸音减弱直至消失，但其周围的肺泡呼吸音则增强。叩诊呈现半浊音或浊音。血液学检查可见白细胞总数和中性粒细胞增多，并伴有核左移。X 射线检查可见肺纹理增粗（图 2-49），炎症部位呈现大小不等似云雾状的阴影（图 2-50），甚至扩散融合成一片。

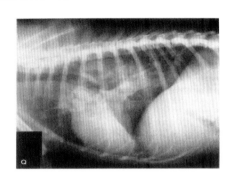

图 2-49 肺纹理增多变粗

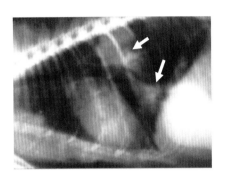

图 2-50 心膈角云雾状阴影

（三）病理变化

肺肿大呈灰红色或灰黄色，切面出现许多散在的实变病灶，大小不一，形状不规则，支气管内能挤压出浆液性或浆液脓性渗出物，支气管黏膜充血、肿胀。严重者病灶互相融合，可波及整个大叶。病灶周围肺组织常伴有不同程度的代偿性肺气肿。

（四）类症鉴别

1. 毛细支气管炎

热型不定，胸部叩诊呈过清音甚至鼓音，肺叩诊界扩大。

2. 大叶性肺炎

呈稽留高热，病程发展迅速，铁锈色鼻液，病程发展迅速而有周期性。胸部叩诊呈大片弓状浊音区，听诊肝变期肺泡呼吸音消失，支气管呼吸音增强。X 射线检查有明显而广泛的阴影（图 2-51）。

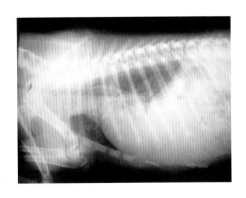

图 2-51 明显而广泛的阴影

3. 支气管炎

咳嗽频繁，全身症状轻；体温轻度升高，热型不定；叩诊肺部呈过清音或鼓音，叩诊界后移，无小片浊音区；听诊肺泡呼吸音普遍增强，有各种啰音；X 射线检查，仅肺纹理增粗而无病灶阴影。

4. 胸膜炎

多发生一侧，表现体温升高，热型不定，腹式呼吸，咳嗽，触诊胸壁疼痛，胸部听诊有摩擦音、拍水音，叩诊呈水平浊音，呼吸音和心音均减弱。胸腔穿刺流出大量渗出液，李凡他反应呈阳性。血液学检验白细胞总数和中性粒细胞增多，核左移。

5. 支气管肺炎

多为弛张热，肺部叩诊出现大小不等的散在浊音区，听诊局灶性肺泡呼吸音减弱或消失，出现捻发音或各种啰音而无大面积支气管呼吸音。X 射线检查呈斑点或斑片状散在阴影。

6. 腐败性支气管炎

缺乏高热和肺部各种症状。支气管扩张因渗出物积聚于扩张的支气管内，发生腐败分解，呼出气体及鼻液也可能有恶臭气味，但渗出物随剧烈咳嗽可排出体外。鼻液中无肺组织块和弹力纤维，全身症状较轻。

7. 副鼻窦炎

多为单侧性脓性鼻液，且没有肺组织块与弹力纤维；全身症状不明显；肺部叩诊和听诊无异常；副鼻窦局部隆起。

8. 异物性肺炎

X 射线检查，若见到透明的肺空洞及坏死灶的阴影，更易确诊。

9. 肺脓肿

可呈现支气管肺炎的症状，病犬突然高热，全身战栗，呼吸困难，频发咳嗽。肺部叩诊出现局灶性浊音区。听诊时在病变区肺泡音消失，其周围可闻啰音或捻发音。有恶臭脓性鼻液，内含弹力纤维和脂肪颗粒。

（五）预防措施和安全用药

1. 预防措施

加强饲养管理，避免雨淋受寒、过度劳役等诱发因素。供给全价日粮，健全、完善免疫接种制度，减少应激因素的刺激，增强机体的抗病能力。防止发霉，不吃剩食，定期消毒饮食工具。不应强制性经口投药，麻醉或昏迷的犬、猫在未完全清醒时不应让其进食或灌服食物及药物。经口投服药物时，应尽量把头部放低，每次少量灌服，且不可太快，让动物及时吞咽，不至于进入气管。

2. 安全用药

治疗原则为加强护理，抗菌消炎，祛痰止咳，制止渗出，促进渗出物吸收和排出以及对症治疗等。

（1）抗菌消炎 临床常用广谱抗生素和磺胺类药物。常用的抗生素有氨苄青霉素、羟氨苄青霉素、卡那霉素或丁胺卡那霉素、庆大霉素、庆大小诺霉素、林可霉素、红霉素、链霉素、头孢类（如头孢拉定、头孢唑林钠等）、氟喹诺酮类等。常用的磺胺类有磺胺嘧啶、磺胺二甲基嘧啶、磺胺甲基异噁唑。双黄连注射液 1 ～ 2 毫升 / 千克体重静脉或肌内注射。亦可选用甲硝唑 10 ～ 25 毫克 / 千克体重，静脉注射，每日 1 次，同时配合应用解热镇痛和肾上腺皮质激素药物，如地塞米松、氢化可的松等。对于霉菌性肺炎，用两性霉素 B0.25 ～ 0.5 毫克 / 千克体重，以 5% 葡萄糖液（禁用等渗盐水）临用前配成 0.1% 溶液，缓慢静脉注射，每日 1 次，7 天为一疗程，隔 7 天再用一疗程。此外，可选用克霉唑、咪康唑、制霉菌素等。寄生虫引起的肺炎，应选用有效的驱虫药物。对异物性肺炎可皮下注射 2% 盐酸毛果芸香碱 0.2 ～ 1 毫升，促使异物迅速排出。

（2）祛痰止咳 参考"支气管炎"的治疗。对刺激性咳嗽剧烈的犬、猫，可肌内注射可待因，也可选用盐酸溴己新或乙酰半胱氨酸等。

（3）制止渗出 可缓慢静脉注射 10% 葡萄糖酸钙溶液或 5% 氯化钙溶液，犬 5 ～ 20 毫升，猫 2 ～ 5 毫升，每日 1 次。为促进渗出物的吸收和排出，可给予利尿剂，如速尿（呋塞米）1 ～ 2 毫克 / 千克体重，肌内注射，或口服氢氯噻嗪（双氢克尿噻）、安体舒通片。也可用 10% 安钠咖溶液、10% 水杨酸钠注射液和 40% 乌洛托品溶液，按 1 : 10 : 6 混合后适量静脉注射。

（4）对症治疗 当出现呼吸困难或严重缺氧时，应给予吸氧（氧气浓度 30%），或用氨茶碱 5 毫克 / 千克体重，肌内注射。高热时可用物理降温或小儿退热栓，也可肌内注射复方氨基比林。同时补充电解质和营养物质，静脉滴注 5% 葡萄糖氯化钠溶液、复方氨基酸，每天 1 ～ 2 次；口服施尔康，每天 1 粒。

二十、肺水肿

肺水肿是由肺毛细血管内血液异常增加，血液液体成分渗漏到肺泡、支气管及肺间质所引起的一种非炎症性疾病。临床上以极度呼吸困难、流泡沫样鼻液为特征。

（一）发病原因

心源性肺水肿多见于充血性左心衰竭、输血输液过量或速度过快和肺毛细血管压增高。非心源性肺水肿多见于低蛋白质血症（如肝炎、肝硬化、肾小球肾炎、消化不良综合征等）。此外，中毒（有机磷中毒、安妥中毒及氯气中毒等）、休克、肺静脉阻塞（血栓形成、肺栓塞）、癫痫发作、内毒素血症、肺炎和吸入有毒气体等都可引起肺水肿。

（二）临床症状

常突然发病，表现进行性呼吸困难。眼球突出，静脉怒张。黏膜发绀，惊恐不安，头颈伸展，鼻孔开张和张口呼吸。两鼻孔流出大量粉红色泡沫状鼻液和粉红色带血痰（图2-52）。肺部听诊时，可听到广泛性湿啰音。肺部叩诊时，病变部呈现浊音。当心功能严重障碍时，病犬、猫呈现不同程度的休克症状。胸部 X 射线检查，肺视野阴影呈散在性增强，呼吸道轮廓清晰，支气管周围增厚。如为补液量过大引起的肺水肿，肺泡阴影呈弥漫性增加，大部分血管几乎难以发现。肺泡气肿所致的肺水肿，X 射线检查可见斑点状阴影。因左心功能不全并发的肺水肿，肺静脉较正常清晰，而肺门呈放射状。心源性肺水肿肺野内广泛性透光度降低，肺门周围区域尤其明显，表现为肺泡型和间质型混合肺征，血管影像模糊（图2-53）。心脏轮廓呈"爱心形"，肺静脉可见直径增加（图2-54）。超声检查左心室心肌增厚（图2-55）。

图 2-52　肺水肿出现粉红色带血痰

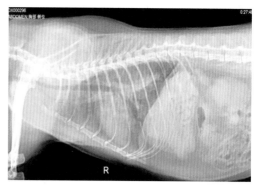

图 2-53　猫心源性肺水肿（侧位胸片）

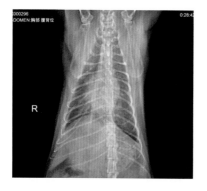

图 2-54　猫心源性肺水肿（正位）

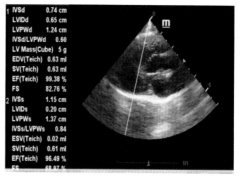

图 2-55　猫心源性肺水肿 B 超影像

（三）病理变化

肺脏体积增大，丧失弹性，呈暗红色。主动性肺充血，切开肺脏有大量血液流出。慢性被动性肺充血时，肺脏因结缔组织增生而变硬，表面布满小出血点。沉积性肺充血则因血浆渗入肺泡而引起肺脏的脾样变。组织学检查，肺毛细血管明显充盈，肺泡中有漏出液和出血。

（四）类症鉴别

1. 中暑

具有炎热季节、日光直射或闷热中暑的病史。除呼吸困难外，还有中枢神经系统功能障碍、全身衰弱和体温极度升高等症状。

2. 弥漫性支气管炎

由于感染或理化因素刺激引起，常发生于冬春湿冷季节，表现体温升高，热型不定，剧烈咳嗽，气喘，触诊喉头或气管敏感，流鼻液。胸部听诊有啰音，X 射线检查肺纹理增多、变粗，但无病灶性阴影。

3. 急性心力衰竭

心血管症状异常表现在前，肺部症状表现在后，即先有心衰后出现呼吸困难。

4. 急性过劳

动物有长期使役病史；尽管有肺水肿的症状，但主要表现为全身疲软无力；有运动失调等症状；多伴过劳性心肌炎。

5. 肺出血

鼻液为大量泡沫样鲜红色血液，可视黏膜呈进行性苍白。

6. 安妥中毒

有误食毒饵或污染食物的病史，表现呕吐，呼吸困难，体温偏低，流带血泡沫状鼻液，咳嗽。肺部听诊有湿啰音，肺部叩诊呈浊音。病理变化表现肺水肿及胸膜渗出。安妥毒物分析阳性。

（五）预防措施和安全用药

治疗原则为除去病因，保持安静，减轻心脏负担，制止渗出，缓解呼吸困难。

首先使病犬、猫安静，忌用兴奋剂。为减少动物不安，可选用镇静剂，如口服或肌内注射硫酸吗啡 0.5～1.0 毫克/千克体重、戊巴比妥钠或苯巴比妥 2～4 毫克/千克体重等。若血中缺氧，应立即供氧，用细胶管经鼻道输氧，或用面罩以 5～6 升/分的速度快速输入。有支气管痉挛症状者用支气管扩张剂，如静脉注射氨茶碱 6～10 毫克/千克。因急性左心功能不全以外所致的肺水肿，可用肾上腺素、异丙肾上腺素等强力支气管扩张药。为减少静脉血液回流可进行放血疗法。最初放血量为全血量（约每千克体重 88 毫升）的 10%。必要时间隔 1～2 小时重复 1 次，直至取得明显疗效。当持续性心功能不全或高氮血症（尤其是用利尿剂后引起的血氮增高）时，可向腹腔注入无刺激的高渗液，进行腹腔透析以除去过多的液体。为增强心肌收缩力，可用洋地黄治疗，如静脉注射地高辛，首次量0.044毫克/千克，维持量为0.0055～0.011毫克/千克，间隔12小时给药1次。在用药后的24～36小时，应计算其饱和量。也可用洋地黄苷。为制止渗出可用10%葡萄糖酸钙加入10%葡萄糖内，缓慢静脉注射，同时静脉滴注地塞米松。为促进液体排出，可用利尿剂，如口服呋塞米。当支气管内分泌物过多时，可应用硫酸阿托品等抗胆碱性能药物。肺水肿并发严重细菌感染时必须应用广谱抗生素。

二十一、肺气肿

肺气肿是指肺空气含量过多而导致体积膨胀。气体只充满肺泡而引起的肺气肿称为肺泡性肺气肿；肺泡破裂，气体进入间质的疏松结缔组织，使间质膨胀而引起的肺气肿称为间质性肺气肿。临床上以呼吸困难、气喘、胸廓扩大、肺部叩诊呈过清音以及叩诊区扩大后移为主要特征。

（一）发病原因

原发性肺气肿是在剧烈运动、急速奔驰、长期挣扎过程中，由于强烈的呼吸所致。老年犬易发。继发性肺气肿常因慢性支气管炎、弥漫性支气管炎时持续咳嗽，或当支气管狭窄和阻塞时，支气管气体通过障碍而发生。

（二）临床症状

主要表现呼吸困难，剧烈的气喘，有时张口呼吸，可视黏膜发绀，精神沉郁，易于疲劳，脉搏增快，体温一般正常。间质性肺气肿可伴发皮下气肿。肺部叩诊呈过清音，叩诊界后移。肺部听诊肺泡音减弱，可听到碎裂性啰音及捻发音。在肺组织被压缩的部位，可闻支气管呼吸音。X射线检查，整个肺区异常透明，支气管影像模糊及膈肌后移等（图2-56）。

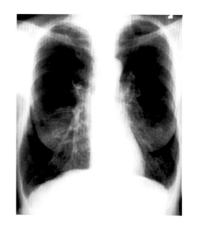

图2-56 整个肺区异常透明

（三）病理变化

肺脏体积增大、膨胀，边缘钝圆，表面形成大小不等的膨胀隆起，颜色苍白，触之柔软。切开肺脏，切面可压出泡沫状气体。右心室扩张。

（四）类症鉴别

1. 肺水肿

患病动物鼻腔流出泡沫样鼻液，肺部叩诊为半浊音，叩诊界正常。听诊时可听到广泛性水泡音。

2.气胸

突然发病，严重呼吸困难，叩诊肺部出现单侧鼓音，病情迅速恶化，甚至窒息死亡。

（五）预防措施和安全用药

治疗原则为加强护理，防治原发病，改善通气和换气功能，控制心力衰竭。

首先让病犬绝对休息，安放在清洁、无灰尘、通气良好的舍内，给予营养丰富的食物。改善通风和换气功能，可口服或雾化吸入支气管扩张药，如茶碱类、拟肾上腺素药、胆碱能 M 受体阻滞剂、肾上腺素能 α 受体阻滞剂等。肾上腺皮质激素制剂应慎用。为增强呼吸功能可用呼吸调节剂，如福米诺苯盐酸盐 50～80 毫克，口服，每天 3 次。忌用安眠药、镇静药等。当出现水肿时可用利尿剂，如双氢克尿塞（氢氯噻嗪）10～20 毫克，口服，每天 2 次，或速尿（呋塞米），每天 2 次。服药时，每天需补充钾 0.1～1 克，口服，每天 4 次。如用安体舒通、氨苯蝶啶等潴钾利尿剂时，可不必补钾。为缓解呼吸困难和控制心力衰竭，可每天多次使用低浓度吸氧疗法。对较大的局限性肺气肿可施手术切除，使受挤压的正常肺组织充气，增强肺的弹性回位。

二十二、胸膜炎

胸膜炎是指由各种致病因素作用于胸膜而引起的渗出液积聚和纤维蛋白沉积炎症。临床上以腹式呼吸，胸膜腔积液，胸部听诊有胸膜摩擦音和叩诊出现水平浊音为特征。按其病程可分为急性与慢性，按其病变的蔓延程度可分为局限性与弥漫性，按其渗出物的性质可分为浆液性、浆液纤维蛋白性、化脓性和化脓腐败性等。

（一）发病原因

原发性胸膜炎较少见，可因胸壁各种外伤、胸膜腔肿瘤，或受寒冷刺激等使机体防御功能降低时，病原微生物乘虚侵入而致病。继发性胸膜炎常见，通常由呼吸道或胸腔器官感染蔓延所致，如结核、钩端螺旋体病、犬传染性肝炎、猫传染性鼻气管炎或猫传染性腹膜炎，因肺、心包、淋巴结的炎症性感染蔓延到胸膜而发病。

（二）临床症状

病初表现为精神沉郁，食欲减退，体温升高，常达 40℃以上。呼吸快而浅表，呈腹式呼吸，有时咳嗽。触诊胸壁有明显疼痛感；胸部听诊有摩擦音，有时可能听到拍水音；胸部叩诊呈水平浊音，同时表现敏感，并发出轻而弱的咳嗽声。当胸膜腔内积聚大量渗出液时，表现呼吸极为困难，呈张口呼吸状。心功能发生障碍，出现心力衰竭、外周循环瘀血及胸、腹下水肿。慢性胸膜炎表现为反复性微热、呼吸浅表而快。

（三）病理变化

急性胸膜炎，胸膜明显充血、水肿和增厚，粗糙而干燥。胸膜面附着一层黄白色的纤维蛋白性渗出物，容易剥离。在渗出期，胸腔有大量混浊液体，其中有纤维蛋白碎片和凝块，肺脏下部萎缩，体积缩小呈暗红色。慢性胸膜炎胸膜表面的纤维蛋白因结缔组织增生而机化，使胸膜肥厚，胸膜与肺脏表面发生粘连。

（四）类症鉴别

1. 胸腔积液

多因慢性心脏病等血液循环障碍性疾病而引起，病情发展缓慢，体温不高，胸膜无炎症变化，缺乏胸壁疼痛和痛咳。听诊无胸膜摩擦音，穿刺液为漏出液。胸腔穿刺液李凡他反应呈阴性。

2. 心包炎

心搏动增强和心律失常，心包摩擦音与心跳一致。

3. 传染性胸膜肺炎

有流行性，同时具有胸膜炎和肺炎症状。

4. 气胸

呼吸急促或困难，可视黏膜发绀，呈典型腹式呼吸，常保持久立不卧。如为开放性气胸，症状发展快且严重，在胸部创口可听到空气出入胸腔的"呼呼"声；而闭合性气胸，则症状一般较轻。胸腔积存空气增多时，胸膜内压超过大气压，肺发生萎陷，将迅速危及动物生命。

（五）预防措施和安全用药

1. 预防措施

加强饲养管理，增强机体抵抗力。防止胸部创伤，及时治疗原发病。

2. 安全用药

治疗原则为抗菌消炎，制止渗出，促进渗出物的吸收和排出。

（1）抗菌消炎　可选用广谱抗生素（如氨苄青霉素、链霉素、氟苯尼考、庆大霉素、丁胺卡那霉素、四环素、土霉素等）、磺胺类药物或喹诺酮类药物（如环丙沙星等）。最好是对穿刺液进行细菌培养后做药敏试验，有针对性地选择抗生素。支原体感染可用泰乐菌素、喹诺酮类药物、四环素类药物。某些厌氧菌感染可用甲硝唑（灭滴灵）。结核性胸膜炎可长期口服异烟肼，200毫克/次，每日1次，同时肌注链霉素50万～100万国际单位/次，每日2次。发热明显时，配合应用解热镇痛药物，如安痛定或复方氨基比林。止痛用哌替啶5～10毫克/千克，2～3次/天，肌注；或用盐酸曲马多，2～4毫克/千克，

2～3次/天，肌注。非类固醇抗炎止痛药替泊沙林也有良好的抗炎止痛效果。

（2）制止渗出　急性期可用10%葡萄糖酸钙溶液，犬5～20毫升，猫2～5毫升，配合维生素C注射液，混合静脉注射，1次/天，连用3～5天；或配合地塞米松2～10毫克/次，肌内注射，每日1次。

（3）促进渗出物的吸收和排出　可用利尿剂（如速尿、双氢克尿噻）、强心剂（如安钠咖）等，并用50%葡萄糖液20～60毫升、20%甘露醇1～2克/千克体重，静脉注射，每日1次。当胸腔有大量渗出液时则需行胸腔穿刺排出积液，并将抗生素直接注入胸腔。对化脓性胸膜炎最好穿刺排脓，然后用0.05%洗必泰溶液或0.1%雷佛奴尔溶液冲洗胸腔，待冲洗液清亮后注入敏感抗生素。

第三章

以循环系统为主症的犬猫疾病类症鉴别与安全用药

一、心肌炎

心肌炎是以心肌兴奋性增加和心肌收缩功能减弱为特征的心肌炎症。按炎症性质分为化脓性和非化脓性；按侵害组织分为实质性和间质性；按病程分为急性和慢性。临床上常见急性非化脓性心肌炎，老龄犬发病率较高。

（一）发病原因

急性心肌炎常继发于某些传染病（如犬瘟热、犬细小病毒病、钩端螺旋体病、结核病等）、寄生虫病（如弓形虫病、犬梨形虫病、犬恶丝虫病等）、代谢病（如维生素 B_1 缺乏症等）、内分泌疾病（如甲状腺功能亢进症、糖尿病等）、毒物中毒（如重金属、麻醉药中毒）、自身免疫性疾病、脓毒败血症、风湿病、贫血等的经过中。慢性心肌炎因急性心肌炎、心内膜炎反复发作或其延续发展而引起。

（二）临床症状

急性非化脓性心肌炎以心肌兴奋为主要特征，表现脉搏疾速而充实，心悸亢进，心音高亢。病犬稍做运动，就心跳加快，即使运动停止，仍持续较长时间。这种心功能试验，往往是确诊本病的依据之一。心肌细胞变性心肌炎，多以充血性心力衰竭为主要特征，表现脉搏疾速和交替脉。第一心音增强、混浊或分裂；第二心音显著减弱，多伴有收缩期杂音。心脏代偿适应能力丧失时，黏膜发绀，呼吸高度困难，体表静脉怒张，颌下、四肢末端水肿。冠状循环障碍和心肌变性时，脉搏增强，第二心音减弱，伴发收缩期杂音，常出现期前收缩和心律不齐。严重心肌炎的犬，食欲废绝、精神沉郁、神志昏迷，最终因心力衰竭而突然死亡。

（三）病理变化

初期为局灶性充血，浆液和粒细胞浸润。心肌脆弱，松弛，无光泽，心腔扩大。后期，心肌纤维变性，混浊肿胀，颗粒变性，心肌坏死、硬化，呈苍白色、灰红色或灰白色等。局灶性心肌炎，心肌患病部分与健康部分相互交织，当沿着心冠横切心脏时，其切面为灰黄色斑纹，形成特异的"虎斑心"。

（四）类症鉴别

1. 心包炎

临床上以心区疼痛、听诊呈现摩擦音或拍水音、叩诊心浊音区扩大为特征。

2. 心内膜炎

心悸亢进，心律不齐，胸壁出现震动，心浊音区扩大，心搏动增数，脉搏增快，多出现间歇脉，第一心音微弱、混浊，第二心音几乎消失，第一心音与第二心音往往融合为一个心音，可听到心内杂音。

3. 缺血性心脏病

多发生于年龄较大的动物，多为慢性经过，多数伴有动脉硬化的表现，且无感染病史和实验室证据。

4. 心肌病

发病较慢，病程较长，超声心动图显示室间隔非对称性肥厚或心腔明显扩张，心肌以肥大、变性、坏死为主要病变。

5. 硒缺乏病

呈地方性流行，病变主要限于心肌，心脏增大明显且长期存在，多呈慢性经过，心肌以变性、坏死及瘢痕等病变为主。

（五）预防措施和安全用药

1. 预防措施

加强饲养管理，合理运动，提高体质。预防感染，积极治疗某些感染性疾病，特别是避免伤风感冒，预防上呼吸道感染。

2. 安全用药

治疗原则为加强护理，减轻心脏负担，增加心肌营养，提高心肌收缩功能和防治原发病。

加强护理：首先使病犬安静，给予良好的护理，避免过度兴奋和运动。多次少量喂给易消化而富含营养和维生素食物，并限制过多饮水。

减轻心脏负担，增加心肌营养：可用三磷酸腺苷（ATP）15～20毫克、辅酶A35～50国际单位或肌苷25～50毫克，肌内注射，每天1～2次。或加用细胞色素c15～30毫克加入10%葡萄糖溶液200毫升中，静脉注射，投给大量维生素制剂。

防治原发病：可应用磺胺类药物、抗生素、血清和疫苗等特异性疗法。病毒引起的心肌炎，首先要进行抗病毒治疗。由革兰氏阳性菌引起的心肌炎，可肌内注射氨苄青霉素或头孢类抗生素。真菌性心肌炎时静脉滴注两性霉素B。寄生虫感染引起的给予驱虫药。中毒引起的应及时断绝毒物来源，并给予特异性的解毒药。

对症疗法：心肌炎伴有高热、心力衰竭时，可试用氢化可的松5～20毫克，静脉注射，每天1次。对慢性心力衰竭可应用0.1%肾上腺皮质激素。出现严重心律失常时，应用抗心律失常药。伴有水肿者，可应用利尿剂。

二、猫白血病

猫白血病是由猫白血病病毒和猫肉瘤病毒引起的一种恶性肿瘤性传染病，临床上以恶性淋巴肿瘤、骨髓性白血病、变性性胸腺萎缩、非再生性贫血和免疫抑制等为特征。其中对猫危害最严重的是恶性淋巴肿瘤，是猫常见的非创伤性致死原因。

（一）发病原因

病原为猫白血病病毒和猫肉瘤病毒，在分类上属反转录病毒科，肿瘤病毒亚科，C型肿瘤病毒属，哺乳动物C型肿瘤病毒亚属，为单股RNA病毒。传染源为病猫，其唾液、粪便、尿、乳汁、鼻腔分泌物均含有病毒，通过呼吸道、消化道传给健康猫，也可通过病猫的胎盘传给胚胎。幼猫较成年猫易感染，随年龄增长易感性降低，无品种、性别差异。本病病程较短，死亡率高，病猫常在发病28天内死亡。

（二）临床症状

本病潜伏期较长，平均为2个月，但变化很大。自然情况下，宠物猫死亡的直接原因多是免疫缺陷，死于淋巴肉瘤和白血病的相对较少。

1. 肿瘤性疾病

消化道淋巴瘤：主要发生于老年猫，约占全部病例的30%。常表现食欲减退，体重减轻，黏膜苍白，贫血，有时有呕吐或腹泻等症状。主要以肠道淋巴组织或肠系膜淋巴结出现B细胞性淋巴瘤为特征。

多发性淋巴瘤：约占全部病例的20%，全身多处淋巴样组织器官发生淋巴肉瘤。常表现消瘦、贫血、食欲下降、精神沉郁等症状，全身多处淋巴结肿大，肝脏、脾也发生波及性肿大，体表淋巴结（下颌、肩前、膝前及腹股沟淋巴结等）均可触及肿大的硬块。

胸腺淋巴瘤：仅发生于青年猫的胸腺，胸腺组织不同程度被肿瘤组织所替代。触诊时可在胸腹侧前部摸到肿块，严重病例肿瘤块可占胸腔的2/3。胸腔积液，呼吸和吞咽困难，病猫张口呼吸，循环障碍，表现为十分痛苦。

淋巴白血病：主要侵害骨髓，引起白细胞异常增生，并扩散到脾、肝脏及淋巴结等。临床上常出现间歇热，食欲下降，机体消瘦，黏膜苍白，黏膜和皮肤上有出血点，血液学检验有白细胞总数增多等典型症状，脾脏、肝脏肿大，淋巴结轻度至中度肿胀。

2. 免疫抑制

可引起多种免疫性疾病，包括髓细胞减少综合征、免疫器官萎缩、免疫缺陷、免疫复合物病等。

髓细胞减少综合征（猫白血病毒性贫血）：猫白血病毒感染后常表现贫血。包括三种类型，一是猫白血病毒成红细胞增多症（再生障碍性贫血）；二是猫白血病毒成红细胞减少症（非再生障碍性贫血）；三是猫白血病毒全血细胞减少症，以造血干细胞减少为特征。

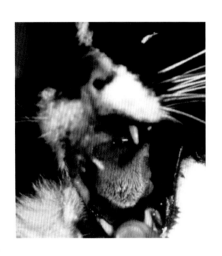

图 3-1 口腔、舌坏死和溃疡

免疫缺陷：免疫缺陷导致继发感染，如慢性传染性腹膜炎（猫冠状病毒引起）、慢性胃炎和齿龈炎、口腔坏死和溃疡（图 3-1）、上呼吸道感染和肺炎、久治不愈的皮肤创伤、皮下脓肿和一般的慢性感染。

免疫复合物病：形成免疫复合物，沉积于肾小球，引起肾小球肾炎、流产、胚胎吸收综合征和神经综合征等。

（三）病理变化

以淋巴结肿瘤为主的病猫，常可在病理切片中看到正常淋巴组织被大量含有核仁的淋巴细胞替代。骨髓也可见到大量淋巴细胞浸润。胸腺淋巴瘤时，剖检可见胸腔有大量积液，涂片检查，有大量未成熟淋巴细胞。

（四）类症鉴别

1. 猫免疫缺陷病

由猫免疫缺陷病毒感染引起的，中老年猫多发，表现发热，消瘦，贫血，腹泻，淋巴结肿大，中性粒细胞减少症，淋巴细胞减少症，血小板减少症，慢性呼吸系统疾病，慢性皮肤病，慢性口炎，听力和视力减退，痴呆，面部抽搐，葡萄膜炎，白内障和青光眼，以及易继发感染等。

2. 齿龈炎

临床上主要表现齿龈红肿、出血、溃疡、坏死，流涎，口臭，咀嚼困难。

（五）预防措施和安全用药

1. 预防措施

最有效的预防措施是建立无猫白血病猫群。新引进猫时，必须进行检疫，确认无猫白血病病毒感染后方可混群饲养。目前国外已有疫苗可供使用，包括活疫苗、灭活疫苗、重组疫苗和亚单位疫苗等。猫白血病可通过净化来控制。净化程序是：以间接免疫荧光对全群猫进行检疫，剔除阳性猫，3 个月时进行第二次检疫，如检出阳性猫，再过 3 个月进行第三次检疫，第二次和第三次检疫无阳性猫的猫群可视为健康群。

2. 安全用药

对猫淋巴瘤多采用免疫疗法，即大剂量输注正常猫的全血浆或血清，可使患猫淋巴肉瘤完全消退。小剂量输注含有高滴度 FOCMA（猫肿瘤病毒相关细胞膜抗原）抗体的血清，治疗效果也不错。采用免疫吸收疗法，即将淋巴肉瘤患猫的血浆通过金黄色葡萄球菌 A 蛋白柱，除去免疫复合物，消除与抗体结合的病毒和病毒抗原。经此治疗的病猫，淋巴肉瘤完全消退，体内不能再检出猫白血病病毒。放射性疗法可抑制胸腺淋巴肉瘤的生长，对于全身性淋巴结肉瘤也具有一定疗效。但不管何种方法，治疗均不易彻底，且患猫在治疗期及症状消失后均能散毒，因此，有学者不赞成对病猫施以治疗，而建议施行安乐死。

三、猫免疫缺陷病

猫免疫缺陷病又称猫艾滋病，是由猫免疫缺陷病毒感染引起的病毒性传染病。临床上以免疫功能低下，呼吸、消化系统炎症，免疫系统和神经系统功能障碍，以及易继发感染为特征。以中、老年猫多发。

（一）发病原因

病原为猫免疫缺陷病毒，属反转录病毒科慢病毒属猫慢病毒群。猫免疫缺陷病毒在唾液中的含量较高，可经唾液排出。猫与猫的打斗、咬伤为本病的主要传播途径；接受病猫输血也是受感染原因之一。一般的接触、有共同饲槽和睡窝不能传播本病，也很少经交配传染。

（二）临床症状

临床表现分为 3 个时期，即急性期、潜伏期和慢性期。急性期可达 4 周或 4 个月，有的急性感染期无临床症状，有的病猫出现淋巴结肿大、中性粒细胞减少症、发热和腹泻。潜伏期可能持续几个月至几年，通常仅有轻微的淋巴结病变。慢性期猫严重消瘦，常有慢性呼吸系统疾病、慢性皮肤病、胃肠道功能紊乱（慢性口炎、严重齿龈炎、慢性腹泻）（图 3-2）及淋巴结疾病，继发感染机会增加，猫一旦进入慢性期，平均寿命不足 1 年。猫免疫缺陷病毒直接感染中枢神经系统，引起听力和视力减退、精神异常、痴呆、面部抽搐等。还能引起很多眼病，如葡萄膜炎、白内障和青光眼等。临床症状明显的病猫，血细胞出现异常，如贫血、淋巴细胞减少症、中性粒细胞减少症、血红蛋白过多等，另有约 10% 的猫出现血小板减少症。感染猫由于免疫功能低下，活动量下降，嗜睡，体重减轻，面部脓肿长期不愈合（图 3-3）。常常导致其他病原继发感染，如疱疹病毒和杯状病毒引起的上呼吸道感染、细菌和细小病毒引起的肠炎或腹泻、真菌引起的皮肤病及寄生虫病等（图 3-4）。

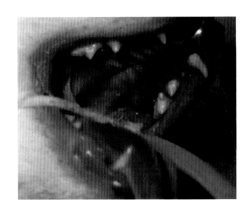

图 3-2　口腔黏膜充血、溃疡

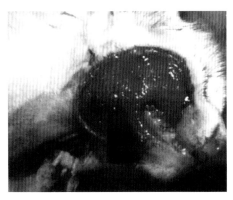

图 3-3　面部脓肿长期不愈合

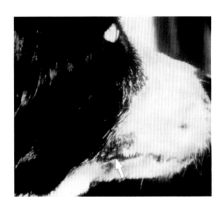

图 3-4　白色念珠菌感染引起的唇炎

（三）类症鉴别

1. 猫白血病

两者症状十分相似，均表现为淋巴结肿大、低热、口炎、结膜炎和腹泻等。

2. 齿龈炎

临床上主要表现齿龈红肿、出血、溃疡、坏死，流涎，口臭，咀嚼困难。猫艾滋病，齿龈炎更为严重，齿龈极度红肿。

（四）预防措施和安全用药

1. 预防措施

限制猫自由出入，防止健康猫和野猫或流浪猫接触。引进猫应进行猫免疫缺陷病毒感染诊断，并在条件允许时，隔离饲养 6 ～ 8 周后，检测是否存在猫免疫缺陷病毒抗体，只有抗体阴性猫才可领养。目前尚无预防猫免疫缺陷病毒感染的商用疫苗。某些灭活苗或弱毒苗仅能抵抗同源株感染，但对异源毒株无效。重组疫苗和多肽苗亦未研制成功。

2. 安全用药

抗生素治疗在大多数情况下只能缓解症状而不能根除疾病，特异性的抗反转录病毒药物 - 反转录酶抑制剂 AZT，使用剂量为 5 毫克 / 千克体重。用药后，一般临床症状如胃炎、葡萄膜炎及腹泻等明显改善。但在使用 AZT 时，应监测机体是否有贫血、血细胞减少和肝中毒等现象，并根据需要调整剂量。免疫调节剂 α 干扰素 30 国际单位 / 只，通过刺激白细胞介素 −1 等的释放来调节机体免疫功能。

四、犬埃利希体病

犬埃利希体病是由犬埃利希体引起的一种急性或慢性传染病。临床上以发热、呕吐、黄疸、进行性消瘦、严重贫血和前葡萄膜炎等为特征。

（一）发病原因

病原为埃利希体，属于立克次体目埃利希体科埃利希体属，为专性细胞内寄生的革兰氏阴性小球菌。本病主要发生于热带和亚热带地区，蜱是贮存宿主和传播媒介。蜱因摄食感染犬的血细胞而感染，尤其是在犬感染的前 2 ～ 3 周最易发生犬—蜱传播，然后带菌蜱在吸食易感犬血液时，埃利希体从蜱的唾液中进入犬体内而传播本病。因此，夏末秋初有蜱生活的季节为本病的高发季节。

（二）临床症状

潜伏期为 8 ～ 20 天，急性期持续 2 ～ 4 周，主要表现为发热、食欲下降、嗜睡、眼鼻流出黏液脓性分泌物、身体僵硬、不愿活动、四肢或下腹水肿、咳嗽或呼吸困难。全身淋巴结肿大，脾肿大，血小板减少。亚临床期持续 40 ～ 120 天，体温基本恢复正常，但血象指标异常，如出现血小板减少和高球蛋白血症。慢性期，病犬主要表现为恶性贫血和严重消瘦。脾显著肿大、肾小球肾炎、肾衰竭、间质性肺炎、葡萄膜炎、小脑共济失调、感觉过敏或麻痹。血尿、黑粪症及皮肤和黏膜淤斑。血细胞严重减少，血小板减少。有的患犬皮肤有圆形、椭圆形脱毛或被毛断裂病灶，多处发生时可互相融合成片，具有细鳞屑样或形成明显的痂皮。若无继发感染则不瘙痒。有的全身脱毛，皮肤明显增厚。

（三）病理变化

剖检可见贫血变化，骨髓增生，肝、脾和淋巴结肿大，肺有瘀血点。少数病例还可见肠道出血、溃疡、胸、腹腔积水及肺水肿。

（四）类症鉴别

1. 落基山斑点热

由立氏立克次体引起，季节性发病，有被蜱叮咬的病史，表现发热、眼有黏液脓性分泌物、咳嗽、呕吐、腹泻、肌肉疼痛、多关节炎、感觉过敏、运动失调和皮肤斑疹等。

2. 犬瘟热

由犬瘟热病毒引起，以冬春季（10月至翌年4月间）多发，1～12个月龄的犬发病率最高。临床上以双相热型、白细胞减少、急性脓性鼻炎和脓性结膜炎、支气管肺炎、严重的胃肠炎和神经症状为特征。核内及胞浆内均有包涵体，且以胞浆内包涵体为主。

（五）预防措施和安全用药

1. 预防措施

目前尚无有效疫苗，主要是消灭传播和储存宿主蜱。药物预防可口服长效四环素6.6毫克/千克体重，1次/天，在蜱的生活周期内连续用药。

2. 安全用药

及时隔离治疗病犬，常选用四环素类抗生素治疗，22毫克/千克体重口服，3次/天。应注意用药持续时间，如果治疗见效，至少应持续3～4周。对慢性病例，可能要持续8周。除抗生素治疗外，应配合一定的支持疗法，尤其是慢性病例。

五、落基山斑点热

落基山斑点热是由立氏立克次体引起的一种急性发热性传染病。临床上以高热、咳嗽和斑疹等为特征。

（一）发病原因

病原为立氏立克次体，属立克次体目立克次体科立克次体属。硬壳蜱贮存立氏立克次体，感染的雌蜱还可将病原传给子代，蜱和某些哺乳动物是病原的自然贮存宿主。本病主要通过硬蜱叮咬传播。

（二）临床症状

潜伏期平均 7 天，临床表现为发热、厌食、精神沉郁、眼有黏液脓性分泌物、巩膜充血、呼吸急促、咳嗽、呕吐、腹泻、肌肉疼痛、多关节炎，以及感觉过敏、运动失调、昏迷、惊厥和休克等不同程度的神经症状。部分感染犬发生多关节炎、多肌炎或脑膜炎时仅表现为关节异常、肌肉或神经疼痛。视网膜出血是本病比较一致的症状，但在疾病的早期可能不明显。某些病犬，特别是出现临床症状而诊断和治疗被耽搁的病犬可出现鼻出血、黑粪症、血尿及出血点和出血斑。公犬常出现睾丸水肿、充血、出血及附睾疼痛等症状。末期可能出现心血管系统衰竭、肾衰竭等有关的症状。

（三）类症鉴别

1. 犬瘟热

由犬瘟热病毒引起，以冬春季（10 月至翌年 4 月间）多发，1 ～ 12 个月龄的犬发病率最高。临床上以双相热型、白细胞减少、急性脓性鼻炎和脓性结膜炎、支气管肺炎、严重的胃肠炎和神经症状为特征。核内及胞浆内均有包涵体，且以胞浆内包涵体为主。

2. 肺炎

全身症状比较重剧，表现发热，流鼻涕，咳嗽，呼吸困难，肺部听诊有啰音或捻发音，肺部叩诊呈半浊音或浊音。血液学检查白细胞总数和中性粒细胞增多，核左移。X 射线检查肺纹理增粗，有云雾状阴影。

3. 急性肾衰竭

突然发病，无典型症状，高血钾，血液肌酐、尿素氮降低，尿沉渣检查有活性、有许多管型，B 超检查肾脏正常或变大。

4. 胰腺炎

发病急，死亡率高，发热，严重呕吐，明显腹痛，呈祈祷姿势，血性腹泻。实验室检查白细胞总数和中性粒细胞增多，血清淀粉酶及脂肪酶活性升高，有高血糖症、高脂血症。

5. 脑膜脑炎

由感染或中毒性因素引起，表现体温升高，兴奋不安，意识障碍，步态不稳，共济失调，肌肉颤抖，癫痫，眼球震颤。脑脊液检查蛋白质与细胞含量增多，中性粒细胞增多，查到病原微生物。

6. 风湿性关节炎

常发生于腕关节和跗关节，表现体温升高，关节肿胀，疼痛，游走性跛行，时轻时重，反复发作。X 射线检查关节周围骨质疏松，软骨下肿胀，关节腔狭小，边缘侵蚀。

7. 犬埃利希体病

由埃利希体引起，主要发生于夏末秋初有蜱生活的季节，表现发热、贫血、黄疸、消瘦、四肢或下腹水肿、眼鼻流黏液脓性分泌物、全身淋巴结肿大、脾肿大、血小板减少、前葡萄膜炎等，血液检查在单核细胞内发现犬埃利希体。慢性埃利希体病可持续数年之久，而落基山斑点热发病一般只持续 2 周或更短时间。

（四）预防措施和安全用药

1. 预防措施

消灭蜱，减少蜱的叮咬。

2. 安全用药

口服四环素 22 毫克 / 千克体重，3 次 / 天，持续 2 周；或口服多西环素 5 毫克 / 千克体重，2 次 / 天。也可用恩诺沙星治疗。诊断延迟或使用一些对立克次体无效的抗菌药物，如青霉素、头孢菌素及氨基糖苷类抗生素可能使发病率和死亡率增加。对脱水和出血性素质需要进行支持疗法，当血管受到严重损伤时，输液应慎重。

六、猫（犬）血巴尔通体病

猫血巴尔通体病，又称猫抓病，是由血巴尔通体引起的一种急性传染病。临床上以局部皮肤出现丘疹或脓疱，继而发展为局部淋巴结肿大为特征。

（一）发病原因

病原主要为立克次体目巴尔通体科巴尔通体属的汉赛巴尔通体和克氏巴尔通体，汉赛巴尔通体为革兰氏阴性胞内寄生小杆菌。许多节肢动物，如咬蝇、跳蚤、虱子和蜱等均可作为传播媒介。猫血巴尔通体病主要经吸血昆虫、猫咬伤而发生传染。另外，发病的母猫所产幼猫可被感染，因此应考虑有发生子宫内感染的可能。犬血巴尔通体可通过输血等发生医源性传播，在试验条件下，可经血红扇头蜱传播。

（二）临床症状

急性病例较多见，表现为精神沉郁、虚弱倦怠、食欲缺乏、间歇性发热、贫血，有的出现可视黏膜黄疸、体重减轻（图 3-5），腹部触诊可摸到脾显著肿大。慢性病例猫体温正常或偏低、体况瘦弱、软弱无力、不愿活动且失去对外界的敏感性，有的可视黏膜黄疸、脾肿大，也有的病猫因严重贫血而呼吸困难。

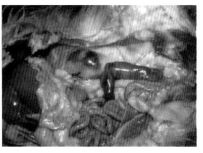

图 3-5　溶血性贫血、黄疸

（三）类症鉴别

1. 犬埃利希体病

由埃利希体引起，主要发生于夏末秋初有蜱生活的季节，表现发热、贫血、黄疸、消瘦、四肢或下腹水肿、眼鼻流黏液脓性分泌物、全身淋巴结肿大、脾肿大、血小板减少、前葡萄膜炎等。血液检查在单核细胞内发现犬埃利希体。

2. 落基山斑点热

由立氏立克次体引起，季节性发病，有被蜱叮咬的病史，表现发热、眼有黏液脓性分泌物、咳嗽、呕吐、腹泻、肌肉疼痛、多关节炎、感觉过敏、运动失调和皮肤斑疹等。

（四）预防措施和安全用药

输血疗法最有效，对急性病猫更佳，但应选择在早期，每隔 2 ～ 3 天输给全血 30 ～ 80 毫升。口服四环素 35 ～ 110 毫克 / 千克体重，或土霉素 35 ～ 44 毫克 / 千克体重，每天分 2 次投服，连用 10 ～ 20 天。对四环素有抗性的可选用甲硝唑，剂量为 40 毫克 / 千克体重，连用 21 天。

七、恶丝虫病

恶丝虫病又称心丝虫病，是由恶丝虫的成虫寄生于犬、猫的右心室和肺动脉所引起的一种疾病。临床上以循环障碍、呼吸困难、贫血、猝死等为特征。

（一）发病原因

病原为丝虫科恶丝属和丝状线虫科双三齿属的犬恶丝虫（图 3-6），蚤、蚊或库蚊作为中间宿主，当带有感染性幼虫的蚤、蚊吸食健康犬、猫血时而被感染。成虫主要在肺动脉和右心室中寄生（图 3-7），严重感染时，也可发现于右心房、前腔静脉、后腔静脉和肺动脉。感染季节一般为蚊最活跃的 6 ～ 10 月，感染高峰期是 7 ～ 9 月。感染率与年龄成正相关，年龄越大感染率越高。饲养在室外的犬、猫感染率高于饲养于室内的犬、猫。

（二）临床症状

犬主要症状为咳嗽、训练耐力下降、体重减轻。患犬出现精神不振、食欲不佳，运动时咳嗽加重等。随后出现心悸、脉细弱、心内杂音、呼吸困难、体温升高、腹围增大等。肝区触诊疼痛、肝大。后期右心衰竭导致腹水，出现持续性咳嗽，甚至咯血，贫血明显，终因全身逐渐消瘦衰竭而死亡。患恶丝虫的犬常伴发结节性皮肤病（化脓性肉芽肿炎症），以皮肤瘙痒和结节常破溃为特征，在结节周围的血管内常有微丝蚴。由于虫体的寄生活动和分泌物的刺激，患犬常出现心内膜炎和增生性动脉炎，此外虫体还可以引起肺动脉栓塞（图 3-8）。X 射线检查右肺动脉增大（图 3-9），血液涂片检查发现恶丝虫成虫（图 3-10）。

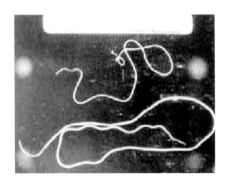

图 3-6 犬恶丝虫

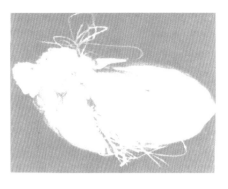

图 3-7 右心室中寄生的成虫

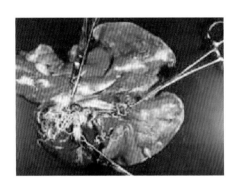

图 3-8 肺动脉栓塞

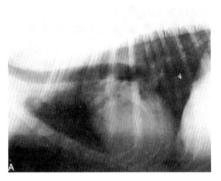

图 3-9 右肺动脉增大

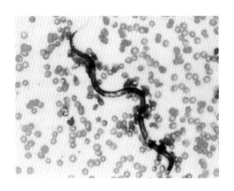

图 3-10 血液涂片中恶丝虫成虫

猫最常见的症状为食欲减退、嗜睡、咳嗽、呼吸困难和呕吐。其他症状为体重下降和猝死，右心衰竭和腔静脉综合征在猫少见。

（三）病理变化

可见心脏肥大、右心室扩张、瓣膜病、心内膜肥厚等，右心室中发现恶丝虫成虫（图 3-11）。肺脏贫血，扩张不全及肝变，肺动脉内膜炎。肝脏有肝硬变及肉豆蔻肝。肾脏实质和间质均有炎症。后期为全身贫血，各器官发生萎缩。

（四）类症鉴别

1. 右心衰竭

表现静脉怒张，四肢水肿，体腔积液，心音减弱，心内杂音和心律失常。

图 3-11　右心室中恶丝虫成虫

2. 日本血吸虫病

由日本血吸虫寄生于门静脉和肠系膜静脉内而引起，主要发生于长江流域。临床上主要表现咳嗽和类似支气管肺炎的症状，里急后重，排黏液血便，贫血，消瘦，白蛋白减少，粪便检查发现虫卵或毛蚴。

3. 犬类丝虫病

由类丝虫寄生于气管、支气管和肺引起，呈慢性经过。临床上以顽固性咳嗽为特征，气管、支气管黏膜或肺脏有寄生虫结节，显微镜检查痰液及粪便中发现类丝虫幼虫。

（五）预防措施和安全用药

1. 预防措施

首先要杀灭中间宿主，消灭周围环境中的蚤、蚊等，防止犬、猫被蚊虫叮咬。在蚊子活动的季节（5～10月），可以使用药物进行预防，如乙胺嗪 2.5～3 毫克/千克，每天或隔天给药；左旋咪唑 10 毫克/千克，每天分 3 次内服，连用 5 天为 1 个疗程，隔 2 个月重复用药 1 次；伊维菌素 0.06 毫克/千克，每月 1 次，皮下注射。另外，对流行地区的犬、猫，应定期进行血检，有微丝蚴的应及时治疗。

2. 安全用药

驱除成虫、微丝蚴所用的药物各有不同。

驱成虫：硫胂酰胺钠 2.2 毫克/千克，缓慢静脉注射，每天 2 次，间隔 6～8 小时，连用 2 天，肝、肾功能不全的犬禁用，中毒时可用二巯基丙醇解救。菲拉松辛 1 毫克/千克，口服，每天 3 次，连用 10 天。乙胺嗪（海群生）22 毫克/千克，口服，每天 3 次，连用 14 天。

驱微丝蚴：驱杀成虫和微丝蚴之间应隔 6 周时间。碘化噻唑青胺 6～11 毫克/千克，内服，每日 1 次，连用 7 天。如果微丝蚴检查仍为阳性，则可增大剂量到 13.2～15.4 毫克/千克，直至微丝蚴检查呈阴性。左旋咪唑 11 毫克/千克，内服，每天 1 次，连用 7～14 天。治疗后第 7 天开始进行血液检查，当血液中微丝蚴转为阴性时停止用药。伊维菌素 0.05～0.1 毫克/千克，一次皮下注射。柯利犬（学名苏格兰牧羊犬）及有柯利犬血统的犬禁止使用。

此外，根据病情对症治疗。当发生肺病变时，一次肌内注射泼尼松 30 毫克，接着每天注射抗生素。当有肝症状时，应进行保肝治疗。为防止猝死，在治疗期间必须限制病犬运动。对虫体寄生较多、肺动脉内膜病变严重、肝肾功能不良的病例，要及时采取手术疗法，切开右心室、肺动脉，摘除虫体。

八、巴贝斯虫病

巴贝斯虫病是由巴贝斯科巴贝斯属的原虫寄生于红细胞内而引起的血液寄生虫病。临床上以严重贫血、黄疸和血红蛋白尿为主要特征。

（一）发病原因

巴贝斯虫有 2 种，即犬巴贝斯虫和吉氏巴贝斯虫。犬巴贝斯虫的虫体较大，多呈双梨形状排列，两虫的尖端锐角相连（图 3-12）。吉氏巴贝斯虫虫体很小，多位于红细胞边缘或偏中央，多呈环形、卵圆形、小杆形等，呈梨子状的很少。巴贝斯虫的传播媒介是蜱，当稚蜱或成蜱吸血时，将巴贝斯虫随唾液进到犬、猫体内而感染。

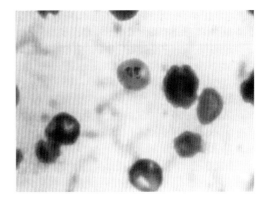

图 3-12　巴贝斯虫

（二）临床症状

犬巴贝斯虫引起的多呈急性经过，首先表现体温升高，在 2～3 天内可达 40℃以上。可视黏膜苍白、黄染。心悸亢进，脉搏加快，呼吸困难。有些病犬脾脏肿大可以触及。食欲废绝，呕吐，有时出现腹泻。行走困难，最后几乎完全不能站立。

由吉氏巴贝斯虫引起的多呈慢性经过，病初精神沉郁，喜卧，四肢无力，身躯摇摆，发热，呈不规则间歇热，体温在 40～41℃，食欲减退或废绝，营养不良，明显消瘦。出现渐进性贫血，结膜苍白、黄染。触诊脾大，常见有化脓性结膜炎。从口、鼻流出具有不良气味的液体。尿呈黄色至暗褐色，如酱油样，少数有血红蛋白尿。粪便往往混有血液，部分病犬呕吐。常在病犬皮肤上，如耳根部、前臂内侧、股内侧、腹底部等皮肤薄、被毛少的部位找到蜱。

（三）病理变化

除最急性不见病理变化外，其他可见肝、肾和骨髓充血；脾脏高度肿胀，脾髓呈暗蓝红色，坚实或中度软化，胃肠黏膜苍白，或者部分区域里轻度潮红和水肿，胆囊含有大量浓缩的黑绿色略呈屑粒状的胆汁。膀胱常有含血红蛋白的尿液，各处淋巴结肿胀，心外膜和心内膜下常有点状出血，各组织均呈黄疸。慢性病例除不见黄疸外，还有高度贫血的病变，体腔中聚有浆液。

（四）类症鉴别

1. 溶血性贫血

主要表现贫血，黄疸，肝脾肿大，血红蛋白尿。血检红细胞形态及大小正常，但数量和压积容量减少，网织红细胞增多，游离血红蛋白增多，黄疸指数升高，尿胆红素阳性。

2. 洋葱中毒

有采食洋葱或大葱的病史，表现可视黏膜苍白、黄染，呕吐和腹泻，排红色或红棕色血红蛋白尿，体温正常或降低。红细胞内或边缘上有海因茨小体。

3. 钩端螺旋体病

由钩端螺旋体引起，多发生于夏秋季节，主要表现发热、呕吐、黄疸、血红蛋白尿、出血性素质、流产、皮肤黏膜坏死、水肿和肾炎等。

（五）预防措施和安全用药

1. 预防措施

首先保持犬舍清洁，做好防蜱灭蜱工作，根据蜱的活动规律进行有计划的灭蜱工作，消灭犬体、犬舍及运动场上的蜱。引进犬的时候要在非蜱流行季节进行，尽可能不从流行地区引进犬。

2. 安全用药

阿卡普林（硫酸喹啉脲）0.25毫克/千克，皮下或肌内注射，有时需隔天重复注射1次；咪唑苯脲5毫克/千克，配成10%溶液皮下注射或肌内注射；贝尼尔（三氮脒、血虫净）3.5毫克/千克，配成1%溶液皮下或肌内注射，每天1次，连续2天。另外，黄色素、四环素、磺胺类药物也有一定疗效。在应用特效药治疗的同时，应针对病情进行对症和辅助治疗，如注射强心剂、葡萄糖溶液、维生素C等，贫血严重者可进行输血治疗。

九、心肌病

心肌病是指以心脏病变为特征的一类心脏疾病，临床上以心脏收缩功能障碍、心输出血量减少、静脉回流障碍为特征。可分为扩张型、肥厚型和限制型3种类型，犬主要发生前两种。扩张型心肌病以心室扩张为特征，并伴有心室收缩功能减退、充血性心力衰竭和心律失常，主要发生在中型犬，中年犬（4～8岁）多发，雄犬发病率几乎是雌犬的2倍。肥厚型心肌病是以左心室中隔与左心室游离壁不相称肥大为特征，以左心室舒张障碍、充盈不足或血液流出通道受阻为病理生理学基础的一种慢性心肌病。限制型心肌病是以心内膜弹力纤维弥漫性增生、变厚为特征，并以抑制正常心脏收缩和舒张为基础的一种慢性心肌病。

（一）发病原因

扩张型心肌病：确切病因尚不清楚。有人提出其病因包括病毒性感染、微血管反应性增加、营养缺乏、免疫介导、心肌毒素和遗传缺陷或几种疾病共同作用等。

肥厚型心肌病：研究表明，导盲犬左心室流出通道阻塞和左心室肥大具有遗传性，即多基因或常染色体隐性遗传。猫肥大型心肌病的病因可能是遗传性的，有些品种如缅因猫、波斯猫、布偶猫及英国短毛猫等发病率高。

限制型心肌病：猫患本病具有家族遗传性倾向，但遗传类型尚未最后确定，多数学者认为属常染色体隐性遗传，也有认为属常染色体显性遗传。

（二）临床症状

扩张型心肌病：常表现不同程度的左心或左、右心衰竭的体征。精神委顿、虚弱、体重减轻和腹部膨胀。临床检查可见咳嗽、呼吸困难、晕厥、食欲减退、烦渴和腹水。心区触诊可感心搏动加快且节律失常，听诊可听见奔马调，左房室瓣有微弱或中度的收缩期杂音。伴有左心衰竭和肺水肿的犬听诊可听到啰音、捻发音和肺泡音增强，多数伴有右心衰竭犬可见颈静脉扩张、搏动，肝肿大和腹水。左右心衰竭时，胸腔积液而掩盖了心音和肺音，动脉脉搏减弱而不规则，体重减轻、肌肉萎缩。但外周水肿并不常见。

肥厚型心肌病：临床表现精神委顿、食欲废绝，胸壁触诊有强盛的心搏动，有些显示过度疲劳、呼吸急促、咳嗽、晕厥或突然死亡。心区听诊有心内杂音、奔马调和心律失常，肺部听诊有广泛分布的捻发音或大小水泡音。这些杂音在运动、兴奋、应用增加心收缩力药物时可明显加强。肺部叩诊呈浊鼓音。

限制性心肌病：表现呼吸困难、结膜发绀、肺瘀血和水肿、胸腹腔积液等心力衰竭的体征。心区听诊可发现心内杂音、奔马调、节律失常等。心电图检查可发现期前收缩、房颤、心动迟缓、传导阻滞等。胸部 X 射线和心血管造影显示胸腔积液、肺水肿、左心房扩张增大、左心室腔窄小且充盈不足等。

（三）类症鉴别

1. 左心衰竭

表现高度呼吸困难，黏膜发绀，两侧鼻孔流出泡沫样的鼻液，胸部听诊有广泛湿啰音。

2. 心内膜炎

心悸亢进，心律不齐，胸壁出现震动，心浊音区扩大，心搏动增数，脉搏增快，多出现间歇脉，第一心音微弱、混浊，第二心音几乎消失，第一心音与第二心音往往融合为一个心音，可听到心内杂音。

3. 心肌炎

常继发于传染病，表现脉搏疾速，心跳加快，心音高亢，第一心音增强，有收缩期心杂音。心电图检查 T 波降低或倒置，X 射线检查心影扩大，血清学检查天冬氨酸转氨酶、肌酸激酶和乳酸脱氢酶活性升高。

4. 硒缺乏病

呈地方性流行，病变主要限于心肌，心脏增大明显且长期存在，多呈慢性经过，心肌以变性、坏死及瘢痕等病变为主。

（四）预防措施和安全用药

1. 扩张型心肌病

治疗原则为减轻心脏负荷，矫正心律失常，增强心脏功能，增加血流灌注，解除充血性心力衰竭。强制实施严格的休息，饲喂低钠食物，补充维生素和矿物质。增强心肌收缩力可用地高辛、洋地黄毒苷、多巴酚丁胺或氨联吡啶酮。肾脏损伤的犬，推荐用洋地黄毒苷。多巴酚丁胺只能用于有明显窦性节律的患犬，不能用于心房纤颤的患犬。利尿用呋塞米、噻嗪类。扩张血管用甲巯丙脯酸 0.5 ～ 2.0 毫克 / 千克体重，口服，每天 2 ～ 3 次；肼屈嗪 0.5 ～ 2.0 毫克 / 千克体重，口服，每天 2 ～ 3 次；哌噻嗪 1 毫克 / 千克体重，口服，每天 3 次。

2. 肥厚型心肌病

原则为改善舒张期充盈，减轻充血症状，减少或消除阻塞成分，控制心律失常和防止突然死亡。尚无根治方法，且预后不良。可选用 β- 肾上腺素能受体阻滞剂如普萘洛尔，也可应用钙离子通道阻滞剂如维拉帕米。

3. 限制型心肌病

本病目前尚无根治方法。心力衰竭时，可用洋地黄、呋塞米等强心和利尿药实施对症急救。

十、心力衰竭

心力衰竭又称心脏衰竭、心功能不全，是指由于心肌收缩力减弱，心脏排血量减少，动脉系统供血不足，静脉回流受阻而呈现全身血液循环障碍的一种临床综合征。临床上以皮下水肿、呼吸困难、黏膜发绀、浅表静脉过度充盈，乃至心搏骤停和突然死亡为特征。心力衰竭可分为左心衰竭和右心衰竭。按病程分急性和慢性两种，慢性心力衰竭又称充血性心力衰竭。

（一）发病原因

1. 急性心力衰竭

心脏负荷过重，如运动量过大和不当、主动脉瓣狭窄、肺气肿、肺炎等。心肌突然遭受剧烈刺激，如雷击，触电，刺激性药物（如钙制剂和砷制剂等）静脉注射速度过快、用量过大或输液过快、过量等。心肌发生病变，如各种病毒（犬瘟热病毒、犬细小病毒）、寄生虫（犬恶丝虫、弓形虫）、细菌等引起的心肌炎；由硒、铜、维生素 B_1 等缺乏引起的心肌变性；由有毒物质（如铅等）中毒引起的心肌病；由冠状动脉血栓引起的心肌梗死等。

2. 慢性心力衰竭

常继发于心包疾病（心包炎、心包阻塞）、心肌疾病（心肌炎、心肌变性、遗传性心肌病）、心脏瓣膜疾病（慢性心内膜炎、瓣膜破裂、先天性心脏缺陷）、高血压（肺动脉高血压、高山病、心肺病）等心血管疾病等。

（二）临床症状

1. 急性心力衰竭

病犬表现高度的呼吸困难，脉搏增数、细弱而不整。病犬不爱活动，黏膜发绀（图3-13），静脉怒张。意识不清，突然倒地痉挛，体温下降。多并发肺水肿，胸部听诊有广泛的湿啰音，两侧鼻孔流出泡沫样的鼻液。

图3-13 舌黏膜发绀

2. 慢性心力衰竭

病情发展缓慢，病程持久，常可持续数月或数年。病犬精神沉郁、不愿运动，稍加运动，即疲劳，呼吸困难。可视黏膜发绀，体表静脉怒张。四肢末梢常发对称性水肿，触诊呈捏粉样，无热无痛。脉搏细数，心脏听诊，心音减弱，往往出现心内杂音和心律失常。左心衰竭时，主要表现肺循环障碍，呼吸数显著增加，胸部听诊可闻肺泡音粗粝，且常出现干啰音或湿啰音。右心衰竭时，主征是体循环障碍，常常发生体腔积液，并经常出现各实质器官（胃、肠、脾、胰、肝、肾、脑等）瘀血症状。

（三）病理变化

左心衰竭时，剖检可见左心腔扩张，充血或有血液凝块，心壁柔软、脆弱。肺脏的体积稍增大，质量增加，色泽加深呈红褐色。肺胸膜湿润而有光泽，用手触之可留有指压痕。肺间质增宽，切面湿润，富含血液，从支气管和细支气管断端流出许多泡沫状液体，支气管内亦充积多量泡沫状液体。右心衰竭时，右心扩张、充血和有血凝块，心壁变薄，心肌实质变性，大循环静脉系统明显瘀血。肝、脾、肾、胃肠及脑等器官瘀血和水肿。肝脏肿大，实质变性，病程较久者，肝实质尚可见纤维化，进而发展为肝硬变。胃肠壁和肠系膜明显瘀血，严重时可导致瘀血性卡他。肾脏瘀血，间质水肿，肾小球毛细血管的通透性增高，肾小管和尿中可出现蛋白质和管型。脑瘀血、水肿，神经细胞呈不同程度的变性，严重时还可见脑膜和脑实质小点状出血。

（四）类症鉴别

1. 中暑

有中暑病史，多在盛夏剧烈运动或环境闷热或车船运输过程中发病，体温显著升高，常在 42℃ 以上。

2. 肺充血及肺水肿

有广泛的湿啰音，流细小泡沫样的鼻液，而心音和脉搏的变化比较轻微。

3. 肾炎

由感染性和中毒性因素引起，表现体温升高，呕吐，肾区敏感，触诊肾脏肿大、疼痛，背腰拱起，步态强拘，尿频，少尿或多尿，血尿，第二心音增强，眼睑、胸腹下水肿，尿毒症。尿液中有多量肾上皮细胞、管型及少量红细胞和白细胞。

4. 营养不良性贫血

发展慢，表现消瘦，黏膜苍白，心搏加快，呼吸困难等。血液检验缺铁性贫血时，红细胞大小不均、红细胞淡染，平均红细胞体积（MCV）、平均红细胞血红蛋白量（MCH）均低于正常。维生素 B_{12} 和叶酸缺乏时，平均红细胞体积大于正常，中性分叶核粒细胞增多。

5. 腹膜炎

由于炎症或刺激引起，主要表现体温升高，呕吐，剧烈持续性腹痛，腹壁紧张，呈弓背姿势，腹腔积液。腹腔穿刺，穿刺液相对密度大，李凡他试验反应阳性。

6. 肝硬化

发生缓慢，呈慢性消化不良，视黏膜黄染，有腹水及皮下水肿。

7. 亚硝酸盐中毒

呼吸困难，病犬极为痛苦。心搏动快而弱，体温低于正常，肌肉软弱，共济失调。可视黏膜发绀（图 3-14）。

图 3-14 眼黏膜发绀

8. 安妥中毒

有误食毒饵或污染食物的病史，表现呕吐，呼吸困难，体温偏低，流带血泡沫状鼻液，咳嗽，肺部听诊有湿啰音，肺部叩诊呈浊音。病理变化表现肺水肿及胸膜渗出。安妥毒物分析阳性。

（五）预防措施和安全用药

1. 预防措施

平时加强饲养管理，提高适应能力，防止过劳。按时接种疫苗和驱虫，严防对犬、猫危害较大的传染病、寄生虫病等发生。在输液或静脉注射刺激性较强的药物时，应掌握注射速度剂量。对于其它疾病引起的继发性心力衰竭，应及时根治其原发病。

2. 安全用药

治疗原则为加强护理，减轻心脏负担，缓解呼吸困难，增强心肌收缩力和排血量以及对症治疗等。

对于急性心力衰竭，可因缺氧和心源性休克而死亡，故应争分夺秒，采取积极措施进行抢救。用鼻导管给氧，氧流量 4～6 升 / 分，最好用鼻罩加压给氧。静脉穿刺放血 250～500 毫升，或静脉注射速尿 10～20 毫克或利尿酸钠 10～20 毫克，可减轻前负荷。强心可静脉注射多巴酚丁胺 200 毫克或毒毛旋花子苷 K0.3 毫克。扩张血管可选用酚妥拉明 5～10 毫克或硝普钠 5～10 毫克，加入 10% 葡萄糖溶液 200 毫升中静脉注射。氢化可的松 5～20 毫克，加于 10% 葡萄糖溶液 50～100 毫升中，静脉注射，能改善心肌代谢。

对于慢性心力衰竭，首先应安静休息，饲喂易消化饮食，少量多次，避免过饱，适当地限制钠盐摄入。限制活动，必要时服镇静药，如安定 10～20 毫克，每天 3 次；或苯巴比妥 100～200 毫克，每天 3 次。为消除水肿，应给予利尿剂，如双氢克尿噻 25～50 毫克，内服；或速尿按每千克体重 2～3 毫克内服，或每千克体重 0.5～1.0 毫克肌内注射，1～2 次 / 天，连用 3～4 天。同时注意及时补钾，防止电解质紊乱。为增强心肌收缩力，用洋地黄毒苷 0.006～0.012 毫克 / 千克体重（全效量），溶于 10～50 毫升 25% 葡萄糖溶液中，缓慢静脉注射，以后用全效量的 1/10 维持。对严重的急性心力衰竭，为慎重起见，宜注射全效量的 1/3 或 1/2，如第一次注射无效，于 24 小时后再注射剩余量，否则，在 36 小时之后方可重复注射。或毒毛旋花子苷 K0.2～1 毫克溶于 10～50 毫升 25% 葡萄糖溶液中静脉注射，为慎重起见，最好将全量分 2～3 次注射。亦可选用安钠咖。严重的急性心力衰竭，在发生肺水肿时，可用 0.1% 异丙肾上腺素 0.2～0.4 毫克，溶于 10～30 毫升 25% 葡萄糖液，缓慢静脉注射。同时用三磷酸腺苷、辅酶 A、细胞色素 c、复方氨基酸、维生素 B 等能量制剂作辅助治疗，以增强心肌营养，改善心肌代谢。

十一、贫血

贫血是指单位容积血液中红细胞数、红细胞压积及血红蛋白含量低于正常值的临床综合征。按病因分为溶血性贫血、出血性贫血、营养不良性贫血及再生障碍性贫血。溶血性贫血是因红细胞破坏过多，超过正常的造血补偿而发生的贫血。临床上以黄疸、肝脏和脾脏肿大为特征。出血性贫血是由红细胞和血红蛋白丢失过多引起的贫血，包括急性失血性贫血和慢性失血性贫血。营养不良性贫血是指机体营养物质摄入不足或消化吸收不良而引起的贫血。再生障碍性贫血是指骨髓造血功能障碍所致的贫血，临床上以血液中红细胞、白细胞和血小板同时减少为特征。

（一）发病原因

1. 溶血性贫血

见于某些感染性疾病（如巴贝斯虫、锥虫、巴尔通体、钩端螺旋体、产气荚膜梭菌、溶血性链球菌感染等）；中毒性疾病（如铅、铜等重金属中毒，苯酚、萘、酚、磺胺、噻嗪类等药物中毒，蛇毒中毒及犬洋葱及大葱中毒等）；免疫性因素（如新生仔犬溶血病、药物免疫性溶血、自身免疫性溶血、异型输血等）；其他因素（如发热、丙酮酸激酶缺乏、先天性溶血性贫血、猫先天性卟啉症等）。

2. 出血性贫血

（1）急性出血　见于外伤出血、内脏器官（如肝、脾）破裂、术后大出血、产后大出血；赘生物或感染所产生的血管糜烂或血凝不全（如香豆素类杀鼠剂中毒、黄曲霉毒素中毒等）；或特发性血小板减少性血斑病及脾脏功能亢进等造成的急性大出血。

（2）慢性出血　见于胃溃疡、胃肠道寄生虫、肾或膀胱结石、腹腔肿瘤、肺脏和泌尿生殖器官炎症等。

3. 营养不良性贫血

主要由某些代谢物质缺乏和营养不足所致。常见的有微量元素缺乏，如铁、铜、钴缺乏，尤其是缺铁性贫血最为常见。维生素缺乏，如叶酸、烟酸、维生素 B_6 和维生素 B_{12} 缺乏等。血浆蛋白缺乏，如蛋白质摄入不足或长期丧失，出血、蛋白尿等使血浆蛋白含量降低等。

4. 再生障碍性贫血

常见于中毒，如铅、砷、铋、苯、三氯乙烯以及有机氯和有机磷农药等中毒；放射性损伤，如过量 X 射线照射、电离辐射等；长期使用某些药物，如长期大剂量使用氯霉素、环磷酰胺、磺胺类药物等；某些疾病，如慢性间质性肾炎和某些病毒病（如猫泛白细胞减少症、白血病病毒感染、犬立克次体感染）及造血器官肿瘤等。

（二）临床症状

1. 溶血性贫血

主要症状是黄疸，肝脾肿大，血红蛋白尿或胆红素尿。通常表现为精神不振，无力，食欲不振甚至废绝，体重减轻，黏膜苍白、黄染（图 3-15）。犬体温升高而猫无明显变化。粪便颜色橘黄，偶有腹泻。犬大多出现黄疸，猫仅为 18%。严重时心率加快，呼吸困难，极不耐运动，出现血红蛋白尿。病猫晚期因疼痛而惨叫，体温降低。血检红细胞形态及大小正常，但数量和压积容量减少，网织红细胞增多，血中游离血红蛋白量增多，黄疸指数升高。尿中可见大量胆红素，粪便因胆红素代谢增强而变黄。

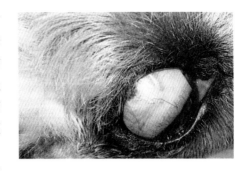

图 3-15　眼结膜、巩膜苍白、黄染

2. 出血性贫血

急性出血性贫血，犬、猫表现心跳加速，衰弱无力，运步不稳，心跳加快，心音高亢，严重者可听到收缩期杂音，呼吸急促，血压下降，可视黏膜苍白，四肢厥冷，肌肉震颤，后期嗜睡，进而出现休克症状，如果治疗不及时，则发生死亡。慢性出血性贫血发病缓慢，一般表现精神不振，可视黏膜苍白，血压降低，脉搏快而弱，呼吸快而浅表，心音低而弱，日趋消瘦，嗜睡，后期常伴胸腹下及四肢末端浮肿及体腔积水等。血液检验，血红蛋白含量降低，血沉加快，红细胞总数减少，压积容量降低，网织红细胞比例上升，表现为低色素性贫血。

3. 营养不良性贫血

症状基本同于慢性出血性贫血，但发展速度更慢。一般表现为精神不振，营养不良，逐渐消瘦，被毛粗乱，虚弱无力，黏膜苍白（图 3-16、图 3-17），心搏动加快，呼吸困难等。幼龄犬、猫可导致发育迟缓，精神萎靡，食欲不振。心脏检查可发现心脏肥大，严重时可闻贫血性杂音。

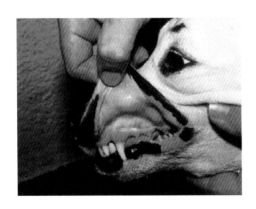

图 3-16　口黏膜苍白

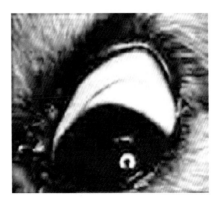

图 3-17　眼结膜、巩膜苍白

4. 再生障碍性贫血

再生障碍性贫血的临床症状发展缓慢，表现可视黏膜苍白，并出现周期性出血。机体衰竭，易于疲劳，气喘，心动过速。当发生感染时，则体温升高。血象变化明显，红细胞数和血红蛋白含量降低，粒细胞和血小板均显著减少，外周血液中网织红细胞消失。猫泛白细胞减少症还可见淋巴结肿大。如为中毒性再生障碍性贫血，除可见黏膜苍白外，还可见出血斑。

（三）类症鉴别

1. 猫泛白细胞减少症

由猫细小病毒感染引起，主要发生于 1 岁以下的幼猫，冬末至春季多发，发病急，流行迅速而广泛。主要表现突发高热、双相热型、顽固性呕吐、白细胞严重减少、淋巴结肿大、贫血和排水样血便，母猫流产、死胎。长骨的红髓变为液状或半液状。

2. 猫白血病

由猫白血病病毒和猫肉瘤病毒引起，临床上以恶性淋巴肿瘤、骨髓性白血病、变性性胸腺萎缩、非再生性贫血和免疫抑制等为特征。表现持续性腹泻，全身淋巴结肿大，X 射线或 B 超检查胸腺出现病理性萎缩，血液淋巴细胞减少。

（四）预防措施和安全用药

1. 溶血性贫血

治疗原则为去除病因，加强护理，输血和补充造血物质。若为原虫感染，给予杀虫药，如为巴贝斯虫感染，可用贝尼尔（12 毫克 / 千克体重，分 2 次肌内注射）；中毒性疾病，排出毒物并给予解毒处理；感染因素引起的控制感染。对遗传性红细胞膜异常，可进行脾切除。溶血严重者可进行输血治疗。对自身免疫性溶血性贫血应给予免疫抑制物质，如应用泼尼松注射液，最初 5 ～ 10 天，按 2 毫克 /（千克•日），肌内注射，以后维持量为 1 毫克 / 千克，不见效者，应施行脾脏切除。也可肌内或静脉注射泼尼松或地塞米松。

2. 出血性贫血

治疗原则为制止出血，恢复血容量。对急性出血可用绷带结扎，填充法或药物止血。如组织内小血管出血，可在出血部位喷洒血管收缩剂（如肾上腺素），或全身应用止血药（如肌内注射安络血或止血敏或维生素 K_3 注射液），亦可静脉注射 10% 氯化钙溶液等。同时，针对原发病治疗各器官慢性炎症、溃疡或赘生物，如驱虫、消炎或摘除赘生物等。对出血严重者，可输给血液或血液代用品，如葡聚糖、乳酸林格液、复方氨基酸或右旋糖酐等。

3. 营养不良性贫血

治疗原则为加强饲养，补充造血物质。刺激红细胞生成可用康力龙，犬 1 ～ 4 毫

克 / 次，口服，每日 2 次；猫 1 ～ 2 毫克 / 次，口服，每日 2 次。促红细胞生长素，犬 100 IU/ 千克体重，隔日一次，皮下注射，连用 10 天。羟甲烯龙 1 毫克 / 千克体重，口服，每日 1 ～ 2 次。对维生素缺乏病例，可口服或肌注维生素制剂或多喂富含维生素的饲料，复合维生素 B 1 ～ 2 毫升 / 次，每日 1 次。如维生素 B_{12} 缺乏可多喂动物肝脏或注射维生素 B_{12}（0.1 ～ 0.2 毫克 / 次，每日 1 次）。叶酸缺乏可口服或注射叶酸制剂，犬 5 ～ 10 毫克 / 次、猫 1 ～ 2 毫克 / 次，每日 1 次。铁缺乏病例，可肌内注射 25% 的葡聚糖铁溶液 0.2 ～ 1 毫克 / 次，每日 1 次，或内服葡聚糖铁 50 毫克 / 次，每日 2 ～ 3 次，或内服硫酸亚铁犬 100 ～ 300 毫克、猫 50 ～ 100 毫克，每日 1 次。焦磷酸铁 100 ～ 300 毫克，口服，每日 1 次。钴缺乏可注射或内服葡聚糖铁钴溶液，1 ～ 2 毫升 / 次，每 2 天一次，或硫酸亚铁 2500 毫克、氯化钴 2500 毫克、硫酸铜 1000 毫克，常水加至 1000 毫升，混于饲料或饮水中，按每日 5 毫升 / 千克给予。同时，加强营养及管理，给予全价饲料，以提高机体抵抗力。

4. 再生障碍性贫血

治疗原则为加强饲养，消除病因，提高造血功能，补充血液量。首先更换环境，杜绝接触毒物，停用可引起中毒的药物。为提高造血功能，可应用睾酮类及合成蛋白同化类固醇。如肌内或静脉注射丙酸睾酮溶液 20 ～ 50 毫克 / 次，每 2 ～ 3 天 1 次。亦可隔日一次口服氟羟甲睾酮氯化钴 0.5 ～ 2 毫克 / 千克体重。甲基睾酮或苯丙酸诺龙，肌内注射，每 2 ～ 3 天 1 次，合并注射司坦唑醇 1 ～ 4 毫克，效果更佳。输血有一定疗效，有感染时可选用广谱抗生素。

十二、出血性疾病

出血性疾病是指因止血机制异常引起自发性出血或外伤后出血不止的临床征象。常见的有血小板减少症和凝血因子缺乏症。血小板减少症是由血小板数量减少导致机体止血不良和出血而引起的疾病。临床上主要以皮肤、黏膜广泛出现瘀血点、瘀血斑为主要特征。多发生于成年犬，尤以母犬发病率较高。凝血因子缺乏症是由血浆中某种凝血因子缺乏造成血液凝固障碍的疾病，临床上以出血不止为主要特征，犬发病率高于猫。

（一）发病原因

1. 血小板减少症

血小板生成障碍常见再生障碍性贫血。血小板破坏或消耗增多，如病毒（猫白血病病毒、犬瘟热病毒、冠状病毒、细小病毒、疱疹病毒等）、细菌（立克次体、钩端螺旋体、沙门菌等）、原虫（利什曼原虫、巴贝斯虫、恶丝虫等）、真菌（白色念珠菌、荚膜组织胞浆菌等）、药物（激素、抗癌药物、抗生素等）。脾大、脾切除、急性重型肝炎等也可引起。

2.凝血因子缺乏症

主要有遗传性凝血因子缺乏和获得性凝血因子缺乏两种，遗传性凝血因子缺乏以血友病临床上最多见。获得性凝血因子缺乏主要继发于肝脏疾病和维生素 K 缺乏。小动物维生素 K 缺乏通常由摄入维生素 K 拮抗剂（灭鼠剂）引起。

（二）临床症状

1.血小板减少症

自发性出血和轻微外伤后出血时间延长是本病的主要特征。轻症者，在皮肤和黏膜上出现瘀血点和瘀血斑（图 3-18），有的腹部、腹内侧、四肢等皮下出血、瘀血（图 3-19、图 3-20）。严重者，天然孔和内脏出血，包括鼻出血、齿龈出血、胃肠出血、尿道出血、腹部或耳郭、胃肠的瘀血等（图 3-21～图 3-24）。患犬呕吐，呕吐物咖啡色（图 3-25）。凝固缓慢，常伴有血尿，排黑色煤焦油样粪便（图 3-26）。由于持续出血，可导致贫血，黏膜苍白。实验室检查，血小板明显减少，血小板聚集功能异常，出血时间延长，血块回缩不良。

图 3-18　皮肤出血性瘀血斑

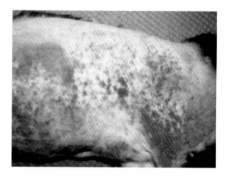
图 3-19　皮肤广泛出血

图 3-20　后肢皮肤出血

图 3-21　鼻出血

图 3-22　眼前房积血

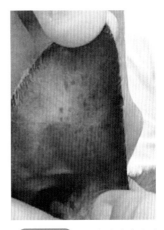

图 3-23　耳郭有出血斑点

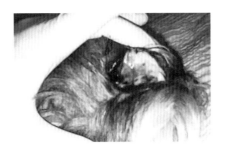

图 3-24　齿龈出血

图 3-25　呕吐物咖啡色

图 3-26　排黑色煤焦油样粪便

2. 凝血因子缺乏症

患病犬、猫有轻度、中度和重度出血倾向，常见的是黏膜出血、血肿形成、体腔出血等。轻微撞击、肌内注射即可引起皮下血肿，幼犬换牙也可导致齿龈出血，去势术等外伤常出血过量甚至出血不止而死亡。实验室检查，凝血因子缺乏，但出血时间、血小板数和血块收缩则正常。

（三）类症鉴别

1. 钩端螺旋体病

由钩端螺旋体引起，多发生于夏秋季节，主要表现发热、呕吐、黄疸、血红蛋白尿、出血性素质、流产、皮肤黏膜坏死、水肿和肾炎等。

2. 砷中毒

表现呕吐，流涎，黏膜充血、肿胀、出血、脱落，腹痛，出血性下痢，血尿，兴奋不安，肢体麻痹，运动失调，心律不齐，瞳孔散大。

3. 维生素 C 缺乏症

生长缓慢，体重下降，心动过速，黏膜和皮肤出血，粪便及尿液中常混有血液。齿龈紫红、肿胀、光滑而脆弱，常继发感染，形成溃疡，四肢疼痛，长骨骨骺端肿胀。

4. 抗凝血杀鼠药中毒

有误食抗凝血杀鼠药的毒饵或死鼠的病史，表现可视黏膜苍白、出血，呼吸困难，鼻出血和便血，跛行，血液凝固不良。毒物分析检查到抗凝血杀鼠药。

（四）预防措施和安全用药

1. 血小板减少症

首先去除致病因素，禁用降低血小板功能的药物（如阿司匹林、保泰松等），对疑似遗传性血小板减少症，在选种时加以监测，杜绝患病后代的产生。肾上腺皮质激素类药物对本病治疗有效，可选用泼尼松龙 2 毫克 / 千克，每天 2 次口服。血小板接近正常后可逐渐减量，以 0.5 毫克 / 千克剂量，通常需维持 3 ～ 6 个月。此外应用促血小板生成药物，如辅酶 A、三磷酸腺苷、利血平、核苷酸、肌苷、叶酸、维生素 B 族、丙酸睾丸酮等。有严重出血时，可用输血疗法。必要时进行脾切除。

2. 凝血因子缺乏症

对遗传性凝血因子缺乏症主要是针对缺乏的因子进行补充。对较轻者，可输注正常犬血浆，也可用人用凝血因子浓缩剂。获得性凝血因子缺乏症应该治疗原发病，同时补充维生素 K，对于贫血严重病例需要输血治疗。

十三、休克

休克是机体受到各种致病因素的作用，引起微循环血液灌流量急剧减少、微循环障碍、组织血液灌流量不足和细胞缺氧而出现的全身反应的综合征。临床上以血压下降、脉搏细数、体表血管收缩、黏膜苍白、皮肤温度下降、尿量减少、毛细血管充盈时间延长等为特征。

（一）发病原因

临床上常见的休克病因较多，常根据原因进行分类。创伤性休克由严重创伤、骨折和挤压伤等所致。出血性休克由外伤、手术或疾病等引起的外出血和内出血所致。脱水性休克由急性胃肠炎、肠梗阻等引起大量体液丢失所致。感染性休克（中毒性休克）多由细菌、病毒等微生物感染引起，如败血症、脓毒败血症、化脓性腹膜炎、子宫积脓、大面积烧伤、外科感染创等。过敏性休克是由某些药物、血清制剂引起的一种过敏反应，如青霉素、破伤风抗毒素等。心源性休克由心脏疾病（严重心律失常、急性心肌炎、心包填塞等）引起。神经源性休克由剧烈疼痛、中枢神经系统受到抑制或损伤引起，如麻醉药使用过量或脑、脊髓外伤等。

（二）临床症状

休克初期（休克代偿期），主要表现兴奋不安，心动过速而弱，呼吸加快，皮温降低，可视黏膜苍白，无意识排尿、排便。此期时间较短，临床上往往被忽视。继兴奋之后转为休克抑制期。表现精神沉郁，食欲废绝，心动过速，脉搏细而弱，可视黏膜发绀（图3-27），四肢发凉，肌肉无力，毛细血管充盈时间延长，呼吸困难，口渴，呕吐。反应迟钝（痛觉、视觉、听觉反应完全消失），瞳孔扩大，血压下降，最后昏迷，易导致死亡。

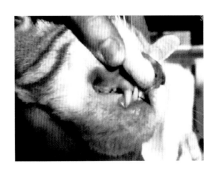

图 3-27　皮肤黏膜发绀

（三）病理变化

心脏扩张，心脏内充盈血液，毛细血管充血，肠壁瘀血、出血，全身静脉瘀血，特别是肝、脾、肾的静脉瘀血，肺水肿和瘀血，胃肠黏膜坏死。

（四）类症鉴别

1. 心力衰竭

因心肌收缩功能减退，心脏排空困难，使静脉血回流受阻而发生静脉系统瘀血，浅表大静脉过度充盈而怒张，颈静脉压和中心静脉压明显高于正常值。

2. 循环虚脱

由静脉回心血量不足，使浅表大静脉充盈不良而塌陷，颈静脉压和中心静脉压低于正常值。

（五）预防措施和安全用药

1. 预防措施

及时治疗可能引起休克的各种原发病。

2. 安全用药

治疗原则为消除病因，补充血容量，纠正酸中毒，保护重要脏器功能。

（1）消除病因　要根据休克发生的不同原因给以相应的处置，如为出血性休克，应及时止血；如为中毒性休克，要尽快消除感染源。一旦发病首先保持足够的通气和输氧，如出现呼吸困难且无意识，需气管内插管或经鼻腔内插管，采用间歇正压换气，通气量一般每小时不能低于 10～12 毫克/千克体重，呼吸频率维持在 8～12 次/分。

（2）补充血容量　可静脉注射生理盐水、5% 葡萄糖溶液、林格液、乳酸钠林格液、10% 低分子右旋糖酐溶液、血浆和白蛋白等。对出血性休克，输液量必须达出血量 2～3 倍的血容量，或按红细胞压积计算，如红细胞压积降到 25% 以下时，可按 1:4 的全血和 10% 葡萄糖溶液 12～20 毫升/千克体重静脉注射。如输林格液等晶体溶液时，均可大量、迅速地静脉输入。犬每小时可按 60～90 毫升/千克体重输入，猫每小时可按 70 毫升/千克体重输入。当血浆蛋白低于 40 克/升时，应输入血浆，或低分子右旋糖酐。如心功能不全可静脉注射异丙肾上腺素或多巴胺（每分钟 1～10 微克/千克体重）。

（3）纠正酸中毒　纠正酸中毒是治疗休克的根本，可选用 5% 碳酸氢钠溶液、乳酸钠溶液。输入碳酸氢钠量的计算方法是 0.3×体重（千克）×碱的缺乏量，并在 2 小时内输完。

（4）肾上腺皮质激素疗法　休克早期可应用肾上腺皮质激素，常用的有氢化可的松 10～20 毫克，或甲基泼尼松龙 15～30 毫克/千克体重，或地塞米松 4～8 毫克/千克体重。还可注射泼尼松龙丁二酸钠 5～10 毫克/千克体重。初次可用大剂量静脉注射，每隔 4～6 小时注射一次，注意必须与抗生素合用，尤以对感染引起的中毒性休克更为重要，如静脉滴注庆大霉素 4.5 毫克/千克体重。

十四、洋葱中毒

犬、猫采食洋葱后引起的溶血性贫血，临床上以排红色或红棕色尿液为特征，犬发病较多，猫少见。

（一）发病原因

犬、猫采食了含有洋葱或大葱的食物后可引起中毒，中毒剂量为 15～20 克/千克体重。洋葱中的有毒成分正丙基二硫化物，不易被蒸煮、烘干等加热破坏，越老的洋葱或大葱其含量越多。可使血红蛋白氧化形成海因茨小体，网状内皮系统大量吞噬含有海因茨小体的红细胞而引起贫血。此外，还能损害骨髓。

（二）临床症状

急性中毒一般在采食洋葱后 1 ～ 2 天发病，最特征性表现为排红色或红棕色尿液。中毒轻者，症状不明显，有时精神欠佳，食欲差，排淡红色尿液。严重中毒表现精神沉郁，食欲减退或废绝，走路蹒跚，不愿活动，喜卧，可视黏膜苍白、黄染，呕吐和腹泻，心搏动增快，喘气，虚弱，排深红色或红棕色尿液，体温正常或降低。慢性中毒，贫血和黄疸较轻。

（三）类症鉴别

1. 钩端螺旋体病

由钩端螺旋体引起，多发生于夏秋季节，主要表现发热、呕吐、黄疸、血红蛋白尿、出血性素质、流产、皮肤黏膜坏死、水肿和肾炎等。不发生呼吸道和结膜的炎症，但黄疸明显。血清学试验阳性。

2. 巴贝斯虫病

由巴贝斯虫寄生于红细胞内而引起，表现体温升高，间歇热，贫血，黄染，消瘦，心悸亢进，脉搏加快，呼吸困难，血红蛋白尿，脾肿大。血涂片检查发现红细胞内有巴贝斯虫，体表检查发现蜱。

3. 溶血性贫血

主要表现贫血，黄疸，肝脾肿大，血红蛋白尿。血检红细胞形态及大小正常，但数量和压积容量减少，网织红细胞增多，游离血红蛋白增多，黄疸指数升高，尿胆红素阳性。

（四）预防措施和安全用药

立即停止饲喂洋葱或大葱性食物，轻度中毒可自然恢复。对溶血严重病例，应用抗氧化剂维生素 E，同时给葡萄糖溶液、林格液、生理盐水等。给予适量利尿剂如速尿 1 毫升/千克，肌内注射，每天 2 次，连用 3 天。促进体内血红蛋白排出。溶血引起贫血严重的犬、猫，可进行输血治疗，10 ～ 20 毫升/千克体重。

第四章

以泌尿生殖系统为主症的犬猫疾病类症鉴别与安全用药

一、布鲁氏菌病

布鲁氏菌病是由布鲁氏菌引起犬隐性菌血症和繁殖障碍的一种人兽共患性传染病,临床上以生殖器官发炎、流产等为特征。犬多数呈隐性感染,少数出现临床症状。

(一)发病原因

病原为流产布鲁氏菌(牛型)、马耳他布鲁氏菌(羊型)、猪布鲁氏菌(猪型)和犬布鲁氏菌。本病的传染源是病畜和带菌动物,消化道是主要的传播途径,即通过舔食流产病料、分泌物,或摄食被病原污染的饲料和饮水而感染。口腔黏膜、结膜和阴道黏膜为最常见的布鲁氏菌侵入门户。消化道黏膜、皮肤伤口也可被病原侵入而造成感染。

(二)临床症状

大多为隐性感染,少数表现发热性全身症状。怀孕母犬常在妊娠40～50天发生流产,流产前1～6周,病犬一般体温不高,阴唇和阴道黏膜红肿,阴道内流出淡褐色或灰绿色分泌物。流产胎儿常发生部分组织自溶、皮下水肿、瘀血和腹部皮下出血。怀孕早期(配种后10～20天)胚胎死亡后会被母体吸收。流产母犬阴道长期流出分泌物,淋巴结肿大,可发生子宫炎,以后常屡配不孕。公犬可发生睾丸炎、附睾炎、阴囊肿大及阴囊皮炎和精子异常等。另外,患病犬除发生生殖系统症状外,还可发生关节炎、腱鞘炎,有时出现跛行。部分感染犬并发葡萄膜炎。

(三)病理变化

隐性感染病犬一般无明显的病理变化,或仅见淋巴结炎。临床症状较明显的患犬,剖检时可见关节炎、腱鞘炎、骨髓炎、乳腺炎、睾丸炎及淋巴结炎。怀孕母犬流产的胎盘及胎儿常发生部分溶解，因纤维素性及化脓性或坏死性炎症，常使流产物呈污秽的颜色。

（四）类症鉴别

1. 钩端螺旋体病

由钩端螺旋体引起，多发生于夏秋季节，主要表现发热、呕吐、黄疸、血红蛋白尿、出血性素质、流产、皮肤黏膜坏死、水肿和肾炎等。

2. 流产

从阴门流出胎水，排出死胎，胎儿干尸化，胎儿浸溶，胎儿腐败。

3. 弓形虫病

由刚地弓形虫引起，成年犬猫为隐性感染，幼犬猫发热、消瘦、黏膜苍白、咳嗽、流鼻液、呼吸困难、麻痹、运动失调、流产、白内障等。

4. 副伤寒

由沙门菌引起，发病率低，临床上主要表现肠炎、肺炎、败血症和流产。实验室检查，血红蛋白增加，白细胞总数增加，血液、尿液检查发现沙门菌。粪便涂片检查时，粪便中有大量白细胞。

5. 猫传染性腹膜炎

由猫冠状病毒引起，多发生于 6 个月至 2 岁幼猫和 13 岁以上的猫，湿性传染性腹膜炎主要表现胸腔和腹腔积液，个别病猫具有中枢神经系统和眼部症状。干性传染性腹膜炎主要表现消瘦、各种器官出现肉芽肿，并出现相应的临床症状。

（五）预防措施和安全用药

1. 预防措施

加强检疫，发现病犬即行隔离，仅以阴性者作为种用。种公犬配种前进行检疫，确认健康后方可配种。尽量自繁自养，新购入的犬应先隔离观察 1 个月，经检疫确认健康后方可入群。犬舍及运动场应经常消毒，流产物污染的场地、栏舍及其他器具均应彻底消毒。救治价值不大的病犬可扑杀，有救治价值的病犬可隔离治疗，但一定要做好兽医卫生防护工作。目前尚未研究出有效的菌苗。

2. 安全用药

对病犬可在隔离条件下进行治疗。早期可口服盐酸米诺环素 25 毫克 / 千克体重，2次 / 天，持续 3 周以上，加双氢链霉素 10 毫克 / 千克体重，肌内注射，2 次 / 天，持续 1 周，也可用庆大霉素替代双氢链霉素。多西环素、四环素或头孢菌素类等配合双氢链霉素使用效果稍差。应用抗生素治疗的同时，应用维生素 C、维生素 B_1 等效果更好。

二、钩端螺旋体病

钩端螺旋体病是由致病性钩端螺旋体引起的多种动物共患和自然疫源性传染病。临床上以发热、黄疸、血红蛋白尿、出血性素质、流产、皮肤黏膜坏死、水肿和肾炎等为特征。

（一）发病原因

病原为钩端螺旋体，引起犬感染发病的钩端螺旋体主要是传染性出血性黄疸型和伤寒型，其他血清型也能感染犬。猫血清中虽然也可以检出多种血清型钩端螺旋体，但其对猫的致病性不大。本病既可经直接接触、间接接触传播，还可经胎盘垂直传播。经皮肤、黏膜和消化道等直接接触传播只能引起个别发病，间接通过被污染的水源、土壤、食物和垫料等感染可导致大批发病。本病流行有明显季节性，一般夏、秋季节为流行高峰，冬、春季较少见，但热带地区可长年发生。公犬和幼犬发病率高于母犬和老龄犬。

（二）临床症状

潜伏期 5～15 天，超急性钩端螺旋体感染表现为严重的钩端螺旋体血症，临床表现不明显即死亡。急性感染初期症状为发热（39.5～40℃）、震颤和广泛性肌肉触痛，而尔后出现呕吐、迅速脱水和微循环障碍，并可出现呼吸迫促、心率快而紊乱、毛细血管充盈不良。因凝血功能不良及血管壁受损，可出现呕血、鼻出血、便血、黑粪症和体内广泛性出血。病犬极度沉郁，体温下降，以致死亡。

急性或亚急性感染以发热、厌食、呕吐、脱水和饮欲增加为主要特征。病犬黏膜充血、瘀血，并有出血斑点。出现干性及自发性咳嗽和呼吸困难的同时，可出现结膜炎、鼻炎和扁桃体炎症状。因肾功能障碍，可出现少尿或无尿，引起胆色素尿（图 4-1），部分犬出现黄疸。耐过亚急性感染、肾功能障碍病犬，常于感染发病后 2～3 周恢复。有的病犬因肾功能严重破坏，亦可出现多尿或烦渴等症状。由出血性黄疸型钩端螺旋体引起的犬急性或亚急性感染，常出现黄疸症状。有的犬则表现明显的肝衰竭、体重减轻、腹水、黄疸或肝脑病。有的因肾大面积受损而表现出尿毒症症状，口腔恶臭，口腔黏膜坏死（图 4-2），严重者发生昏迷。有的病例发生溃疡性胃炎和出血性肠炎等。

（三）病理变化

可视黏膜、皮肤黄疸，有尿臭气味。剖检可见浆膜、黏膜、心包膜黄疸和有出血点，口腔黏膜、舌有局灶性溃疡。呼吸道水肿，肺充血水肿，胸膜常见出血斑点。肝大、色暗、质脆。肾肿大，表面有出血点和小坏死灶，慢性病例出现肾脏萎缩和纤维素性变性。胃肠黏膜有出血，肠系膜淋巴结出血、肿胀。

图 4-1　钩端螺旋体引起胆色素尿　　　图 4-2　口腔黏膜坏死

（四）类症鉴别

1. 肾炎

由感染性和中毒性因素引起，表现体温升高，呕吐，肾区敏感，触诊肾脏肿大、疼痛，背腰拱起，步态强拘，尿频，少尿或多尿，血尿，第二心音增强，眼睑、胸腹下水肿，尿毒症。尿液中有多量肾上皮细胞、管型及少量红细胞和白细胞。

2. 犬瘟热

由犬瘟热病毒引起，以冬春季（10 月至翌年 4 月间）多发，1 ~ 12 个月龄的犬发病率最高。临床上以双相热型、白细胞减少、急性脓性鼻炎和脓性结膜炎、支气管肺炎、严重的胃肠炎和神经症状为特征。核内及胞浆内均有包涵体，且以胞浆内包涵体为主。

3. 犬传染性肝炎

由犬腺病毒Ⅰ型引起，以冬季发生较多，断乳至 1 岁的犬发病率和死亡率最高，临床上主要表现体温升高，双相热型，呕吐，腹痛，腹泻，眼鼻流水样液体，角膜混浊，肝炎性蓝眼，黄疸，剑突处有压痛。剖检有肝和胆囊病变及体腔血样渗出液。丙氨酸转氨酶、天冬氨酸转氨酶活性增高，凝血酶原时间、凝血酶时间和激活凝血激酶时间延长。肝实质细胞和皮质细胞核内出现包涵体。

4. 肝炎

由中毒性因素和感染性因素引起，临床上表现为呕吐，黄疸，肝区触诊疼痛，粪便色泽较淡，味臭难闻。天冬氨酸转氨酶（AST）、丙氨酸转氨酶（ALT）活性升高，血清胆红素升高，尿胆红素、蛋白质阳性。

（五）预防措施和安全用药

1. 预防措施

首先加强饲养管理，提高机体的抵抗力。定期检疫，消除传染源。及时隔离病犬和可疑病犬，防止污染环境。消毒被污染的水源、场地、用具，捕捉或毒杀场内老鼠。及时使用钩端螺旋体病的多价菌苗进行紧急预防接种，目前犬常用钩端螺旋体多联菌苗，包括犬钩端螺旋体和出血性黄疸钩端螺旋体二价菌苗以及流感伤寒钩端螺旋体和波摩那钩端螺旋体四价菌苗，间隔 2 ～ 3 周免疫 2 ～ 3 次，一般可保护 1 年。

2. 安全用药

主要应用抗生素治疗和对症治疗。病初可肌内注射抗钩端螺旋体血清 10 ～ 30 毫升，并与抗生素联合使用。首选青霉素及其衍生物，如青霉素 4 万～ 8 万国际单位 / 千克体重，链霉素 10 ～ 15 毫克 / 千克体重，每天 1 ～ 2 次，肌内注射。通常先用青霉素治疗 2 周，待肾功能好转后再用双氢链霉素治疗 2 周。脱水严重时给予补液；腹泻时用收敛剂；口腔发生溃疡时，用 0.1% 高锰酸钾液冲洗，再涂以碘甘油。对于肾病主要采用输液疗法，也有个别病例采用血液透析治疗。严重病例应安乐死。

三、肾膨结线虫病

肾膨结线虫病又称肾虫病，是由肾膨结线虫寄生于犬的肾脏或腹腔所引起的寄生虫病。临床上以尿频、血尿、腹痛为特征。

（一）发病原因

病原为膨结目膨结科膨结属的肾膨结线虫，发育需两个中间宿主，第一中间宿主为蛭蚓类（环节动物），第二中间宿主为淡水鱼。成虫寄生于犬的肾盂内，卵随尿液排出体外，第一中间宿主吞食虫卵后，在其体内形成第二期幼虫。第二中间宿主吞食了第一中间宿主后，幼虫在其体内发育为第四期幼虫，犬因摄食了含感染性幼虫的生鱼而被感染。

（二）临床症状

大多数病例不表现症状，严重时表现为排尿困难，尿尾段带血，迅速消瘦，体重明显减轻，在数周内体重减少 1/3 或 1/2，呕吐，弯腰弓背，不安，跛行，腹股沟淋巴结肿大，尿频，尿液中带有白色黏稠的絮状物、脓液或血液。有时呈现腹痛、吟叫、肌肉震颤或贫血。

（三）病理变化

尸体消瘦，肝内有包囊和脓肿，内含幼虫。肝肿大变硬，结缔组织增生，切面上可以看到幼虫钙化的结节。肝门静脉中有血栓，内含幼虫。肾盂有脓肿，结缔组织增生。输尿管的管加厚，常有数量较多的包囊，内含成虫。有时膀胱外围亦有包囊，内含成虫。肺脏、脾脏等处可见大小不同的幼虫结节。

（四）类症鉴别

1.膀胱毛细线虫病

病犬频尿、血尿、排尿困难、努责或企图排尿而又排不出等。镜检尿沉渣可见大量的红细胞、白细胞、膀胱上皮细胞和虫卵；剖检可见膀胱黏膜水肿，轻度肥厚。

2.肾炎

由感染性和中毒性因素引起，表现体温升高，呕吐，肾区敏感，触诊肾脏肿大、疼痛，背腰拱起，步态强拘，尿频，少尿或多尿，血尿，第二心音增强，眼睑、胸腹下水肿，尿毒症。尿液中有多量肾上皮细胞、管型及少量红细胞和白细胞。

3.膀胱炎

表现尿频，尿痛，血尿，触诊膀胱敏感，膀胱空虚，尿液混浊，尿液中有多量膀胱上皮细胞、白细胞、红细胞，全身症状不明显。

（五）预防措施和安全用药

1.预防措施

在已知野生动物有本虫寄生的地区，要防止犬吞食生鱼或其它水生生物。处理好患病动物的粪尿，防止病原扩散。定期驱虫，消灭病原。

2.安全用药

阿苯达唑 20 毫克 / 千克，一次口服，或阿维菌素皮下注射；或四咪唑 10 毫克 / 千克，配成 5% 溶液，一次肌内注射，最好治疗 5 次，每次间隔 7 天。无效时需进行手术治疗，摘出虫体，必要时实行肾脏切除术。

四、肾炎

肾炎是指肾小球、肾小管或肾间质组织的炎症，临床上以肾区敏感，尿量减少，尿液中含有病理产物（如红细胞、白细胞、肾上皮细胞、蛋白尿及管型）等为特征。可分为急性肾小球肾炎、慢性肾小球肾炎、间质性肾炎。急性肾小球肾炎是一种由感染后变态反应引起的肾脏弥漫性肾小球损害为主的疾病，临床上以水肿、高血压、血尿和蛋白尿为特征。慢性肾小球肾炎是指肾小球发生弥漫性炎症，肾小管发生变性以及肾间质发生细胞浸润和结缔组织增生。间质性肾炎是在肾间质发生的以单核细胞浸润和结缔组织增生为特征的非化脓性肾炎。多见于中龄犬、猫，犬发病率高，其中母犬更为常见。

（一）发病原因

一般认为与感染、中毒等因素有关。感染因素，多由于溶血性链球菌、肺炎球菌、葡萄球菌、脑膜炎球菌等感染所致。此外，犬瘟热病毒、结核分枝杆菌、传染性肝炎病毒、猫传染性腹膜炎病毒、猫白血病病毒、钩端螺旋体、犬恶丝虫、弓形虫等感染亦可发生肾炎。中毒因素，内源性中毒，如胃肠道炎症、代谢性障碍疾病、皮肤疾病、大面积烧伤时所产生的毒素、代谢产物或组织分解产物等；外源性中毒，如摄食霉败食物、有毒物质（砷、汞、磷等）。此外，邻近器官的炎症，如膀胱炎、子宫内膜炎、阴道炎及乳腺炎等。撞击、踢打、受寒感冒也会促使肾炎发生。

（二）临床症状

1. 急性肾小球肾炎

病犬精神沉郁，体温升高，食欲减退，有时发生呕吐，排便迟滞或腹泻。肾区敏感，触诊肾区疼痛，肾脏肿大。病犬不愿活动，站立时，背腰拱起，后肢集拢于腹下。强迫运动时，运步困难，步态强拘，小步前进。病犬频频排尿，但尿量较小，个别病例见有血尿或无尿。动脉血压升高，主动脉第二心音增强，脉搏强硬。病程延长时，可出现血液循环障碍和全身静脉瘀血现象，可见眼睑、胸腹下发生水肿。当出现尿毒症时，则呈现呼吸困难，衰弱无力，意识障碍或昏迷，全身肌肉痉挛，体温低下，呼出气中带有尿味。

2. 慢性肾小球肾炎

多由急性肾炎发展而来。初期表现全身衰弱，无力，食欲不定。继则出现食欲减退，消化功能障碍，间歇性呕吐和腹泻，逐渐消瘦。后期可见眼睑、胸腹下或四肢末端出现水肿，严重时亦可发生肺水肿和体腔积水。早期多饮多尿，尿量为正常时的 2 倍左右，相对密度降低；后期尿少，相对密度增高。尿液中有多量肾上皮细胞、管型及少量红细胞和白细胞。晚期尿蛋白反而减少。严重病例由于血中非蛋白氮大量蓄积，引起慢性氮质潴留性尿毒症。同时，心血管系统发生功能障碍。

3. 间质性肾炎

主要表现为初期尿量增多，后期减少。尿沉渣中亦见有少量红细胞、白细胞及肾上皮细胞，一般无蛋白尿。压迫肾区时动物无疼痛表现。血压升高，心脏肥大，皮下水肿（心性水肿），最后可因肾功能障碍导致尿毒症而死亡。

（三）病理变化

急性肾小球肾炎肾脏轻度肿大、充血，质地柔软，被膜紧张，易剥离；肾表面及切面呈淡红色。慢性肾小球肾炎表现肾明显皱缩，色苍白，表面不平或呈颗粒状，质地硬实，被膜剥离困难，切面皮质变薄，结构致密。晚期肾脏缩小和纤维化。间质性肾炎由于肾间质增生，可见间质明显增宽，肾脏质地坚硬、体积缩小，表面不平或呈颗粒状，色苍白，被膜剥离困难，切面皮质变薄。

（四）类症鉴别

1. 肾病

由于细菌或毒物的直接刺激引起，临床上见有明显的水肿、大量蛋白尿及低蛋白血症，但不见有血尿等现象。

2. 肾盂积水

一侧性肾盂积水，一般可由另一侧肾脏代偿性肥大而保持着肾功能，故无明显的临床症状。两侧性肾盂积水可发生肾功能不全和尿毒症。

3. 肾结石

多呈现肾炎症状，并有血尿、脓尿及肾区敏感。X 射线检查及 B 超探查发现结石。

4. 钩端螺旋体病

由钩端螺旋体引起，多发生于夏秋季节，主要表现发热、呕吐、黄疸、血红蛋白尿、出血性素质、流产、皮肤黏膜坏死、水肿和肾炎等。不发生呼吸道和结膜的炎症，但具有明显的黄疸。血清学试验阳性。

（五）预防措施和安全用药

1. 预防措施

加强管理，防止受寒、感冒。保证饲料质量，禁止喂饲有刺激性或发霉、腐败、变质的饲料。

2. 安全用药

治疗原则为清除病因，加强护理，消炎利尿、抑制免疫反应及对症疗法。首先将病犬置于清洁、温暖、通风良好的犬舍中。病初 1 ～ 2 天应给予无盐、优质低蛋白饮食。消除炎症可选用氨苄青霉素 10 ～ 20 毫克 / 千克体重，也可选用头孢菌素类抗生素或喹诺酮类药物。不要应用对肾脏有损害的抗生素，如庆大霉素或卡那霉素等。严重肾脏功能障碍时，禁用磺胺类药物。抑制免疫反应多选用泼尼松或泼尼松龙，或地塞米松 0.5 ～ 1 毫克 / 千克体重，肌内注射。利尿消肿可选用利尿剂，如氢氯噻嗪 2 ～ 4 毫克 / 千克或速尿 5 毫克 / 千克，口服，每天 2 次。必要时可静脉注射利尿合剂（普鲁卡因 0.1 ～ 0.2 克、10% ～ 25% 葡萄糖 200 毫升）或脱水剂（山梨醇、甘露醇等）。如并发急性心力衰竭、高血压、血尿或尿毒症时，则应进行对症处理。

五、肾功能衰竭

肾功能衰竭是指肾组织发生的急性肾功能不全或肾衰竭或肾单位绝对数减少所致的临

床综合征。可分为急性肾功能衰竭和慢性肾功能衰竭。急性肾功能衰竭又称急性肾功能不全，是指由多种原因造成的急性肾实质性损害而导致的肾功能抑制。临床上以发病急骤，少尿或无尿，代谢紊乱和尿毒症等为主要特征。慢性肾功能衰竭是指因功能性肾组织长期或严重损害，承担肾功能的肾单位绝对数减少引起机体内环境平衡失调和代谢严重紊乱而出现的临床综合征。本病多见于成年犬和猫。

（一）发病原因

1. 急性肾功能衰竭

肾前性急性肾衰见于引起肾血液灌注不足的一些因素，如严重呕吐和腹泻、休克、心力衰竭、麻醉、药物滥用及脊髓损伤等。肾性急性肾衰多由肾脏本身急性病变引起，如感染（如钩端螺旋体感染、细菌性肾盂肾炎等）、肾中毒（如某些氨基糖苷类抗生素、磺胺类药物、非甾体类抗炎药物、阿昔洛韦、两性霉素 B、西咪替丁、乙二醇、重金属、蛇毒、蜂毒中毒等）、肾血液循环障碍（如肾动脉血栓、弥漫性血液内凝血等）等。肾后性急性肾衰因尿液排出受阻所致，多见于尿道栓塞、尿道结石、尿道狭窄及膀胱肿瘤导致双侧输尿管或尿道阻塞。

2. 慢性肾功能衰竭

慢性肾功能衰竭主要是由急性肾功能衰竭演变而来，或因尿道结石所致。

（二）临床症状

1. 急性肾功能衰竭

根据急性肾功能衰竭的经过和临床表现，可分为少尿期、多尿期及恢复期。少尿期可持续 15 天左右，患病犬、猫在原发病症状的基础上，排尿明显减少或无尿。出现水肿、心力衰竭、高钾血症、低钠血症、代谢性酸中毒、氮血症，且易发生感染等，引起口臭，口腔黏膜、舌表面坏死、溃疡（图 4-3 ～图 4-5）。精神沉郁，食欲废绝，常有呕吐或排黑便。多尿期突出的表现为多尿。尿量开始增加，水肿开始消退，血压逐渐下降，但水及氮质代谢产物潴留依然显著，由于钾排出过快而发生低钾血症，有些犬、猫出现心力衰竭，后肢瘫痪等症状。患病犬、猫多死于该期，亦称危险期。耐过者，水肿开始消退，症状逐渐好转。恢复期，经过多尿期后，尿量逐渐恢复正常。但由于患病犬、猫体力消耗严重，表现肌肉无力、消瘦、肌肉萎缩，有时显示外周神经炎症状。个别病例可能转变为慢性肾功能衰竭。

2. 慢性肾功能衰竭

根据疾病的发展过程，可分为四期，即Ⅰ期、Ⅱ期、Ⅲ期和Ⅳ期。Ⅰ期为储备能减少期，临床基本正常，仅表现为血中肌酸酐和尿素氮轻度升高。Ⅱ期为代偿期，表现为多尿多渴，并可见轻度脱水、贫血、消瘦、被毛枯燥和心力衰竭等症状（图 4-6）。Ⅲ期为非代偿期（氮质血症期），表现排尿量减少，中度或重度贫血，血钙、血钾、血钠都降低，血磷和血尿素氮皆升高等，多伴有代谢性酸中毒。Ⅳ期为尿毒症期，表现无尿，血钠、血钙浓度降低，血钾、血磷和尿素氮浓度升高，并伴有代谢性酸中毒。犬口腔黏膜坏死、溃疡（图4-7、图4-8），有尿中毒症状、神经症状和骨骼明显变形等。

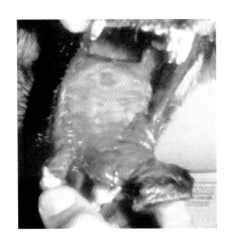
图 4-3　口腔黏膜溃疡、坏死

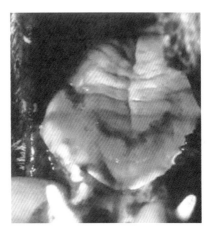
图 4-4　急性肾衰竭引起舌坏疽

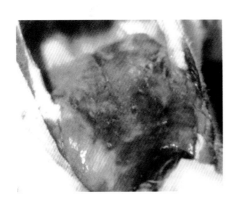
图 4-5　急性肾衰竭引起坏死性舌炎

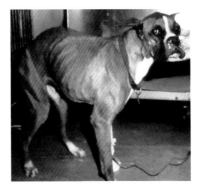
图 4-6　患犬消瘦，被毛枯燥

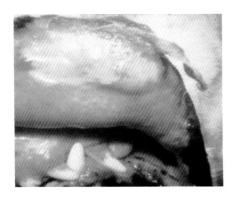
图 4-7　慢性肾衰竭引起上唇溃疡

图 4-8　患犬口腔黏膜溃疡

（三）类症鉴别

1. 肾炎

由感染性和中毒性因素引起，表现体温升高，呕吐，肾区敏感，触诊肾脏肿大、疼痛，背腰拱起，步态强拘，尿频，少尿或多尿，血尿，第二心音增强，眼睑、胸腹下水肿，尿毒症。尿液中有多量肾上皮细胞、管型及少量红细胞和白细胞。

2. 肾病

由于细菌或毒物的直接刺激引起，临床上见有明显的水肿、大量蛋白尿及低蛋白血症，但不见有血尿等现象。

3. 急性胰腺炎

发病急，死亡率高，发热，严重呕吐，明显腹痛，呈祈祷姿势，血性腹泻。实验室检查白细胞总数和中性粒细胞增多，血清淀粉酶及脂肪酶活性升高，有高血糖症、高脂血症。

（四）预防措施和安全用药

1. 急性肾功能衰竭

治疗原则为消除病因，防止休克和脱水，及时补液，纠正酸中毒和减缓氮血症。

（1）少尿期治疗　治疗原则为纠正高血钾、酸中毒、水钠潴留等。除治疗原发病外，应严格控制摄入水量，给予高糖、低蛋白、富含维生素且易消化的食物。据红细胞压积容量和脱水程度确定补液量，需补液量（千克）= 失水比例（%）× 体重（千克）。对于轻度高钾血症（≤ 6.0毫摩尔/升），可静脉滴注生理盐水10～20毫升/千克体重；对于中度高钾血症（6.0～8.0毫摩尔/升），可静脉滴注5%碳酸氢钠10～15毫升。对于重度高钾血症（≥8.0毫摩尔/升），可使用10%葡萄糖酸钙（每千克体重0.05～0.10克）静脉缓慢注射。静注碳酸氢钠溶液以纠正酸中毒。为缓解氮血症，可静脉注射渗透性利尿剂，如10%～25%甘露醇或20%葡萄糖溶液，1～2毫升/千克体重，以4毫升/分的速度输入。尚可用10%葡萄糖溶液30毫升加1国际单位胰岛素，按1毫升/千克体重静脉注射或按0.5毫升/千克体重口服10%葡萄糖酸钙溶液以纠正高血钾。也可采用腹膜透析法。

对症疗法：为防止发生败血症，可肌内注射氨苄青霉素，每次0.5克，每日2次。为防止休克，可肌内注射地塞米松（0.5～1毫克/千克体重），每日1～2次。解除痉挛，可肌内注射氯丙嗪，1～2毫克/千克体重，每日2次。当重金属中毒时，应尽早投予二巯基丙醇4.4～6.6毫克/千克体重，肌内注射，间隔4～6小时一次。当尿路阻塞时，应设法排出阻塞。

（2）多尿期治疗　仍需按少尿期部分治疗原则处理。应注意电解质尤其是钾的补充，可按血钾浓度让病犬、猫按50～100毫克/千克体重口服钾盐，并据尿量的1/3补液。血浆非蛋白氮下降后，增加食饵中蛋白质。也可肌内注射丙酸睾丸酮，每次20～50毫克，每 2 ～ 3 天一次。

（3）恢复期治疗　当血尿素氮低于 20 毫克 / 分升（犬）或 30 毫克 / 分升（猫）时，可作为恢复期开始的指标，此期应注意营养，增加蛋白质的摄入量，并加强护理。

2. 慢性肾功能衰竭

治疗原则为加强护理，控制病程发展，纠正水、电解质和酸碱平衡紊乱及对症治疗。

加强护理：限制蛋白质的摄入，同时减少磷的摄入，必要时给予高生物价蛋白质，如鸡蛋、瘦肉等，勿喂奶类及肉骨头等。

纠正水与电解质平衡紊乱：按脱水程度予以补液，多给饮水。失钠多者可用 3% 高渗盐水静脉滴注。有水肿及血压高者限制饮水和摄盐量。尿少时限制钾的摄入，而尿多者适当补钾。对慢性尿毒症并伴缺钙和肾性骨病者，给予维生素 D 和大剂量钙（如用 10% 葡萄糖酸钙 10 毫升静注）。纠正酸中毒可用乳酸林格液或 5% 碳酸氢钠 40 ～ 50 毫升 / 千克体重，静脉注射。

对症治疗：有感染者给予抗生素；出现抽搐、昏迷等神经症状者，可用小剂量镇静药物；贫血严重时考虑输血，补充促红细胞生成素等；为促进患病犬、猫恢复代偿，可用腹膜透析疗法。

六、膀胱炎

膀胱炎是指膀胱黏膜或黏膜下层的炎症。临床上以尿频、尿痛及尿液中出现较多的膀胱上皮细胞、白细胞、红细胞等为特征。按其炎症的性质可分为卡他性、纤维素性、化脓性、出血性膀胱炎。常见于母犬、猫和老龄犬、猫。

（一）发病原因

常见的原因是细菌感染，如链球菌、铜绿假单胞菌、葡萄球菌、大肠杆菌、化脓杆菌感染等。膀胱结石、膀胱肿瘤、肾组织损伤碎片、尿长期蓄积发酵分解产生大量氨及其他有害产物等刺激膀胱黏膜造成炎症；导尿管消毒不严和使用不当，长期使用某些药物（如环磷酰胺）或各种有毒、强烈刺激性的药物（如松节油等）均可引起膀胱炎。有时也可继发于肾炎、输尿管炎、尿道炎、阴道炎、子宫内膜炎、前列腺炎、前列腺脓肿等。

（二）临床症状

急性膀胱炎：特征性症状是排尿频繁和疼痛。病犬频频排尿或呈排尿姿势，但每次排出的尿量较少或呈点滴状不断流出。排尿时表现疼痛不安。严重者由于膀胱颈肿胀或膀胱括约肌痉挛而引起尿闭。经腹壁触诊膀胱时，表现敏感，膀胱空虚。尿液混浊，混有多量黏液、血液、脓汁或坏死组织碎片（图 4-9），有强烈的氨臭味。尿沉渣镜检，尿液含有大量白细胞、膀胱上皮细胞、红细胞及微生物等。全身症状不明显，若炎症波及深部组织，可有体温升高、精神沉郁、食欲减退等症状。严重的出血性膀胱炎，可出现贫血现象。

慢性膀胱炎：症状较急性膀胱炎轻，亦无排尿困难表现，膀胱壁增厚，但病程较长。

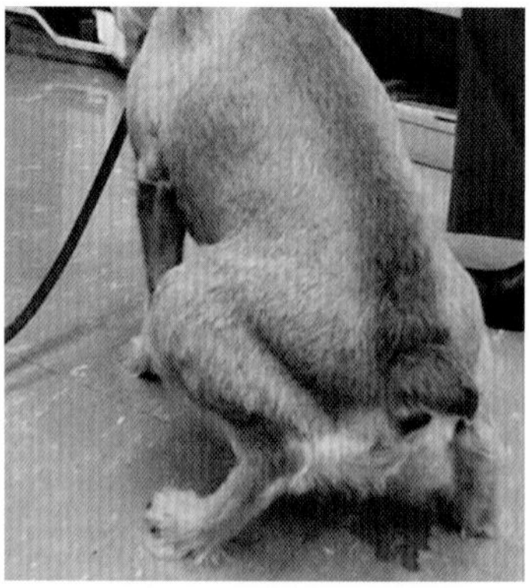

（三）病理变化

急性膀胱炎黏膜充血、肿胀、有小出血点，黏膜表面覆有大量黏液或脓液。严重者，黏膜出现出血或溃疡、脓肿，表面覆有大量黄色纤维蛋白性和灰黄色附着物，尿中混有血液和含有大的血凝块。

（四）类症鉴别

图 4-9 膀胱炎出现血尿

1. 膀胱结石

表现尿频，血尿，膀胱敏感性增高，腹部触诊膀胱轮廓十分明显，可摸到膀胱内结石。X 射线检查及 B 超探查发现结石。

2. 膀胱麻痹

表现尿失禁，不随意排尿，膀胱充盈及无疼痛，尿液中无膀胱上皮细胞、白细胞、红细胞。

3. 脑和脊髓疾病引起的麻痹

无疼痛反应和相应的排尿姿势。尿能自行排出，但间隔很长。压迫膀胱和插入导尿管时，尿呈强流排出，停止压迫后，尿的排出也不立即停止。

4. 尿道炎

有外伤或尿结石刺激病史，主要发生于雄性犬猫，表现尿频，尿痛，血尿，触诊阴茎敏感，尿液混浊，尿液中含有黏液、血液和脓汁，但没有管型、膀胱上皮细胞。全身症状不明显。

5. 尿结石

多发生于公犬，表现尿痛，尿淋漓，血尿，尿闭，膀胱膨满，导尿管探诊插入困难。X 射线检查及 B 超探查发现结石。

（五）预防措施和安全用药

治疗原则为加强护理、抑菌消炎、防腐消毒和对症治疗。

首先应使病犬、猫安静休息，喂给无刺激性、营养丰富且易消化的优质食物，并给予清洁的饮水，应适当限制高蛋白食物。用微温生理盐水反复冲洗膀胱，对重症病例，用0.1% 高锰酸钾、1%～2% 硼酸溶液、0.1% 高锰酸钾溶液、0.1% 的雷佛奴尔溶液、0.01% 新洁尔灭溶液、1%～2% 明矾溶液或 0.5% 鞣酸溶液等反复冲洗膀胱。对慢性膀胱炎还可用 0.02%～0.1% 硝酸银溶液等。在膀胱冲洗后，膀胱内灌注青霉素溶液（40万～80万国际单位溶于 5 ～ 10 毫升蒸馏水中），或庆大霉素，每日 1 ～ 2 次。同时，配合肌内注射抗生素，如氨苄西林、头孢菌素类、小诺霉素或喹诺酮类药物等。

七、膀胱破裂

膀胱破裂是指膀胱壁发生裂伤，尿液流入腹腔而引起的以排尿障碍、腹膜炎和尿毒症为特征的疾病。多见于公犬、猫，常与尿道破裂并发，多于 1 ～ 4 天内死亡。

（一）发病原因

因膀胱充满时受到过度外力的冲击，如车压、高处坠落、摔跌、打击、冲撞引起；异物刺伤，如骨盆骨折时骨断端或其他尖锐物体、猎枪枪弹等刺入，以及用质地较硬的导尿管导尿时，插入过深或导尿动作过于粗暴，引起膀胱穿孔性损伤；尿路炎症、尿道结石、肿瘤、前列腺炎等引起的尿路阻塞，尿液在膀胱内过度蓄积，膀胱内压力过大而导致膀胱的破裂。破裂部位常发生在膀胱体。

（二）临床症状与病理变化

腹部逐渐增大，少尿或无尿，尿液中混有血液。尿路阻塞造成膀胱破裂时，原先呈现的排尿困难等症状突然消失，腹壁紧张，腹腔内有液体波动，腹腔穿刺有大量带尿味的液体流出，混浊或带红色（图 4-10、图 4-11），尿素氮升高。随着尿液不断进入腹腔，还可见中枢神经高度抑制、呕吐、食欲减退或废绝、烦渴、体温升高、心跳加速、呼吸急促、胸式呼吸、肌肉震颤等症状。随着病程的发展，可出现腹膜炎，甚至尿毒症，最后昏迷并迅速死亡（图 4-12）。剖检发现膀胱破裂口（图 4-13）。

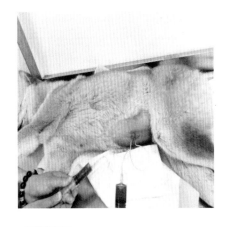

图 4-10　腹腔穿刺有大量液体流出

图 4-11　腹腔穿刺液红色带尿味

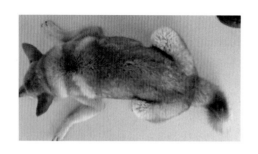

图 4-12　尿毒症昏迷

图 4-13　膀胱破裂口

（三）类症鉴别

1. 急性腹膜炎

由于炎症或刺激引起，主要表现体温升高，呕吐，剧烈持续性腹痛，腹壁紧张，呈弓背姿势，腹腔积液。腹腔穿刺，穿刺液相对密度大，李凡他试验反应阳性。

2. 腹水症

由于心、肝、肾功能障碍或严重贫血引起，体温正常，四肢水肿，下腹部两侧对称性膨大，触诊腹壁不敏感，冲击触诊呈击水音。腹腔穿刺为透明的漏出液，相对密度低于1.015，李凡他反应阴性。

（四）预防措施和安全用药

宜尽早清除腹腔内积液，修补膀胱破裂口，控制腹膜炎，防止尿毒症，治疗原发病。做膀胱修补手术时，动物仰卧保定，并注意避免妨碍呼吸，必要时在麻醉前行腹腔穿刺减压。做腹正中线切口（母）或中线旁切口（公）。腹腔打开后，缓慢排出尿液，以防腹腔突然减压引起休克。检查膀胱破裂口，处理内脏器官的原发性损伤或用插管冲洗除去尿路结石。膀胱和尿道用无刺激性防腐消毒药冲洗后，用可吸收缝线对破裂口做两层缝合，第一层做浆膜肌层库兴水平内翻缝合，第二层做浆膜肌层伦勃特连续内翻缝合。若膀胱破裂的时间不长，腹膜炎通常并不严重。用灭菌生理盐水充分冲洗腹腔和内脏器官，然后向腹腔灌注氨苄西林溶液，最后按常规缝合腹壁。术后使用抗生素控制感染，根据病情采取相应的对症疗法。妥善护理，每天注意排尿情况。

八、尿道炎

尿道炎是指尿道黏膜的炎症。临床上以尿频、尿痛、血尿等为特征。主要发生于雄性犬、猫。

（一）发病原因

多因外伤、尿结石刺激及药物刺激、导尿消毒不严或操作粗鲁等引起，也可由邻近器官的炎症蔓延所引起，如膀胱炎、包皮炎、阴道炎、子宫内膜炎等。

（二）临床症状

病犬、猫频频排尿，尿液呈断续状排出，有疼痛表现，公犬阴茎频频勃起，尿道口有脓性分泌物（图4-14），母犬阴唇不断开张，尿液混浊，含有黏液、血液和脓汁。触诊或导尿检查时，患病犬、猫表现疼痛不安，并抗拒或躲避检查。严重时尿道黏膜肿胀、糜烂、溃疡、坏死或形成瘢痕组织而引起尿道狭窄或阻塞（图4-15），发生尿道破裂，尿液渗流到周围组织，使腹部下方积尿而中毒。一般全身症状不明显。

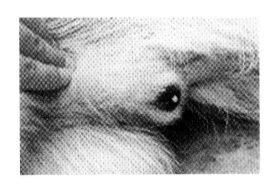

图 4-14 尿道口脓性分泌物

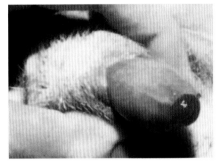

图 4-15 尿道口肿胀、溃疡

（三）类症鉴别

1.膀胱炎

表现尿频，尿痛，血尿，触诊膀胱敏感，膀胱空虚，尿液混浊，尿液中有多量膀胱上皮细胞、白细胞、红细胞，全身症状不明显。

2.尿道损伤

有机械刺激病史，多发生于4～6岁公犬，损伤部位多位于会阴部，损伤部位肿胀、增温、疼痛，尿痛，尿淋漓，血尿。

3. 膀胱破裂

膀胱空虚，导尿管插入顺利，注入生理盐水后，抽出量与注入量不符。

（四）预防措施和安全用药

治疗原则为消除病因，控制感染。用0.1%高锰酸钾溶液、0.1%雷佛奴尔溶液或0.1%洗必泰溶液冲洗尿道。控制感染可肌内注射庆大霉素，口服呋喃妥因5～7毫克/千克体重，每日3次；内服乌洛托品0.2～0.5克，每日2～3次，或按50～100毫克/千克体重静脉注射。当尿液呈碱性时，可改用樟脑酸乌洛托品0.5克，每日2次。口服妇炎康片，每次2～6片，每日2～3次，或口服头孢羟氨苄，每次50～100毫克，每日2次。止血用安络血，每次1～2毫升，每日2次。若为创伤所致可修复创口。尿道有阻塞物时应进行手术治疗。严重的尿闭及膀胱高度充盈时，可考虑施行尿道造口术或膀胱插管术。

九、尿石症

尿石症是指尿路中的无机或有机盐类结晶凝结物（结石），或多量结晶刺激尿路黏膜而引起出血、炎症和阻塞的一种泌尿器官疾病。临床上以排尿障碍，肾性腹痛和血尿为特征。根据尿结石形成和阻塞部位不同，可分为肾结石、输尿管结石、膀胱结石和尿道结石，膀胱结石和尿道结石最常见，肾结石只占2%～8%，输尿管结石鲜见；母犬以膀胱结石多见，公犬以尿道结石多见。犬多发磷酸盐结石、尿酸盐结石、草酸盐结石、胱氨酸结石，以磷酸盐结石最多见（约占犬尿结石的60%）。多发生于老龄犬和小型犬。

猫尿石症又称猫泌尿系统综合征，临床上以排尿困难、努责、频尿、痛性尿淋漓、血尿、部分或全部尿道阻塞等为特征。多发生在1～6岁长毛猫。尿道阻塞以雄性猫较常见，膀胱炎和尿道炎则以雌性猫多发，肾盂结石不常见。90%以上结石是磷酸铵镁（鸟粪石），0.5%～3%为尿酸盐结石和草酸盐结石。

（一）发病原因

尿结石形成的原因是由多种因素作用的结果，常见有尿道感染（如葡萄球菌和变形杆菌感染），饮水不足，饲料营养的不均衡（如饲喂高蛋白、高钙质、高镁日粮，维生素A缺乏等），肝功能降低，某些代谢和遗传缺陷，慢性疾病（如慢性原发性高钙血症，甲状旁腺功能亢进、磺胺类药物及某些重金属中毒）等。

（二）临床症状

主要症状是排尿障碍、肾性腹痛和血尿。由于结石存在的部位及对组织损害程度不同，其临床症状颇不一致。

肾结石：临床少见，多呈现肾炎、肾盂肾炎症状，并有血尿、脓尿及肾区敏感现象。精神沉郁，步态强拘，食欲减退或废绝，触摸肾区发现肾肿大并有疼痛感，常做排尿姿势。严重时形成肾盂积水。X 射线检查发现肾结石（图 4-16 ～图 4-19）。

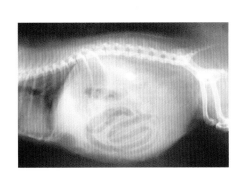

图 4-16　单侧肾结石（侧位）

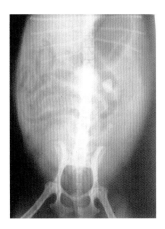

图 4-17　单侧肾结石（正位）

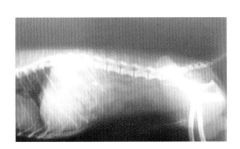

图 4-18　双侧肾结石（侧位）

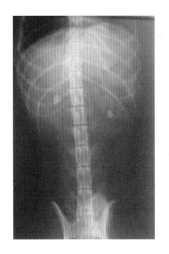

图 4-19　双侧肾结石（正位）

输尿管结石：临床不常见，呈现剧烈持续性腹痛，不愿运动，行走时弓背，步行拱背，腹部触诊疼痛。输尿管部分阻塞时，可见血尿、脓尿和蛋白尿。完全阻塞时，无尿进入膀胱，膀胱空虚。X 射线检查发现输尿管结石（图 4-20）。

膀胱结石：临床常见，表现尿频和血尿，膀胱敏感性增高。尿结石位于膀胱颈部时，则呈现明显的疼痛和排尿障碍，频频做排尿姿势，强力努责，但尿量很少或无尿，腹部触诊膀胱轮廓十分明显，压迫不见尿液排出。腹壁触诊可摸到膀胱内结石。X 射线检查发现输尿管结石（图4-21～图4-24）。

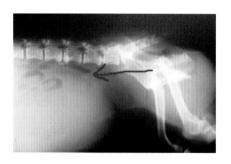

图 4-20 输尿管结石

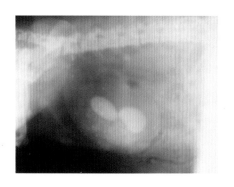

图 4-21 母犬膀胱结石

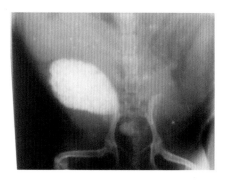

图 4-22 膀胱结石和内尿道结石

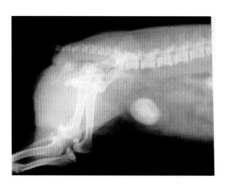

图 4-23 膀胱结石和尿道结石

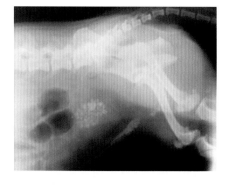

图 4-24 膀胱结石和外尿道结石

尿道结石：多发生于公犬的阴茎骨、睾丸基部和坐骨切迹处（图4-25、图4-26）。尿道不完全阻塞时，病犬排尿痛苦，排尿时间延长，尿液呈断续状或滴状流出，多排出血尿。尿道完全阻塞时，则发生尿闭、肾性腹痛。导尿管探诊插入困难。膀胱膨满，按压时不能使尿液排出。时间拖长，可引起尿毒症或膀胱破裂。

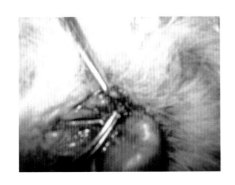 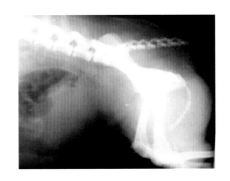

图 4-25　睾丸基部尿道结石　　　　　图 4-26　坐骨切迹尿道结石

（三）病理变化

可在肾盂、输尿管、膀胱或尿道内发现结石，其大小不一，数量不等，有时附着黏膜上，有时呈游离状态。阻塞部黏膜见有损伤、炎症、出血乃至溃疡。当尿道破裂时，其周围组织出血和坏死，并且皮下组织被尿液浸润。在膀胱破裂的病例中，腹腔充满尿液。

（四）类症鉴别

1. 尿道狭窄

尿道内腔变窄以致尿液排出困难。常见于公犬，多发生在阴茎口、前列腺沟及坐骨弓处，表现尿频、尿淋漓、尿痛，膀胱胀满，但无血尿。尿道探查和 X 射线检查没发现结石。

2. 尿道炎

有外伤或尿结石刺激病史，主要发生于雄性犬猫，表现尿频、尿痛、血尿，触诊阴茎敏感，尿液混浊，尿液中含有黏液、血液和脓汁，但没有管型、膀胱上皮细胞。全身症状不明显。

3. 膀胱炎

表现尿频、尿痛、血尿，触诊膀胱敏感，膀胱空虚，尿液混浊，尿液中有多量膀胱上皮细胞、白细胞、红细胞。全身症状不明显。

4. 肾炎

由感染性和中毒性因素引起，表现体温升高，呕吐，肾区敏感，触诊肾脏肿大、疼痛，背腰拱起，步态强拘，尿频，少尿或多尿，血尿，第二心音增强，眼睑、胸腹下水肿，尿毒症。尿液中有多量肾上皮细胞、管型及少量红细胞和白细胞。

（五）预防措施和安全用药

1. 预防措施

合理调配日粮，注意日粮中钙、磷、镁的平衡。保证充足饮水，建议饲喂商品日粮，纠正偏食鸡肝、鸭肝的习惯。对磷酸铵镁尿结石，应饲喂使尿液变酸性的食物。预防尿酸盐和胱氨酸尿结石，应饲喂使尿液变碱性的食物，如碳酸氢钠和食盐。为防止尿结石复发，可内服水杨酰胺 0.5 ～ 1 片 / 日。

2. 安全用药

治疗原则为加强护理，消除结石，控制感染，对症治疗。当怀疑有尿结石形成时，应给予矿物质少而富含维生素 A 的食物，并给大量清洁饮水。对磷酸盐和草酸盐结石，可给予酸性食物或酸制剂。对尿酸盐结石可内服别嘌呤醇 4 毫克 /（千克·日）。对胱氨酸结石可应用 D- 青霉胺 30 毫克 /（千克·日）。同时冲洗尿路，使体积细小的结石随尿排出。对体积较大的结石，并伴发尿路阻塞时，需及时施行尿道切开术或膀胱切开术。对于肾结石和输尿管结石可试用中药，或应用利尿剂。当尿液潴留时，应及时给膀胱减压（使用导尿管导尿或膀胱穿刺导尿），以防膀胱破裂引起尿毒症。为预防感染，可应用抗生素。为了缓解疼痛，可皮下注射盐酸吗啡 1 毫克 / 千克体重。

十、隐睾

隐睾指性成熟的睾丸未完全降至阴囊的病理状态，此时阴囊内仅有一个睾丸或没有。正常情况下睾丸在出生后逐渐降至阴囊内，但犬在 7 ～ 8 周龄睾丸应停留在阴囊内；个别犬在 6 月龄时才完全下降到阴囊内。雄性猫在出生后睾丸已下降到阴囊内。患病动物睾丸有的位于腹股沟皮下，有的位于腹腔内，少数在腹股沟内。单侧隐睾较双侧隐睾多见（比例为 3：1），右侧睾丸未下降的比左侧的多。

（一）发病原因

隐睾通常受遗传因素影响。常见于纯种犬、猫，犬的发病率为 0.8% 左右，纯种犬发病率高于杂种犬，近亲繁殖发病率高；小型品种犬发病率明显高于大型品种，如吉娃娃、丝毛犬、小型贵宾犬、约克夏等。猫的发病率明显低于犬，大多数猫在 4 月龄前表现为隐睾，但在 5 ～ 6 月龄则变为正常。在性腺发育早期，促性腺激素释放不足和胎儿雄性激素不足也可能导致隐睾病发生。

（二）临床症状

隐睾侧的阴囊缩小，皮肤松软空虚，触摸无睾丸，推拿不能使睾丸下降（图 4-27）。如果睾丸在皮下，在阴茎旁或腹股沟区可摸到比正常体积小，但形状正常的异位睾丸。猫两侧隐睾时阴茎尖不明显。隐睾引起睾丸肿瘤的概率很大（图 4-28）。

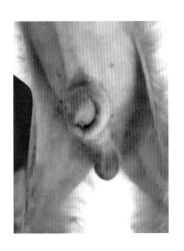

图 4-27 阴囊皮肤松软空虚

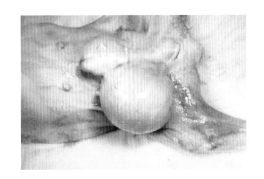
图 4-28 单侧隐睾肿瘤

（三）预防措施和安全用药

一般可不治疗，但隐睾易发生肿瘤，另外单侧隐睾不宜留作种用，双侧隐睾无生殖能力。因此建议进行去势术，以在 5 岁以内手术为佳。如为皮下隐睾，可切开皮肤，分离出睾丸，双重结扎精索，将睾丸切除。对患腹腔隐睾者，切开腹底壁，在腹股沟内环处、膀胱背侧和肾脏后方等部位探查隐睾，剪断睾丸韧带，双重结扎精索，除去睾丸。对 3 岁以内单侧或双侧隐睾犬，可试用绒毛膜促性腺激素 10000 国际单位，肌内注射，每周 2 次，5 周为 1 个疗程。

十一、睾丸炎

睾丸炎是指睾丸实质的炎症，常同时伴发附睾炎。临床上可分为急性和慢性、化脓性和非化脓性。本病发生率较低，犬相对多发，猫少见。

（一）发病原因

多因睾丸损伤（如咬伤、挫伤、压迫）而引起。也可继发于布鲁氏菌病、结核病、放线菌病、芽生菌病、球孢子菌病、猫传染性腹膜炎等，某些药物刺激也可导致。

（二）临床症状

急性睾丸炎睾丸肿大，触之较硬，具有热痛，阴囊皮肤紧张，常伴有附睾炎。严重的可发生化脓、破溃。同时体温升高，精神沉郁，食欲不振。慢性睾丸炎无全身症状，睾丸硬固，热痛不明显，睾丸与总鞘膜常粘连。急性、慢性睾丸炎繁殖力都下降，两侧睾丸同时发病时，常导致不育症。由传染病继发的睾丸炎，多为化脓性睾丸炎，其局部和全身症状更为明显，往往脓汁蓄积于总鞘膜腔内，向外破溃，久则形成瘘管。

（三）类症鉴别

1. 布鲁氏菌病

由布鲁氏菌引起，多呈隐性感染，一般体温不高，母犬流产、不育，公犬睾丸炎，流产胎儿细菌学检验可发现布鲁氏菌。不仅有阴囊皮肤炎、附睾炎和睾丸炎，还见有全身淋巴结肿大、肝肿大、周期性葡萄膜炎和脑炎。

2. 睾丸肿瘤

多发生于 8 岁以上老年犬，以团块形式存在于睾丸实质内，睾丸发生变形、坚硬，但温热和疼痛不明显。其中滋养层细胞瘤常产生雌激素，病犬出现雌性体征，附近淋巴结肿大。

（四）预防措施和安全用药

急性睾丸炎初期，可采用醋酸铅、明矾液冷敷。待炎症缓和后，可用温敷，也可局部涂布鱼石脂软膏。全身大剂量应用广谱抗生素，至少连续应用 2 周以上。如果治疗效果不好，应行去势术，有创伤或发生化脓破溃的，应做清创术和创伤治疗。

十二、嵌顿包茎

嵌顿包茎是指阴茎自包皮口伸出后不能全部缩入包皮腔内，只能嵌顿在包皮外的现象，严重的可造成阴茎坏死。

（一）发病原因

由于包皮口狭窄或因龟头及部分阴茎体受到机械的、物理的或化学的损伤，而发生炎症水肿，使其体积增大，造成阴茎缩肌的张力降低，从而发生嵌顿包茎。

（二）临床症状

阴茎充血、瘀血和水肿，颜色暗红（图 4-29）。动物舔舐使肿胀加重，阴茎、阴茎头长期暴露在外，可出现干燥、裂开、坏死和尿道阻塞，造成尿淋漓、血尿或尿闭。严重病例发生阴茎、阴茎头坏疽，触之无痛、无热、无感觉。如果是麻痹性嵌闭包茎，阴茎对疼痛刺激不敏感（图 4-30），会阴部皮肤、股后部表面和阴囊丧失知觉，肛门和尾巴松弛，甚至后肢运动失调。

（三）类症鉴别

1. 包茎

排尿包皮腔鼓起，阴茎头包皮炎，局部溃疡、糜烂，有大量排泄物，因包皮过长，尿液引起腹侧皮炎（图 4-31）。检查时阴茎不能伸出包皮口。

图 4-29　阴茎充血、瘀血和水肿

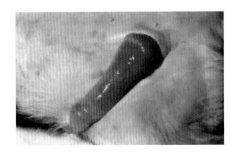

图 4-30　麻痹性嵌闭包茎

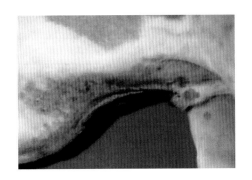

图 4-31　包皮过长，腹侧皮炎

2. 阴茎头包皮炎

包皮口肿胀、温热、疼痛、瘀血，流浆液性或脓性渗出物（图 4-32），阴茎不能伸出，排尿困难。

图 4-32　包皮炎，出现脓性分泌物

3. 阴茎损伤

阴茎和包皮肿胀、增温、疼痛（图4-33），触诊敏感，阴茎不能外伸，排尿困难（图4-34）。

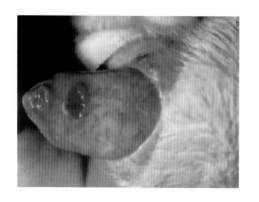

图 4-33　阴茎损伤

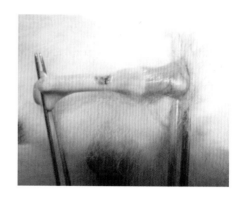

图 4-34　阴茎不能外伸，排尿困难

4. 尿道炎

有外伤或尿结石刺激病史，主要发生于雄性犬猫，表现尿频，尿痛，血尿，触诊阴茎敏感，尿液混浊，尿液中含有黏液、血液和脓汁，但没有管型、膀胱上皮细胞。全身症状不明显。

（四）预防措施和安全用药

应先徒手复位。用冷生理盐水清洗嵌顿的阴茎，并涂上润滑剂，将包皮向前复位时，向后推动阴茎，使其还纳到包皮腔内。若阴茎肿胀严重，用高渗溶液（如10%盐水、3%明矾水或50%葡萄糖溶液等）冷敷，也可在肿胀明显处进行穿刺。当肿胀缓解后用润滑剂冲洗包皮腔，送回阴茎。如不能徒手复位，应行包皮扩开术。若部分阴茎已坏死，应施部分阴茎截除术。若阴茎全部坏死，应施阴茎全截除术和阴囊或会阴部尿道造口术。

十三、良性前列腺增生

良性前列腺增生又称良性前列腺肥大，简称前列腺增生，肥大（细胞体积增大）和增生（细胞数量增加）是犬前列腺增生的两种病理变化，其中以细胞数目增多较多见。6岁以上的犬，约60%有不同程度的前列腺增生，但大部分不表现临床症状。犬前列腺增生一般呈囊状液性囊肿（图4-35、图4-36），液体稀薄清亮至琥珀色，故又称囊性前列腺增生。随着腺体的增生，小血管增加，引起血尿。

（一）发病原因

良性前列腺增生是年龄增长的自然结果，2～5岁开始发病，50%的犬在4～5岁前出现良性前列腺增生组织学变化，5～6岁临床症状明显。睾酮、5α-双氢睾酮及雌激素与雄激素比例的改变，在前列腺增生方面具有重要作用。

（二）临床症状

尿频和里急后重；有的出现血尿或排出血样清亮淡黄色液体，血尿间断或持续性出现。精子活力下降，出现不育症。经直肠内触摸，前列腺呈现对称性增大，无热、无痛，质地不定，正常或中度变硬，但仍保持其移动性。严重时可出现尿潴留、排尿困难。一般无全身症状。B超显示前列腺增大，呈等反射影像（图4-37）。

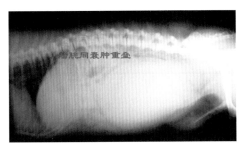

图 4-35 囊状液性囊肿（膀胱造影前）　　图 4-36 囊状液性囊肿（膀胱造影后）

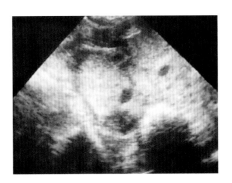

图 4-37 B超显示前列腺增生

（三）类症鉴别

1.前列腺炎

体温升高，血尿，尿痛，里急后重，排尿、排便困难，无生育能力，触诊前列腺呈不对称性增大、疼痛。尿液检查可发现白细胞及细菌。B 超检查前列腺出现强回声。

2. 前列腺囊肿

腹部膨胀，排尿困难，便秘，直检前列腺肿大，表面光滑，不对称，无热无痛。

（四）预防措施和安全用药

去势是最简单有效的治疗方法，多数病例在去势后数天内症状缓解，2 个月内前列腺体积缩小。但对种用动物，需进行药物治疗，口服己烯雌酚 0.2 ～ 1.0 毫克 / 天，连用 5 天，然后每周 2 次，连续 3 周。醋酸甲地孕酮与醋酸甲羟孕酮联合应用也有效。对去势或雌激素治疗无效者，应考虑前列腺摘除术。

十四、前列腺炎和前列腺脓肿

前列腺炎是前列腺的急性和慢性炎症，常呈化脓性感染，慢性更为常见。当感染严重时可形成前列腺脓肿，多发生在未去势的老龄犬。

（一）发病原因

多由尿道上行感染所致，其病原菌主要为大肠杆菌、支原体、变形杆菌、链球菌、布鲁氏菌、克雷伯菌、假单胞菌及葡萄球菌等。前列腺增生、尿路感染、服用过量雌激素、患足细胞瘤和机体防御能力下降等，为本病的诱因。

（二）临床症状与病理变化

急性前列腺炎，表现体温升高、昏睡、食欲减退、呕吐、体弱无力、血尿、尿痛和出现大量尿道排泄物。无生育能力，不愿意配种。腹部及直肠触诊前列腺时表现疼痛。会阴部隆起，直肠部分阻塞，排便困难。行走缓慢，步态异常，尾根拱起，有时后肢皮下水肿。慢性感染的动物，全身症状轻微。出现前列腺脓肿后，动物表现为里急后重、排尿困难和充盈性尿失禁，存在黏液性及脓性和血性的尿道分泌物，常发呕吐、腹泻和败血性休克。触诊前列腺正常，但通常会出现不对称性增大，疼痛，有波动感，或者有质度硬的区域。若发生脓肿破溃或吸收脓性产物，则出现脓毒血症的症状，可能发生休克或死亡。尿液检查可发现白细胞及细菌。B 超显示前列腺脓肿为液性暗区（图 4-38、图 4-39）。剖检前列腺有化脓性炎症（图 4-40）。

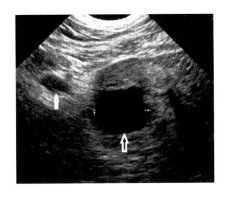

图 4-38　双侧前列腺脓肿

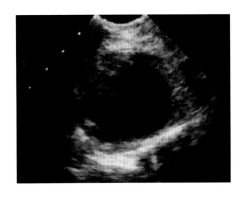

图 4-39　单侧前列腺脓肿

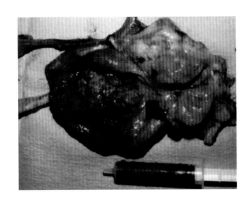

图 4-40　前列腺化脓性炎症

（三）类症鉴别

1. 良性前列腺增生

多发生于 6 岁以上的犬，一般无全身症状，表现尿频，里急后重，排尿困难，血尿，精子活力下降，直肠检查前列腺呈对称性增大，无热、无痛，密度正常。B 超检查前列腺实质强回音，X 射线检查前列腺增大。

2. 膀胱炎

表现尿频，尿痛，血尿，触诊膀胱敏感，膀胱空虚，尿液混浊，尿液中有多量膀胱上皮细胞、白细胞、红细胞，全身症状不明显。

3. 尿道炎

有外伤或尿结石刺激病史，主要发生于雄性犬猫，表现尿频，尿痛，血尿，触诊阴茎敏感，尿液混浊，尿液中含有黏液、血液和脓汁，但没有管型、膀胱上皮细胞。全身症状不明显。

4. 前列腺囊肿

腹部膨胀，排尿困难，便秘，直检前列腺肿大，表面光滑，不对称，无热无痛。

（四）预防措施和安全用药

首先进行导尿，同时对便秘动物应进行缓泻或灌肠，促进排便。选用能渗入前列腺组织内的抗生素和磺胺药，如头孢菌素、四环素、多西环素、红霉素、氨苄西林、阿米卡星、庆大霉素、恩诺沙星、复方新诺明等，连用 4 ～ 6 周。慢性感染者，可长期用半剂量抗菌药物，每天 1 次，或同时行去势术。配合使用非那司提等能减少前列腺体积的药物，有益于本病的治疗。对已形成脓肿的病例，可同时采取手术引流，积极治疗败血性休克，使用大网膜包裹前列腺脓肿的腔洞，防止复发。对于严重的前列腺炎，保守疗法无效时，可采用前列腺切除术。

十五、卵巢功能不全

卵巢功能不全是指卵巢功能暂时性紊乱、功能减退、性欲缺乏、卵巢静止或幼稚、卵泡发育中途停顿等，或其功能长久衰退而引起卵巢萎缩。

（一）发病原因

饲养管理不良、蛋白质不足、长期患慢性病、体质衰弱等，均可出现卵巢功能不全。甲状腺功能减退、近亲繁殖也常造成卵巢发育不全或卵巢功能减退。

（二）临床症状

主要表现性周期延长或不发情。卵巢功能障碍严重时，生殖器官萎缩。

（三）类症鉴别

1. 卵巢炎

体温升高，腹痛，喜卧，性周期不规则或不发情。

2. 持久黄体

母犬产后或配种后，长期不发情。

（四）预防措施和安全用药

治疗原则为改善饲养管理，治疗原发病，刺激性功能。可选用孕马血清促性腺激素（PMSG）100 ～ 200 国际单位、人绒毛膜促性腺激素（HCG）100 ～ 200 国际单位、促卵泡激素（FSH）20 ～ 50 国际单位，肌内注射，每天 1 次，连用 2 ～ 3 次。

十六、卵巢囊肿

卵巢囊肿是指由于生殖内分泌紊乱，导致卵巢组织内未破裂的卵泡或黄体因其自身组织发生变性和萎缩而形成球形的空腔。前者为卵泡囊肿，后者为黄体囊肿。多见于老年犬、猫，猫发病率高于犬。

（一）发病原因

多因促性腺激素分泌紊乱引起，其中最重要的是促黄体生成素（LH）和促卵泡素（FSH）。犬一般在发情开始的 24～48 小时内排卵，而猫在交配后排卵。交配刺激母猫阴道受体，使丘脑下部释放促性腺激素释放激素，它可刺激垂体释放促黄体素，进而使卵泡破裂排卵。促黄体素不足，促卵泡素过多时，易发生卵巢囊肿。此外，饲料中缺乏维生素A、维生素 E，运动不足，注射大量的孕马血清促性腺激素或雌激素等也会导致本病，还可继发于子宫、输卵管、卵巢的炎症等。

（二）临床症状

持续出现发情前期或发情期的特征，并吸引雄性犬、猫，表现慕雄狂，如精神急躁，神经过敏，性欲亢进，持续发情，阴门红肿，偶见有血样分泌物，常爬跨其他犬、玩具或家庭成员，但却拒绝交配。黄体囊肿时，母犬则不发情。

（三）类症鉴别

1. 卵巢功能不全

主要表现性周期延长或不发情。

2. 黄体囊肿

母犬不发情。

（四）预防措施和安全用药

改善饲养管理，合理使用激素疗法。促黄体素和人绒毛膜促性腺激素单用或联合应用，如促黄体素 20～50 国际单位，肌内注射，一周后未见效者可再注射一次，剂量应稍加大，或肌内注射人绒毛膜促性腺激素 50～100 国际单位。孕酮 2～5 毫克，肌内注射，每天或隔日 1 次，连用 2～5 次。也可口服 17α-羟孕酮 3～4 毫克/千克。激素疗法无效时，可将卵巢摘除。

十七、流产

流产是指各种原因所致的妊娠中断，包括胚胎被母体吸收及产出死胎与未足月胎儿等。

（一）发病原因

引起流产的原因很多，主要有饲养不当（如饲料单一或不足，长期饥饿，缺乏维生素A、维生素D、维生素E、矿物质等）；机械性损伤（如跳跃、碰撞、保定等）；用药错误（如麻醉药、子宫收缩药以及大量的泻剂、利尿剂等）；胎膜和胚胎发育不良（如近亲交配、胎水过多、胎膜水肿、胎盘异常等）；感染（如大肠杆菌感染、葡萄球菌感染、胎儿弧菌感染、流产布鲁氏菌感染、弓形虫感染、巴尔通体感染、结核病、猫细小病毒感染、犬瘟热病毒感染、白血病病毒感染、慢性子宫内膜炎、寄生虫病、中毒病等）；内分泌失调（如雌激素过多、孕酮量不足、黄体功能减退、甲状腺功能减退等）。

（二）临床症状

隐性流产：妊娠早期可发生潜在性流产，即胚胎尚未充分形成胎儿，易被子宫吸收。或一个胚胎死亡，而其它同胎的胚胎仍然正常发育。

早产：即排出不足月的胎儿，早产儿可能不具生活力，也有可能具有生活力。流产前母犬出现阵痛，并从阴门流出胎水。

排出死胎：胎儿死亡后，可引起子宫反应，而将死胎及其胎膜排出来。

胎儿干尸化（木乃伊化）：妊娠中断后，胎儿遗留在子宫内，没有腐败的细菌侵入，其组织中的水分被吸收，胎儿变干，体积缩小，呈干尸样。

胎儿浸溶：胎儿死亡后经本身发酵分解，软组织浸软（分解液化）变为液体，而骨骼残留在子宫内。

胎儿腐败（或称气肿）：胎儿未能排出，通过子宫颈管侵入腐败细菌，使其组织分解，产生气体，积于皮下组织或腹腔内。

（三）类症鉴别

1. 布鲁氏菌感染

由布鲁氏菌引起，多呈隐性感染，一般体温不高，母犬流产、不育，公犬睾丸炎，流产胎儿细菌学检验可发现布鲁氏菌。

2. 疱疹病毒感染

由疱疹病毒引起，多发生于3周龄内仔犬猫，表现发热，鼻炎，角膜结膜炎，支气管炎，肺炎，溃疡性口炎，皮肤丘疹，流产等。眼结膜和上呼吸道黏膜涂片检查到包涵体。疱疹病毒感染无胆囊壁增厚和水肿症状。

3. 弓形虫病

由刚地弓形虫引起，成年犬猫为隐性感染，幼犬猫发热、消瘦、黏膜苍白、咳嗽、流鼻液、呼吸困难、麻痹、运动失调、流产、白内障等。

（四）预防措施和安全用药

当发现母犬有流产征兆时，应及时安胎、保胎，可肌内注射孕酮 5 ～ 10 毫克，每天 1 次，连用 3 ～ 5 天。当胎膜已破，胎水流出，胎儿不能排出时，可使用前列腺素 F2α 或雌激素、催产素。当胎儿已经腐败，在排出胎儿之前，先用 0.1% 高锰酸钾溶液注入子宫内，再注入适量的润滑剂，然后助产拉出胎儿。对胎儿已全部排出、胎盘未分离、子宫出血的病犬，可注射催产类药物，如催产素、麦角制剂、前列腺素 F2α 等。若已出现中毒和休克先兆，需及时输液、补糖。确诊为布鲁氏菌感染的病犬，应淘汰或治疗之后不再留作种用。疱疹病毒引起的流产，大都是长期不孕，无有效的治疗方法。患弓形虫病时，病原在血中存在的时间短，流产的病犬再妊娠之后可能不再流产。

十八、难产

难产是指在没有辅助分娩的情况下，出生困难或母体不能将胎儿通过产道顺利排出的疾病。根据难产的原因可分为母体性难产、胎儿性难产两种类型。

（一）发病原因

1. 母体性难产

母体性难产约占难产病例的 75.3%，其中由子宫收缩无力所致的难产占 72% 左右。如营养失衡、年老体弱、过度肥胖、妊娠中缺乏运动或怀胎过多等。产道狭窄，如过早配种受胎、子宫颈狭窄、子宫扭转、子宫破裂、子宫变位、子宫畸形、阴道及阴门狭窄、骨盆腔狭窄以及产道肿瘤等。

2. 胎儿性难产

胎儿性难产约占难产病例的 24.7%，其中异常前置和胎儿体型过大分别占 15.4% 和 6.6%。常因胎儿过大、双胎难产（两胎儿同时楔入产道）、胎位不正（横腹位、横背位、侧胎位等）、畸形胎（如脑积水、水肿、重叠等）、气肿胎等而导致。

（二）临床症状

难产病犬、猫可由于产程过长痛苦鸣叫，精神不振，频频举尾排尿，分娩第一期后要经 4 小时才娩出第 1 个胎儿，间隙 4 ～ 6 小时娩出第 2 个。

（三）类症鉴别

1. 阴道炎

阴道黏膜红肿，从阴门流出大量黏液性或脓性分泌物，全身症状不明显，分泌物检验可见大量脓细胞及上皮细胞。

2.子宫内膜炎

多发生于刚分娩不久，有全身症状，体温升高，排出灰白色混浊含有絮状物的分泌物或脓性分泌物，腹壁触诊子宫角增大、疼痛。子宫分泌物检查有大量炎症细胞和病原体，B超检查子宫腔液性暗区。

3.肠便秘

多发生于老龄犬猫，临床上主要表现持续性呕吐，排便困难，后腹部触诊和X射线检查可发现干粪球。

（四）预防措施和安全用药

在确定子宫颈口开放，胎位、胎向正常，胎儿无畸形、不过大和无产道狭窄的前提下，可应用催产素和钙制剂，但禁用麦角制剂。治疗子宫肌无力时可先单独使用钙制剂，用药后30分钟若出现轻微效果，可再次用药；若无反应，则应用催产素。或先应用钙制剂，10分钟后立即使用催产素。钙制剂可选用10%葡萄糖酸钙，按每千克体重0.5～1.5毫升、1毫升/分的速度缓慢静脉滴注。催产素的用量为1.5～10.0国际单位，如果用催产素后30分钟母犬无反应，可再次应用催产素。第二次用药后30分钟若仍无反应，应利用产科钳引产或施剖宫产术。

对宫颈未开、子宫扭转、子宫破裂、子宫畸形、盆腔狭窄、产道狭窄或胎位不正、羊水流失者，应尽早施行剖宫产术。对狂躁不安者给予少量镇静剂。胎死宫中者可用截胎术取出，同时需预防子宫内膜炎。

十九、阴道炎和子宫内膜炎

阴道炎是由于阴道及前庭黏膜受损伤和感染所引起的炎症，可分为原发性和继发性两种。子宫内膜炎是指由于分娩时或产后子宫内膜发生细菌感染而引起的炎症。按病程可分为急性和慢性子宫内膜炎两种；按炎症性质分为卡他性、化脓性、纤维素性、坏死性子宫内膜炎。

（一）发病原因

阴道炎通常是在交配、分娩、难产及阴道检查时，受到损伤和感染而发生。此外，全身感染性疾病、疱疹病毒感染、阴道脱出、子宫脱垂及子宫内膜炎等疾病中，也可继发阴道炎。

子宫内膜炎主要因分娩或难产时消毒不严的助产、过度交配或人工授精消毒不严、产道损伤、子宫破裂、胎盘及死胎滞留引起感染。此外，产后子宫复旧不良、阴道炎、子宫脱垂、胎衣滞留、流产、死胎等，都可继发子宫内膜炎。卵巢功能障碍和孕酮分泌增加，也可引起子宫蓄脓、增生性子宫内膜炎等。

（二）临床症状

1. 阴道炎

常见的症状是时常舔阴门，尿频，从阴门流出大量黏液性或脓性分泌物，公犬常追随母犬。阴道黏膜出现肿胀、充血及疼痛，有黏稠分泌物，全身症状不明显。分泌物检验，可见大量脓细胞及上皮细胞。发情间期犬、猫表现正常，随后可见脓性分泌物。

2. 子宫内膜炎

急性子宫内膜炎：母犬体温升高，精神沉郁，食欲减少，烦渴贪饮，有时呕吐和腹泻。有时出现拱腰、努责及排尿姿势。从生殖道排出灰白色混浊含有絮状物的分泌物或脓性分泌物，特别是在卧下时排出较多。腹壁触诊时子宫角增大、疼痛，呈面团样硬度，有时有波动。

慢性子宫内膜炎：阴道长期流出脓性黏液，未产母犬、猫发情不规则或受孕后 2～3 周内流产或死胎，经产犬、猫产仔数减少或发情征兆不明显，子宫体增大。

（三）类症鉴别

1. 尿道炎

有外伤或尿结石刺激病史，主要发生于雄性犬猫，表现尿频，尿痛，血尿，触诊阴茎敏感，尿液混浊，尿液中含有黏液、血液和脓汁，但没有管型、膀胱上皮细胞。全身症状不明显。

2. 膀胱炎

表现尿频，尿痛，血尿，触诊膀胱敏感，膀胱空虚，尿液混浊，尿液中有多量膀胱上皮细胞、白细胞、红细胞，全身症状不明显。

3. 开放型子宫积脓

有 10 周以内的发情史，有全身症状；腹部增大，X 射线与 B 超检查子宫增大；血液白细胞数量增多。

4. 疱疹病毒感染

由疱疹病毒引起，多发生于 3 周龄内仔犬猫，表现发热，鼻炎，角膜结膜炎，支气管炎，肺炎，溃疡性口炎，皮肤丘疹，流产等。眼结膜和上呼吸道黏膜涂片检查到包涵体。疱疹病毒感染无胆囊壁增厚和水肿症状。

（四）预防措施和安全用药

1. 阴道炎

初期可进行阴道冲洗，常用生理盐水、0.5% 乙酸、1% 乳酸或过氧化氢、2% 碳酸氢钠溶液、0.1% 高锰酸钾溶液、1% 硫酸铜溶液或 0.02% 呋喃西林溶液等。冲洗之后，可于黏膜上涂布碘甘油、磺胺软膏或青霉素软膏。有溃疡时，涂以 2% 硫酸铜软膏，或注入抗生素栓剂。

2. 子宫内膜炎

治疗原则为加强护理，消除炎症，恢复子宫功能。首先肌内注射己烯雌酚和垂体后叶激素，然后用温生理盐水或 0.1% 雷佛奴尔溶液冲洗，每天冲洗 1 次，连续 2 ～ 4 次。在冲洗之后向子宫内注入氨苄青霉素 500 毫克，或注入新霉素 100 毫克。也可注入复方制剂宫炎康等。当子宫内膜炎伴有全身症状时，宜适当补液，纠正水及电解质平衡紊乱，必要时静脉注射营养液，并应用抗生素疗法。如上述疗法无效时，需进行卵巢子宫切除术。

二十、子宫蓄脓

子宫蓄脓是指发情后期子宫腔有脓性积液而不能排出的一种疾病，特征是子宫内膜异常并继发细菌感染。按子宫颈开放与否可分为闭锁与开放两种类型，多见于 5 岁以上的母犬，猫也时有发生。

（一）发病原因

常继发于化脓性子宫内膜炎及急、慢性子宫内膜炎，化脓性乳腺炎及其他部位化脓灶转移。本病的内在原因与雌激素、孕激素作用有关。常发生于发情后期，此时孕酮促进子宫内膜的生长而降低子宫平滑肌的活动，最终发展为囊性子宫内膜增生，使子宫的分泌物积聚。阴道内正常菌群中的某些细菌是子宫感染的最常见病原。在猫和犬，子宫蓄脓的发生也与使用孕酮有关。卵巢子宫切除术后剩余的子宫组织也可发生本病。雌激素可以加强孕酮对子宫的刺激作用，在发情期间给予外源性雌激素可以增加发生子宫蓄脓的危险，因此不提倡用注射雌激素的方法来避孕。

（二）临床症状与病理变化

常在发情后 4 ～ 8 周出现临床症状，表现精神沉郁，食欲不振，烦渴，呕吐，多尿，呼吸增数，脱水，体温有时升高。闭锁型病例腹部膨大（图 4-41），触诊可触及子宫角胀满、疼痛。开放型病例阴道流出大量灰黄或红褐色脓液（图 4-42），无臭或有强烈腥臭味。中性粒细胞增多，核左移。不及时治疗可继发子宫溃疡或穿孔，贫血、肾小球肾炎及毒血症等而表现相应症状。X 射线检查子宫增大，出现高密度影像（图 4-43）。B 超检查子宫内膜增厚（图 4-44），子宫腔内有多个圆形或椭圆形液性暗区（图 4-45）。剖检，子宫腔积有大量脓液（图 4-46）。

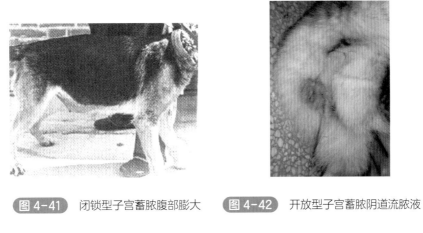

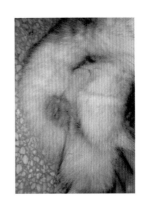

图 4-41　闭锁型子宫蓄脓腹部膨大　　　图 4-42　开放型子宫蓄脓阴道流脓液

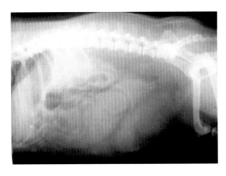

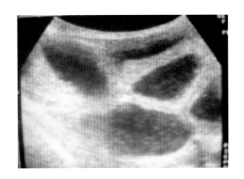

图 4-43　子宫蓄脓 X 射线影像　　　图 4-44　子宫内膜增厚

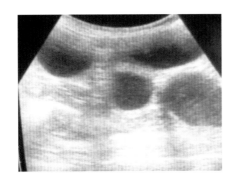

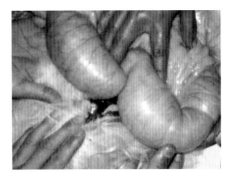

图 4-45　子宫腔内的多个圆形或椭圆形液性暗区　　　图 4-46　子宫腔积有大量脓液

（三）类症鉴别

1. 膀胱炎

表现尿频，尿痛，血尿，触诊膀胱敏感，膀胱空虚，尿液混浊，尿液中有多量膀胱上皮细胞、白细胞、红细胞，全身症状不明显。

2. 腹膜炎

由于炎症或刺激引起，主要表现体温升高，呕吐，剧烈持续性腹痛，腹壁紧张，呈弓背姿势，腹腔积液。腹腔穿刺，穿刺液相对密度大，李凡他试验反应阳性。

3. 猫传染性腹膜炎

由猫冠状病毒引起，多发生于 6 个月至 2 岁幼猫和 13 岁以上的猫，湿性传染性腹膜炎主要表现胸腔和腹腔积液，个别病猫具有中枢神经系统和眼部症状。干性传染性腹膜炎主要表现消瘦，各种器官出现肉芽肿，并出现相应的临床症状。

（四）预防措施和安全用药

卵巢子宫切除术是首选的治疗方法。但是如果要保留猫或犬的生殖能力，可以考虑进行药物治疗。应用静脉补液和广谱抗生素进行全身治疗，对开放型病例可行子宫冲洗，再肌内注射或静脉注射催产素犬 5 ～ 10 国际单位，猫 0.5 ～ 3 国际单位；或皮下注射前列腺素（PGF）0.25 毫克 / 千克体重，1 次 / 天，连用 5 天。对闭锁型病例，可先注射己烯雌酚 0.2 ～ 0.5 毫克，3 ～ 4 天后注射垂体后叶激素 2 ～ 5 国际单位，或用宫缩素。

二十一、阴道增生和阴道脱出

阴道增生是指远端阴道黏膜腹侧壁水肿、增生，并向后脱出于阴门外，主要见于处于发情前期和发情期的年轻母犬。阴道脱出是指阴道黏膜部分或完全向后脱出于阴门外，多见于拳师犬、波士顿梗犬等短头品种犬。

（一）发病原因

阴道增生与雌激素分泌剧增有关。正常母犬发情时，由于雌激素的作用，阴道、尿生殖前庭黏膜水肿、充血。但有些品种犬（可能与遗传有关）在发情前期和发情期因雌激素分泌过多，致使阴道底壁（尿道乳头前部）黏膜褶水肿，并向后垂脱。最常见于第一次发情，一般到间情期（黄体期）可退缩，但以后发情可再度发生。

阴道脱出主要与遗传性阴道松弛无力有关，另外，便秘、交配时强行分离，分娩后不断努责或腹内压过大时，也易发生阴道脱出。

（二）临床症状

1. 阴道增生

最初病犬阴唇肿胀、充血（图 4-47），并频频舔阴唇。试交配时，病犬不愿与公犬接触。病犬努责、下蹲、起卧不安。当其卧地时，阴门张开，可露出一增生物，粉红色，质地柔软（图 4-48）。以后增生物脱至阴门外，如拳头样（图 4-49），顶部光滑，后部背侧有数条纵向皱褶，向前延伸至阴道底壁，与阴道皱褶吻合。增生物腹侧终止于尿道乳头前方（图4-50），时间长因循环障碍而坏死（图4-51）。

图 4-47　阴唇肿胀、充血　　图 4-48　阴门粉红色增生物

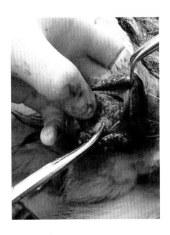

图 4-49　增生物脱至阴门外　　图 4-50　终止于尿道乳头前方　　图 4-51　增生物出现坏死

2. 阴道脱出

阴道部分脱出，当犬卧下时从阴门口可见到红色黏膜外翻（图4-52），站立时可自动缩回，或脱出物呈球形并显露尿道乳头，站立时也不能自行缩回；当阴道全脱出时，子宫颈外翻，呈"轮胎"状。外翻时间过长，阴道黏膜发绀、水肿、干燥和损伤（图4-53）。

（三）类症鉴别

1. 阴道肿瘤

活组织检查易区别。阴道增生时黏膜表面含有大量角化细胞和复层鳞状细胞，与正常发情时阴道黏膜增生、脱落一致。

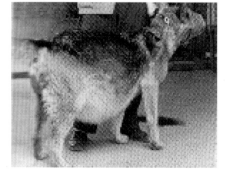

图 4-52　阴道部分脱出　　　　图 4-53　阴道全脱出

2. 子宫脱垂

子宫的一部分或全部翻转，脱出于阴道内或阴道外。根据脱出程度可分为子宫套叠及完全脱出两种。子宫套叠，从外表不易发现，母犬分娩后表现不安、努责，有轻度腹痛现象。检查阴道可发现子宫角套叠于子宫、子宫颈或阴道内。完全脱出，从阴门脱出长椭圆形的袋状物（图 4-54），往往下垂到跗关节上方。子宫表面光滑，呈紫红色。时间较长，脱出子宫易发生瘀血和水肿（图 4-55）。

图 4-54　脱出子宫呈椭圆形　　　　图 4-55　脱出子宫瘀血和水肿

（四）预防措施和安全用药

1. 阴道增生

对有本病病史的犬，在发情前期使用醋酸甲地孕酮 2 毫克 /（千克·日），连用 1 周。

增生物小者，一般不影响配种或进行人工授精。组织增生严重、脱出于阴门外者，可进行整复或手术切除。卵巢子宫切除术能彻底防止再次发生。

2. 阴道脱出

轻度阴道脱出，清除病因后可自行恢复。阴道脱出严重者，先用 2% 明矾水或 3% 硼酸溶液清洗后再进行整复。水肿严重者，可针刺和用 50% 葡萄糖水冷敷脱水。整复困难的，可行剖腹牵引子宫整复术。整复后可在阴门两侧做 2～3 个纽扣状缝合固定，或阴道侧壁与臀部皮肤的固定缝合术。如脱出的阴道因长期暴露在外，阴道严重出血、感染或坏死，必须采用阴道截除术。妊娠动物患阴道脱出可引起分娩困难，必要时可做阴道部分切除术。

二十二、假孕

假孕是犬、猫发情而未配种或配种而未受孕之后，全身状况和行为出现妊娠所特有变化的一种综合征。临床上以腹部膨大、乳腺增生、泌乳、行为发生变化，有的母犬表现出产后行为，如哺育无生命的物体、拒食等行为特征。常发生于母犬，母猫则少见。本病发生于发情间期。

（一）发病原因

发情间期孕酮浓度下降和催乳素浓度升高是出现临床症状的原因。由于发情间期孕酮含量与怀孕时的相同，而且持续发挥作用，从而引起一些母犬的生殖器官和行为出现类似怀孕的明显变化。

（二）临床症状

主要症状是乳腺发育胀大并能泌乳，行为发生变化。母犬吸食自己分泌的乳汁，或给其他母犬生产的仔犬哺乳，泌乳现象持续 2 周或更长。行为变化包括设法搭窝、母性增强、表现不安和急躁。阴道常排出黏液，腹部扩张增大，子宫增大，子宫内膜增殖。少数母犬出现分娩样的腹肌收缩。假孕母犬多数出现呕吐、腹泻、多尿、多饮等现象。

（三）类症鉴别

1. 子宫蓄脓

多见于 5 岁以上犬，没有妊娠过的小型犬多发，多在发情期后 2～8 周出现病征，表现烦渴，呕吐，多尿，腹部膨大。触诊子宫角胀满、疼痛。中性粒细胞增多、核左移，B 超检查有多个液性暗区。

2. 腹水症

由于心、肝、肾功能障碍或严重贫血引起，体温正常，四肢水肿，下腹部两侧对称性膨大，触诊腹壁不敏感，冲击触诊呈击水音。腹腔穿刺为透明的漏出液，相对密度低于1.015，李凡他试验反应阴性。

（四）预防措施和安全用药

在 1 ～ 3 周内可自愈，无需治疗。行为出现明显变化的母犬可考虑使用镇静剂，但有时可引起催乳素的释放增加。不能用雌激素，因为有引起骨髓抑制的危险。孕激素一般可使泌乳停止，但停用后催乳素又会出现升高并重新泌乳。雄激素也可使泌乳停止，按每千克体重 1 ～ 2 毫克肌内注射睾酮。若假孕反复发作，可给母犬配种或施行卵巢子宫切除术。

二十三、乳腺炎

乳腺炎是指一个或多个乳腺的卡他性或化脓性炎症，可分为急性乳腺炎、慢性乳腺炎及囊泡性乳腺炎。急性乳腺炎又称败血性乳腺炎，一般发生于泌乳期；慢性及囊泡性乳腺炎最常发生于断奶时。

（一）发病原因

急性乳腺炎通常是因幼犬、猫抓伤或咬伤后，葡萄球菌、链球菌、铜绿假单胞菌、大肠杆菌及念珠菌等感染所致。慢性乳腺炎则是断奶前后乳管闭锁、乳汁滞留刺激乳腺的结果。囊泡性乳腺炎与慢性乳腺炎类似，但乳腺增生可形成囊泡样肿物。

（二）临床症状

急性乳腺炎可出现发热、精神沉郁、食欲不振，不愿照顾幼仔等全身症状。发炎部位温热、疼痛、乳房硬肿，压迫时有少量血样或水样分泌物流出，乳汁呈絮状，若为化脓菌感染，可挤出脓液并混有血丝。血液学检验，白细胞总数增多。慢性乳腺炎全身症状不明显，一个或多个乳房变硬，强压亦可挤出水样分泌物。囊泡性乳腺炎多发于老龄犬、猫，触诊乳房变硬，可摸到增生囊泡。

（三）类症鉴别

1. 假孕

表现腹部膨大，乳腺胀大并能泌乳，烦躁不安，设法搭窝，母性增强，子宫增大，子宫内膜增殖等。X 射线或 B 超检查未见孕囊。

2. 乳腺肿瘤

肿瘤为局限性圆形、花瓣状、绒毛状、树枝状等，外观凹凸不平，表面光滑，质地坚实。

（四）预防措施和安全用药

应立即隔离幼仔，按时清洗乳房并挤出乳汁，对发炎乳腺进行热敷或外涂鱼石脂或樟脑醑制剂，可行局部普鲁卡因氨苄青霉素注射，以消除炎症。对严重感染者，应用抗生素进行全身治疗。对乳腺脓肿应切开冲洗、引流，按开放性外伤治疗。对哺乳期发生的慢性乳腺炎，可每天局部热敷 4 ～ 6 次，其幼仔可从这些乳腺哺乳。

二十四、不育症和不孕症

不育症是指公犬、猫在交配时不射精或精子不能使卵子受精的疾病。不孕症是指母犬、猫因生殖系统解剖结构或功能异常引起的暂时或永久不能繁殖的疾病。如犬出生后 12 ～ 24 月龄，猫 5 ～ 12 月龄未孕，或曾正常发情，但已有 10 ～ 24 个月无发情或异常发情而又屡配不孕者。

（一）发病原因

常见的原因有营养不良（如长期饲料不足，缺乏蛋白质、糖、维生素 A、维生素 B_1、维生素 D、维生素 E、矿物质等）；营养过剩及衰老；环境性骤变；配种技术失误（授精技术不熟练、精液处理不当、采精过度、错过适当的配种时间等）；生殖系统解剖结构异常（如包皮过长、阴道闭锁、尿道瓣过度发育、子宫发育不全、两性畸形、幼稚病等）；全身性或生殖器官的疾病（如持久黄体、卵巢囊肿、卵巢炎、子宫炎、子宫肿瘤、甲状腺功能减退、隐睾、睾丸发育不全、睾丸萎缩、睾丸炎、前列腺炎、精囊炎、尿道炎、布鲁氏菌病、结核病、李氏杆菌病、弓形虫病、钩端螺旋体病、白血病、猫传染性腹膜炎、猫病毒性鼻气管炎等）。

（二）临床症状

不孕症的典型症状即不能受胎，先天性生殖系统异常者，检查可见外生殖器、阴门及阴道细小而无法交配，子宫角极小或无分支，卵巢未发育，有些一侧为卵巢，另一侧为睾丸样组织。营养不良性不孕者表现为性周期紊乱，有些无特异症状。其他类型不孕多为经产犬、猫，往往伴有流产、死胎等。不育症的基本症状为性欲下降或阳痿，精液品质低劣，过度采精者无精子排出，并伴有原发病症状。

（三）类症鉴别

1. 子宫蓄脓和积液

子宫体增大而有波动。

2. 急性子宫内膜炎

触诊子宫时动物表现不安、努责等。

（四）预防措施和安全用药

对于患不孕症的犬、猫，属于发育不全或幼稚型的，不宜留作种用。也可以用激素刺激器官发育或者公犬、公猫混养。犬可肌内注射孕马血清促性腺激素（PMSG）25 ～ 200 国际单位，猫可每 8 小时肌注环戊雌二醇 0.25 ～ 0.50 毫克。营养不良性不孕者确定缺乏物质后予以补充，可恢复生殖功能。若生殖器官已发生器质性变化者，则不能恢复。引入种犬、猫时需在适当季节，最好安排在休情期以利其适应新环境，克服气候性不孕。疾病性不孕者，先治疗原发病。对于患不育症的公犬、猫，确诊后主要治疗原发病和除去病因，先天发育不全者可考虑淘汰，必要时应用睾酮、孕马血清及性腺原激素治疗，睾酮 20 ～ 50 毫克，每 2 ～ 3 天肌内注射 1 次，以促进性腺发育。

第五章

以神经和运动系统为主症的犬猫疾病类症鉴别与安全用药

一、狂犬病

狂犬病又名恐水症，俗称疯狗病，是由狂犬病病毒引起的一种人畜共患急性接触性传染病。临床上以极度兴奋、狂躁不安、行为反常、流涎、意识丧失、进行性麻痹和最终死亡为特征，典型的病理变化为非化脓性脑炎。

（一）发病原因

病原为弹状病毒科狂犬病病毒属的狂犬病病毒，属 RNA 病毒。犬、猫对狂犬病病毒高度易感，病犬及带毒的家畜和野生动物是本病的传染源，病毒在动物体内主要存在于中枢神经组织、唾液腺和唾液内，主要通过咬伤的皮肤黏膜感染；也可通过气溶胶经呼吸道感染。一般春夏比秋冬较多发，伤口的部位越靠近头部和前肢或伤口越深，发病率越高。

（二）临床症状

潜伏期长短不一，一般 14 ～ 56 天，最短 8 天，最长数月至数年。临床表现一般可分为两种类型，即狂暴型和麻痹型。

犬狂暴型为 3 期，即前驱期、兴奋期和麻痹期。前驱期为 1 ～ 2 天。表现精神抑郁，喜藏暗处，举动反常，瞳孔散大，反射功能亢进（图 5-1），吞咽障碍，唾液增多（图 5-2），喜吃异物（图 5-3），后躯软弱。兴奋期为 2 ～ 4 天。表现狂暴不安，狂躁，望空扑咬，攻击性强（图 5-4），反射紊乱，喉肌麻痹。狂暴与抑郁交替出现。麻痹期为 1 ～ 2 天，病犬消瘦，张口垂舌（图 5-5），下颌麻痹（图 5-6），舌麻痹（图 5-7），后躯麻痹，行走摇晃，最终全身麻痹而死亡。

猫多表现为狂暴型。前驱期通常不到 1 天，其特点是低度发热和明显的行为改变。兴奋期通常持续 1～4 天。病猫常躲在暗处，当人接近时突然攻击，因其行动迅速，不易被人注意，又喜欢攻击头部，因此比犬的危险性更大。此时病猫表现肌颤，瞳孔散大（图5-8），流涎，背弓起，爪伸出，呈攻击状。麻痹期通常持续 1～4 天，表现运动失调，后肢明显。头、颈部肌肉麻痹时，叫声嘶哑。随后惊厥、昏迷而死。约 25% 的病猫表现为麻痹型，在发病后数小时或 1～2 天内死亡。

图 5-1　瞳孔散大，反射功能亢进

图 5-2　吞咽障碍，大量流涎

图 5-3　喜吃异物，啃咬笼具

图 5-4　狂躁，望空扑咬

图 5-5　麻痹型张口垂舌

图 5-6　麻痹型下颌麻痹

图 5-7　麻痹型舌麻痹　　　　图 5-8　病猫表现瞳孔散大

（三）病理变化

无特征性变化。胃空虚，存在毛发、石块等异物。胃黏膜充血、出血、糜烂。肠道和呼吸道呈现急性卡他性炎症变化。脑软膜血管扩张充血，轻度水肿，脑灰质和白质小血管充血，并伴有点状出血。

（四）类症鉴别

1. 犬瘟热

由犬瘟热病毒引起，以冬春季（10月至翌年4月间）多发，1～12个月龄的犬发病率最高，临床上以双相热型、白细胞减少、急性脓性鼻炎和脓性结膜炎、支气管肺炎、严重的胃肠炎和神经症状为特征。核内及胞浆内均有包涵体，且以胞浆内包涵体为主。

2. 癫痫

表现烦躁不安，反复发生短时意识丧失，突然倒地，角弓反张，肌肉强直性或阵发性痉挛，瞳孔散大，流涎，粪尿失禁，口吐白沫。

3. 伪狂犬病

由伪狂犬病病毒引起，主要发生于猪伪狂犬病流行地区，冬春季多发，表现发热，肌肉痉挛，头部和四肢奇痒，疯狂啃咬痒部和嚎叫，呕吐，流涎，吞咽困难，死亡率高。对人畜没有攻击性，没有意识扰乱，唾液有泡沫，下颌不麻痹，无内氏小体，散发。

4. 急性脑膜脑炎

也可以见到高度兴奋，还可以见到攻击行为和咬癖，但随着病程的进展，其麻痹症状并不像狂犬病那样典型、全面而有序。

5. 铅中毒

以慢性中毒多见，表现贫血，多动，好斗和易激怒，反复发生呼吸道和泌尿系统感染等。

6. 汞中毒

表现大量流涎，呕吐，溃疡性口炎，齿龈炎，胃肠炎，肾炎。

7. 砷中毒

表现呕吐，流涎，黏膜充血、肿胀、出血、脱落，腹痛，出血性下痢，血尿，兴奋不安，肢体麻痹，运动失调，心律不齐，瞳孔散大。

图 5-9　瞳孔散大，目光呆滞

8. 阿维菌素类药物中毒

表现共济失调，震颤，瞳孔散大（图 5-9）。

9. 士的宁中毒

表现神经过敏，不安，肌肉强直、痉挛，呼吸困难，可视黏膜发绀，角弓反张等。

（五）预防措施和安全用药

1. 预防措施

狂犬病的根本措施是进行免疫接种。目前使用的疫苗分为弱毒疫苗和灭活疫苗两类，灭活疫苗安全，效果确实，免疫期长达 1 年左右。也可接种五联苗和狂犬病基因工程疫苗。同时取缔无主的游荡犬。

2. 安全用药

由于至今尚未研究出有效的治疗方法，发病后无法治愈，因此临床症状明显的犬不治疗，立即捕杀。对疑有狂犬病的犬应进行严格隔离，防止其与其他动物或人接触，必要时施行安乐死。被病犬咬伤的犬应立即处理伤口，挤出伤口的血液，用大量肥皂水或 0.1% 新洁尔灭液冲洗伤口，再用 75% 酒精或 3% 碘酊消毒，或以 3% 石炭酸及硝酸银棒烧灼处理，并立即肌内注射抗狂犬病免疫血清，用量为 1.5 毫升 / 千克，第 3 天再注射 1 次。

二、伪狂犬病

伪狂犬病又叫阿氏病，是由伪狂犬病病毒所致的犬的一种急性传染病。临床上以发热、奇痒及脑脊髓炎为特征。

（一）发病原因

病原为伪狂犬病病毒，属疱疹病毒科水痘病毒属，为 DNA 型病毒。病毒抵抗力较强，在外界环境中可存活数周，在干燥的饲料中也可存活 3 天以上；但对乙醚、氯仿等脂溶剂以及福尔马林和紫外线等敏感。病猪是犬、猫的传染源，主要发生于猪伪狂犬病流行区，冬、春季多发。病猪主要随鼻汁、眼分泌物、乳汁、阴道分泌物及尿排出病毒，犬和猫由于吃了死于本病的鼠、猪的尸体或肉而感染。另外，亦可经皮肤伤口而感染。

（二）临床症状

犬潜伏期一般为 3～6 天，最短 36 小时，最长 10 天。表现精神沉郁，蜷缩不喜动，对周围事物表现淡漠，常变换体位。随后不安，拒食，肌肉痉挛，头部和四肢奇痒，疯狂啃咬痒部和嚎叫（图 5-10），下颌和咽部麻痹，呕吐，流涎，吞咽困难，病势发展迅速，通常在症状出现后 48 小时内死亡，死亡率 100%（图 5-11）。

 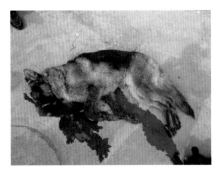

图 5-10 患犬疯狂啃咬痒部　　图 5-11 患犬很快抽搐死亡

猫潜伏期为 1～9 天。初期表现不适、嗜睡、沉郁、不安、攻击行为、抗拒触摸，以后症状迅速发展，表现为唾液过多、呕吐、无目的地乱叫。疾病后期发生较严重的神经症状，如感觉过敏、摩擦脸部、奇痒并导致自咬，这种典型的形式呈急性经过，并于典型症状出现的 36 小时内死亡。非典型的伪狂犬病约占被感染猫的 40%，这些猫病程较长，缺乏典型的奇痒症状，沉郁、虚弱为其主要症状。

（三）病理变化

主要是中枢神经系统的弥散性非化脓性脑膜脑炎及神经节炎，常有皮肤损伤，流出血液和组织液。脑膜明显充血，脑脊髓液量增多。

（四）类症鉴别

1. 狂犬病

由狂犬病病毒引起，有咬伤病史，地方流行或散发，主要表现极度兴奋，狂躁不安，行为反常，攻击性强，瞳孔散大，流涎，唾液黏稠，意识丧失，吞咽障碍，下颌、后躯麻痹。突然死亡少见，有内氏小体。

2. 脊髓炎

表现感觉过敏，肌肉震颤，运动障碍，四肢强拘，肌肉萎缩，排便排尿障碍等。

3. 脑膜脑炎

有明显的兴奋、沉郁、意识障碍等一般脑症状和眼球震颤、瞳孔大小不等局部脑症状，但排便排尿障碍不明显。

4. 脑脊髓丝状虫病

多发生于盛夏至深秋季节，其特征是腰痿，后肢运动障碍，并时好时坏。脊髓液检查，可检出微丝蚴。

（五）预防措施和安全用药

1. 预防措施

对本病的预防，首先要控制猪伪狂犬病的流行，同时不要用生猪肉或加工不适当的感染猪肉饲喂犬、猫。目前还没有合适的疫苗可供使用。

2. 安全用药

本病尚无有效疗法，一旦发病，应将犬舍彻底打扫后用 0.1% 氢氧化钠溶液消毒。早期应用抗伪狂犬病高免血清或丙种免疫球蛋白治疗，有一定疗效。如已出现神经症状，则效果不佳。各种抗生素及化学药品治疗均无效。

三、破伤风

破伤风又名"强直症"，是由破伤风梭菌产生的特异性嗜神经毒素引起的人畜共患性传染病。临床上以运动神经中枢应激性增高，肌肉强直性痉挛、抽搐为特征。

（一）发病原因

病原为破伤风梭菌，为严格厌氧菌，革兰氏染色阳性。该菌能产生两种毒素，一种是破伤风痉挛毒素（神经毒素），主要作用于神经系统，使感染动物发生强直症；另一种毒素是溶血毒素，使红细胞崩解，与破伤风梭菌致病性无关。由于破伤风梭菌及其芽孢在自然界中分布甚广，极易通过伤口侵入体内，但并非所有伤口均可感，只有在厌氧情况下才能引起发病，如钉伤、刺伤、脐带伤、阉割伤等可引起感染发病。本病散发，幼龄动物较老年动物易感。

（二）临床症状

潜伏期 5 ～ 10 天，长的可达 21 天。受伤部位越靠近中枢，发病越迅速，病情也越严重。因犬和猫对破伤风毒素抵抗力较强，故临床上局部性强直较常见，表现为靠近受伤部位的肢体发生强直和痉挛。暂时性牙关紧闭。少数病例出现全身强直性痉挛，除兴奋性和应激性增高外，病犬可呈典型木马样姿势（图 5-12），脊柱僵直或向下弯曲，口角向后，耳朵僵硬竖起，瞬膜突出外露，流口水。有时

图 5-12 患犬呈典型木马样姿势

出现呼吸、咀嚼和吞咽困难，癫痫性抽搐。疾病过程中患病动物神志清醒，体温不高，有饮食欲。急性病例可在 2 ～ 3 天内死亡，慢性病例 3 ～ 10 天死亡；仅局部强直的病犬、病猫一般预后良好。

（三）病理变化

剖检一般无明显特征性病变，仅可在浆膜、黏膜及脊髓膜等处发现小出血点，四肢和躯干肌肉、结缔组织发生浆液性浸润。因窒息死亡的则血液凝固不良，呈黑紫色，肺充血、水肿。有的可见异物性肺炎病变。

（四）类症鉴别

1. 急性肌肉风湿

急性肌肉风湿，肌肉痉挛发生于局部，且有疼痛和结节性肿胀变化，无应激反应增强的现象。

2. 脑炎、狂犬病

脑炎、狂犬病有时也会出现牙关紧闭，角弓反张，肌肉痉挛等症状，但瞬膜不突出，有意识扰乱或昏迷以及麻痹现象，虽应激性增高，但受轻微刺激时远端肌肉并不发生强直，故可区分开。

3. 士的宁中毒

中毒症状以中枢神经系统反射性兴奋为特点。动物呈现神经过敏、不安、肌肉不自主挛缩等，包括恐惧，肌肉强直，对声、光和触摸等刺激敏感。可诱发痉挛，呈间歇性发作，呼吸困难，可视黏膜发绀，颈强直，牙关紧闭，角弓反张等。常因肌肉过度兴奋引起体温升高。

（五）预防措施和安全用药

1. 预防措施

主要是防止发生外伤，一旦受伤应及时进行外科处理，对较大和较深的创伤，可注射

破伤风抗毒素或类毒素，以增加机体的被动和主动免疫力。犬、猫去势时，可皮下注射或肌内注射破伤风类毒素 0.5 ～ 1 毫升，免疫期达 1 年。

2. 安全用药

治疗原则为加强护理，消除病原，中和毒素，镇静解痉和对症治疗。

加强护理：将病犬、猫置于干净、光线幽暗、安静的环境中，冬季应注意保暖，减少各种刺激因素。采食困难者，给予易消化、营养丰富的食物和足够的饮水。

消除病原：对病犬、猫的创伤应及时进行清创和扩创术，用 3% 双氧水、1% 高锰酸钾或 5% ～ 10% 碘酊进行创口消毒，然后撒布碘仿硼酸合剂，并在创伤周围组织分点注射氨苄青霉素。

中和毒素：早期使用破伤风抗毒素 100 ～ 1000 国际单位 / 千克体重，缓慢静脉注射（5 ～ 10 分钟）或分点皮下注射于创伤周围组织。静脉注射时，为防止发生过敏反应，可预先注射糖皮质激素或抗组胺药。皮下注射精制破伤风类毒类 2 毫升，可提高机体的主动免疫力。

镇静解痉：患病犬、猫出现强烈兴奋和强直性痉挛时，可按 1 ～ 5 毫克 / 千克体重肌内注射氯丙嗪，或按 0.5 ～ 1 毫克 / 千克体重肌内注射静松灵。

对症治疗：心脏衰弱时，皮下或静脉注射强尔心 1 ～ 2 毫升；采食和饮水困难者，可每天静脉注射 5% 葡萄糖生理盐水 200 ～ 500 毫升或 25% 葡萄糖溶液 20 ～ 50 毫升；酸中毒时，可静脉注射 5% 碳酸氢钠 10 ～ 200 毫升；喉头痉挛造成严重呼吸困难，可施行气管切开术；体温升高有肺炎症状时，可用抗生素和磺胺类药。

四、莱姆病

莱姆病又也称疏螺旋体病、莱姆包柔体病，是由疏螺旋体引起的一种人畜共患传染病。临床上以跛行、心肌炎和肾病为特征。

（一）发病原因

病原为伯氏疏螺旋体，蜱类是本病的传播媒介，主要通过感染蜱的叮咬而感染。也可能通过黏膜、结膜及皮肤伤口感染。感染动物可通过排泄物向外排菌，从而又成为传染源。本病多发生于蜱大量滋生的炎热季节，6 ～ 9 月是发病和流行高峰期。

（二）临床症状

早期临床表现为发热，体温升高 40℃ 以上，精神沉郁，食欲减退，淋巴结肿大。中期主要表现为神经系统及心脏异常，感染犬可能出现心肌功能障碍、心肌坏死和赘疣状心内膜炎。晚期主要是关节炎，关节肿大、疼痛，间歇性跛行，跛行可从一条腿转到另一条腿。有的犬还可继发肾脏疾病 - 肾小球肾炎和肾小管损伤，出现氮血症、蛋白尿、血尿等。在流行区，犬常出现脑膜炎和脑炎。病猫的临床症状与犬相似，如发热、厌食、沉郁、关节肿胀、跛行等，孕猫发生流产。

（三）病理变化

局部淋巴结肿胀，出现心肌炎、肾小球肾炎、间质性肾炎等病理变化。

（四）类症鉴别

1. 脑炎

由感染或中毒性因素引起，表现体温升高，兴奋不安，意识障碍，步态不稳，共济失调，肌肉颤抖，癫痫，眼球震颤。脑脊液检查蛋白质与细胞含量增多，中性粒细胞增多，查到病原微生物。

2. 关节炎

常发生于腕关节和跗关节，表现体温升高，关节肿胀，疼痛，游走性跛行，时轻时重，反复发作。X射线检查关节周围骨质疏松，软骨下肿胀，关节腔狭小，边缘侵蚀。

（五）预防措施和安全用药

1. 预防措施

预防本病的关键是驱蜱。定期检验动物身上是否有蜱，如有蜱，应及时清除以减少感染机会。带犬去森林、灌木丛之前，可向犬体表喷雾灭蜱制剂或佩戴驱蜱项圈等。发现病犬及时治疗。国外已研制犬莱姆病灭活疫苗，可进行免疫接种。

2. 安全用药

早期使用大剂量抗生素治疗，如四环素、红霉素、多西环素、头孢类、氨苄西林等。一般在用药后24～48小时症状即有明显的改善，持续用药2～3周。

五、肉毒梭菌毒素中毒

肉毒梭菌毒素中毒是因摄取腐败动物尸体或饲粮中肉毒梭菌产生的神经毒素（肉毒梭菌毒素）而发生的一种中毒性疾病，临床上以运动中枢神经麻痹和延脑麻痹为特征。病死率很高，本病是猫的一种重要食物中毒病。

（一）发病原因

病原为肉毒梭菌，为革兰氏阳性厌氧粗短杆菌。肉毒梭菌及其芽孢一般对动物没有危害，但是当其在尸体、肉类、饲料、罐头食品内繁殖时能产生毒力很强的神经毒素肉毒梭菌毒素。该毒素有8种类型，其中C型E型毒素最易引起猫和其他哺乳动物发病。肉毒梭菌的芽孢广泛存在于自然界中，动物摄食腐肉、腐败饲料和被毒素污染的饲料、饮水而经消化道感染发病。

（二）临床症状

潜伏期 4 ～ 24 小时，一般症状出现越早，说明中毒越严重。初期症状为进行性、对称性肢体麻痹，一般从后肢向前延伸，进而引起四肢瘫痪，但此时尾巴仍可摆动。患犬、猫反射功能下降，肌肉松弛。病犬、猫体温一般不高，神志清醒。因下颌肌张力减弱，可引起下颌下垂，吞咽困难，流涎。严重者则两耳下垂，眼睑反射较差，视觉障碍，瞳孔散大。有时可见结膜炎和溃疡性角膜炎。严重中毒的出现呼吸困难，心率快而紊乱，并有便秘及尿潴留，最后由于呼吸麻痹而窒息死亡。

（三）病理变化

剖检一般无特征性病理变化，有时在胃内可发现石块、骨片等异物，咽和会厌软骨黏膜有灰黄色黏液性覆盖物，黏膜上有出血点。胃肠黏膜有卡他性炎症和小出血点。心内膜、心外膜点状出血。肺充血、瘀血、水肿。中枢和外周神经系统一般无肉眼可见病变。

（四）类症鉴别

1. 脊髓损伤

有外力作用病史，表现感觉障碍，共济失调，疼痛，后期麻痹，排便排尿障碍。

2. 风湿病

有游走性和复发性，关节风湿病表现关节温热、疼痛、肿胀，站立困难，跛行。肌肉风湿病表现剧烈疼痛，敏感，运动障碍。

3. 累 - 卡 - 佩氏病

常见于 4 ～ 11 月龄小型犬，多为单侧性，后肢外展时疼痛，一侧或两侧后肢跛行，臀部和后肢肌肉萎缩，髋关节他动运动时疼痛，并可听到噼啪音。X 射线检查可见股骨头软骨下面不规则或扁平，股骨骨骺和干骺区放射学密度不规整，干骺区股骨颈的宽度明显增加，关节间隙宽度增加。

（五）预防措施和安全用药

1. 预防措施

做好日常的环境卫生，清除周围的动物尸体，饲喂犬、猫的食物应尽量煮熟，不要让犬、猫接近腐肉。

2. 安全用药

中毒初期应用多价抗毒素治疗效果较好，猫每次肌内注射或静脉注射 3 ～ 4 毫升。对犬可应用 C 型抗毒素治疗，亦可肌内注射或静脉注射 5 毫升多价抗毒素。应注意的是，若毒素已进入神经末梢，再应用抗毒素则效果不佳。对于因食用可疑饲料而中毒的犬、猫，应促使胃肠内容物排出，减少毒素的吸收，可催吐、洗胃、灌肠和服用泻剂。心脏衰弱的可用强心剂；出现脱水的则进行补液。可使用新斯的明或硝酸士的宁增加神经肌肉的兴奋性，缓解瘫痪症状。

六、脑炎

脑炎是指由于受传染性或中毒性因素的侵害而引起的脑膜与脑实质的炎症。临床上以高热、脑膜刺激症状、一般脑症状和局部脑症状为特征。

（一）发病原因

由感染性和非感染性因素引起。感染因素，如病毒感染（犬瘟热病毒、犬副流感病毒、狂犬病病毒、伪狂犬病病毒、犬疱疹病毒、犬细小病毒、猫传染性腹膜炎病毒、猫免疫缺陷病毒感染等）、细菌感染（李氏杆菌、链球菌、葡萄球菌感染等）、原虫感染（弓形虫、犬新孢子虫感染）、真菌感染（如新型隐球菌、荚膜组织胞浆菌感染）。非感染性因素，如中毒（氟乙酸钠、杀鼠剂、汞、铅中毒等）、粒细胞增生性脑膜脑炎（炎症性网织细胞增多症）、免疫性疾病以及创伤、肿瘤等。

（二）临床症状

常表现体温升高，食欲不振，结膜充血，心律异常。神经症状大体上可分为一般脑症状、局部脑症状和脑膜刺激症状。一般脑症状表现为兴奋，烦躁不安，惊恐，意识障碍，不认识主人，捕捉时咬人，无目的地奔走，冲撞障碍物。有的以沉郁为主，头下垂，眼半闭，反应迟钝，肌肉无力，甚至嗜睡。局部脑症状与炎症病变在脑组织中的位置有密切的关系，大脑受损时表现行为和性情的改变，步态不稳，转圈，甚至口吐白沫，癫痫样痉挛；脑干受损时，表现精神沉郁，头偏斜，共济失调，四肢无力，眼球震颤；炎症侵害小脑时，出现共济失调（图 5-13），肌肉颤抖，眼球震颤，姿势异常，炎症波及呼吸中枢时，出现呼吸困难。脑膜刺激症状表现感觉过敏，抚摸身体时嚎叫，颈部僵直。

图 5-13　患猫共济失调

（三）病理变化

软脑膜小血管充血、瘀血，轻度水肿，有的有小点出血。蛛网膜下腔和脑室的脑脊液增多、混浊、含有蛋白质絮状物，脉络丛充血，灰质和白质充血，并有散在小出血点。

（四）类症鉴别

1. 犬瘟热

犬瘟热脑炎的神经症状常见嘴角、头部、四肢、腹部单一肌群或多肌群出现阵发性的有节奏的抽搐。一般脑炎死亡率高，偶尔恢复也容易留下后遗症。

2. 肝性脑病

肝功能异常，异食，呕吐，腹泻，腹水，行为异常，步样蹒跚，肌肉震颤、转圈运动，癫痫样发作，昏睡，视力障碍。

3. 铅中毒

以慢性中毒多见，表现贫血，多动，好斗和易激怒，反复发生呼吸道和泌尿系统感染等。

4. 汞中毒

表现大量流涎，呕吐，溃疡性口炎，齿龈炎，胃肠炎，肾炎。

5. 砷中毒

表现呕吐，流涎，黏膜充血、肿胀、出血、脱落，腹痛，出血性下痢，血尿，兴奋不安，肢体麻痹，运动失调，心律不齐，瞳孔散大。

6. 阿维菌素类药物中毒

表现共济失调，震颤，瞳孔散大。

7. 士的宁中毒

以中枢神经系统反射性兴奋为特点。表现神经过敏，肌肉强直、痉挛，呼吸困难，可视黏膜发绀，牙关紧闭，角弓反张等。

8. 破伤风

由破伤风梭菌在厌氧情况下感染引起，有创伤史。表现局部性强直和痉挛，牙关紧闭，呈木马样姿势，脊柱僵直，口角向后，耳朵僵硬竖起，瞬膜突出外露，流口水，咀嚼和吞咽困难，癫痫性抽搐。神志清醒，体温不高，有饮食欲。

（五）预防措施和安全用药

治疗原则为抗菌消炎，降低颅内压和对症治疗。首先将患病动物置于黑暗、安静的环境中，尽可能减少刺激。给予易于消化、营养丰富的流质或半流质食物。为消除脑部炎症，可选用易通过血脑屏障的抗菌药物，如头孢菌素、庆大霉素（2～4毫克/千克体重，肌内注射或静脉注射）、林可霉素（10～15毫克/千克体重，肌内注射）、磺胺嘧啶钠、氨苄西林（5～10毫克/千克体重，静脉或皮下注射）等。为降低颅内压及消除脑水肿，可静脉注射25%山梨醇或20%甘露醇溶液（1～2毫升/千克体重，静脉注射）。对免疫反应引起的脑膜脑炎，肾上腺糖皮质类药物有较好的疗效。粒细胞增生性脑膜脑炎，可用肾上腺糖皮质类药物和放疗药物合并治疗。当有高度兴奋、狂躁不安时，可用镇静剂，如苯巴比妥（2～5毫克/千克体重，每日3次，口服）或氯丙嗪（1～2毫克/千克体重，肌内注射），也可试用安宫牛黄丸；当心脏衰弱时，可用强尔心、樟脑、安钠咖等强心剂。当肠道弛缓，排便迟滞时，可内服硫酸镁、硫酸钠等泻剂。

七、脑震荡及脑挫伤

脑挫伤及脑震荡是因颅脑受到粗暴的外力作用所引起的一种急性脑功能障碍或脑组织损伤。一般将脑组织损伤无肉眼可见病变的称为脑震荡；病理变化明显的称为脑挫伤。临床上以暴力作用后即时发生昏迷、反射功能减退或消失等脑功能障碍为特征。

（一）发病原因

多因被车撞击或从车上摔下所致。另外，跌倒、高处坠落、钝性物体打击、枪击或动物殴斗等也可引起。

（二）临床症状

脑震荡为最轻的脑损伤，可修复。伤后出现倒地昏迷，知觉和反射减退和消失。瞳孔散大，呼吸缓慢，有时喘鸣。心跳加快，心律不齐，有时呕吐且伴有大小便失禁等。几分钟或数小时后，动物苏醒，反射恢复，并出现异常兴奋现象，如抽搐、四肢划动、眼球震颤。经多次挣扎，可站立。

脑挫伤最初症状与脑震荡相似，但因继发脑水肿甚或血肿，常在伤后几个小时神经症状加剧，如抽搐、癫痫、麻痹、轻瘫或偏瘫等，并因损伤部位不同而表现特定的症状。如大脑皮层颞叶、顶叶运动区受损，则动物向患侧转圈，对侧眼失明；若小脑、小脑角、前庭、迷路受损，则运动失调，或身体后仰滚转；脑干受损时，伤后体温、呼吸、循环等生命指征发生变化，甚至危及生命；大脑皮层和脑膜损伤时，意识丧失，呈现周期性癫痫发作；蛛网膜下腔出血时，出现明显的脑症状。

（三）病理变化

脑震荡时病理变化较轻。脑挫伤则病变较为明显，主要呈现硬膜及蛛网膜下腔，尤其是最狭窄部出血或血肿（图5-14），甚至蔓延至脑室，也有颅底骨折的。

（四）类症鉴别

1. 脑膜脑炎

由感染或中毒性因素引起，表现体温升高，兴奋不安，意识障碍，步态不稳，共济失调，肌肉颤抖，癫痫，眼球震颤。脑脊髓液检查蛋白质与细胞含量增多，中性粒细胞增多，查到病原微生物。

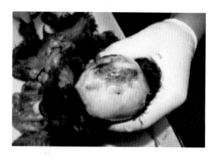

图 5-14　脑挫伤脑膜出血

2. 犬瘟热

神经型犬瘟热脑炎前期有呼吸道症状，神经症状常见嘴角、头部、四肢、腹部单一肌群或多肌群出现阵发性有节奏的抽搐。一般脑炎死亡率高，偶尔恢复也容易留下后遗症。

（五）预防措施和安全用药

治疗原则为加强管理，控制出血和感染，预防和消除水肿。轻度脑震荡，仅短暂的神经性功能障碍者，可不予治疗。严重脑震荡及脑挫伤首先保持安静，将头抬高，应用水袋冷敷。控制脑出血可用 6- 氨基己酸 2 ～ 3 克或氨甲苯芳酸 50 ～ 100 毫克，加入 10% 葡萄糖溶液中，静脉注射，每天 2 ～ 3 次。也可使用维生素 $K_3$5 ～ 15 毫升、止血敏 2 ～ 4 毫升、25% 安络血 0.5 ～ 2 毫升等，酌情。降低颅内压、消除水肿可用 50% 葡萄糖溶液 20 毫升、20% 甘露醇 100 毫升或 25% 山梨醇 100 毫升，静脉注射，每天 2 ～ 3 次，并配合使用地塞米松（每千克体重 1 毫克）。同时尚可应用利尿酸 10 ～ 20 毫克或速尿 10 毫克，加入 10% 葡萄糖溶液中，静脉注射。为控制感染，可应用抗生素或磺胺类药物。为改善脑缺氧，可给予氧气吸入。对昏迷时间较长者，可酌情使用细胞色素 c10 ～ 20 毫克，三磷酸腺苷 10 ～ 20 毫克，樟脑磺酸钠 0.05 ～ 0.1 克，加入 25% 葡萄糖溶液中，静脉注射。当发生痉挛、抽搐或兴奋不安时，应给予苯巴比妥钠、氯丙嗪或水合氯醛等镇静剂。

八、中暑

中暑是因日光和高热所致的急性中枢神经功能严重障碍性疾病，临床上以体温显著升高、呼吸和循环障碍、神经症状为特征。头部受持续强烈日光直射而引起中枢神经系统功能障碍称为日射病；在高温和高湿度而又通风不良的环境中，产热多，散热少，体内积热，引起的中枢神经系统功能紊乱称为热射病。炎热的夏季多发，犬多发，猫对热抵抗力强，较少发生。

（一）发病原因

在强烈的日光直射下，长途跋涉，长时间的训练或竞赛，可发生日射病。在密封的室内、运输车厢内，船舱内或犬箱内。因温度过高、湿度过大、通风不良，容易引起热射病。另外，体质肥胖，心脏衰弱，被毛粗厚，汗腺缺乏，长期休闲，缺乏锻炼，劳役过度，饮水不足等，均是中暑的诱因。

（二）临床症状

通常没有前驱症状突然发病，体温急剧升高到 41 ~ 42℃，呼吸急促，黏膜潮红，心跳加快，末梢静脉怒张。出现一般脑症状，有的精神抑郁，站立不稳，卧地不起，陷于昏迷。有的神志紊乱，兴奋，不安，癫狂冲撞，随着病情的急剧恶化，出现心力衰竭，脉搏快而弱、静脉瘀血，黏膜发绀。严重者并发肺充血和肺水肿，张口伸舌，呼吸浅表，口、鼻喷出白沫或血沫。有的突然倒地，肌肉痉挛、抽搐，昏迷死亡。

（三）病理变化

脑及脑膜高度瘀血，并有出血点；脑组织水肿，脑脊液增多，肺充血、水肿，胸膜、心包膜及胃肠黏膜都有出血点和轻度炎症病变，血液暗红色且凝固不良。肝、肾和骨骼肌变性，尸僵及尸体腐败迅速发生。

（四）类症鉴别

1. 脑膜脑炎

由感染或中毒性因素引起，表现体温升高，兴奋不安，意识障碍，步态不稳，共济失调，肌肉颤抖，癫痫，眼球震颤。脑脊髓液检查蛋白质与细胞含量增多，中性粒细胞增多，查到病原微生物。

2. 脑震荡

有颅脑受外力作用病史，体温不高，表现一时性意识丧失，昏迷时间短，程度轻，不伴有局部脑症状，无肉眼可见病变。

3. 急性肺水肿和充血

突发呼吸困难，眼球突出，黏膜发绀，惊恐不安，头颈伸展，鼻孔流粉红色泡沫状鼻液。肺部听诊有湿啰音，肺部叩诊呈浊音。X 射线检查肺部阴影增加。体温一般正常。

4. 心力衰竭

表现高度呼吸困难，黏膜发绀，两侧鼻孔流出泡沫样的鼻液，胸部听诊有广泛湿啰音。

（五）预防措施和安全用药

治疗原则为消除病因，加强护理，促进机体散热和缓解心肺功能障碍。立即将患病动物移到阴凉通风处，保持安静，多给清凉饮水。降温是治疗成败的关键，可采用物理降温或药物降温，可用冷水冲洗身体，用乙醇擦拭体表，用冰块或冰袋冷敷头部，还可用冷盐水灌肠，促进散热。药物降温可使用氯丙嗪 1 ~ 2 毫克 / 千克体重，肌内或静脉注射。体温降至接近正常时应停止降温，以防体温过低，发生虚脱。对心力衰竭者可适当使用安钠咖、尼可刹米、樟脑磺酸钠等。伴有肺水肿者可静脉给予地塞米松、高渗葡萄糖溶液，或

10% 葡萄糖酸钙溶液等。如有酸中毒时，可静脉注射碳酸氢钠溶液纠正。

九、癫痫

癫痫是因大脑某些神经元异常放电引起的暂时性的脑功能障碍。临床上以反复发生短时意识丧失、强直性与阵发性肌肉痉挛为主要特征。按病因可分为原发性和继发性两种，原发性癫痫又称真性癫痫或自发性癫痫，继发性癫痫又称症候性癫痫。犬癫痫发病率比猫高，且多为继发性。

（一）发病原因

原发性癫痫：犬的原发性癫痫一般认为是由于中枢神经系统代谢性功能异常，导致的家族性疾病，并具有遗传性。第一次发作多在 6 月龄至 5 岁，母犬发病多于公犬。

继发性癫痫：常继发于脑及脑膜炎、颅内新生物、颅内寄生虫、先天性脑异常或脑变性疾病、脑震荡或脑挫伤等。犬瘟热、狂犬病、弓形虫病、猫传染性腹膜炎、结核病、心血管疾病、代谢疾病（氮血性尿毒症、低血糖症、低血钙症、妊娠毒血症、维生素缺乏）、内分泌功能紊乱以及各种中毒（可卡因、一氧化碳、砷中毒等），均可引起癫痫发作。此外，外周神经的损害、皮肤疾病、肠道寄生虫（绦虫、蛔虫、钩虫等）以及过敏反应等，亦能引起反射性癫痫。极度兴奋、恐惧和强烈的刺激，能促进癫痫发作。

（二）临床症状

由先兆期、发作期和发作后期 3 个阶段组成。先兆期表现不安、烦躁、点头或摇头、吠叫、躲藏暗处等，仅持续数秒钟或数分钟。发作期意识丧失、突然倒地、角弓反张，先肌肉强直性痉挛，继之出现阵发性痉挛，四肢呈游泳样运动，常见咀嚼运动。此时瞳孔散大、流涎、大小便失禁、牙关紧闭、呼吸暂停、口吐白沫。一般持续数秒钟或数分钟。发作后期知觉恢复，但表现出不同程度的视力障碍、共济失调、意识模糊、疲劳等，此期持续数秒钟或数天。

（三）类症鉴别

1. 脑肿瘤

脑肿瘤可通过脑电图和 X 射线、CT 和核磁共振检查建立诊断。

2. 脑外伤

有颅骨损伤的病史，还可做 X 射线和超声检查确诊。

3. 脑积水

脑积水通过脑电图和 X 射线检查较易确诊。

4. 脑炎

由感染或中毒性因素引起，表现体温升高，兴奋不安，意识障碍，步态不稳，共济失调，肌肉颤抖，癫痫，眼球震颤。脑脊液检查蛋白质与细胞含量增多，中性粒细胞增多，查到病原微生物。

5. 铅中毒

以慢性中毒多见，表现贫血，多动，好斗和易激怒，反复发生呼吸道和泌尿系统感染等。

6. 汞中毒

表现大量流涎，呕吐，溃疡性口炎，齿龈炎，胃肠炎，肾炎。

7. 砷中毒

表现呕吐，流涎，黏膜充血、肿胀、出血、脱落，腹痛，出血性下痢，血尿，兴奋不安，肢体麻痹，运动失调，心律不齐，瞳孔散大。

8. 阿维菌素类药物中毒

表现共济失调，震颤，瞳孔散大。

9. 士的宁中毒

以中枢神经系统反射性兴奋为特点。表现神经过敏，肌肉强直、痉挛，呼吸困难，可视黏膜发绀，牙关紧闭，角弓反张等。

（四）预防措施和安全用药

首先加强护理，保持安静，防止各种不良因素刺激和影响。减少食物中蛋白质和食盐含量。原发性癫痫由于病因不清，主要应用抑制痉挛发作的抗癫痫药物进行对症治疗。扑米酮，犬 20～40 毫克 / 千克体重，猫 0.125 毫克 / 千克体重，分 2～3 次皮下注射。口服苯妥英钠，犬 2～6 毫克 / 千克体重，猫 0.5～1 毫克 / 千克体重，每日 2～3 次。还可应用安定，犬 2.5～10 毫克，猫 2～5 毫克，肌内注射或口服，每日 2～3 次；发作时按 10 毫克，静脉注射，1 次无效可重复。戊巴比妥钠口服，犬 2～6 毫克 / 千克体重，猫 2～3 毫克 / 千克体重，每日 2～3 次。复方中药白金丸和神康宁对犬原发性癫痫有一定的治疗效果。对继发性癫痫，在对症治疗的同时，还要积极治疗原发病。

十、脊髓炎及脊髓膜炎

脊髓炎及脊髓膜炎是脊髓实质、脊髓软膜、蛛网膜和硬膜的炎症。临床上以感觉过敏、运动功能障碍和肌肉萎缩为特征。按炎症渗出物不同可分为浆液性、浆液纤维素性及化脓性。按炎症发生的部位不同可分为局限性、弥漫性、横断性和分散性。本病多发生于犬，而较少发生于猫。

（一）发病原因

除因椎骨骨折及踢伤、脊髓震荡、脊髓挫伤及出血等引起外，多继发于犬瘟热、狂犬病、伪狂犬病、破伤风、弓形虫病、全身性霉菌病、狂犬病疫苗注射后。感冒、受寒、过劳、佝偻病、骨软症、椎间盘突出症等是发生本病的诱因。

（二）临床症状

脊髓膜炎主要表现脊髓膜刺激症状，表现食欲减退，感觉疼痛，运动障碍，四肢强拘，皮肤感觉过敏，即使受轻微刺激，亦表现疼痛不安，发生抽搐或痉挛。膀胱和肛门括约肌痉挛，排尿和排便困难，腱反射亢进。公犬阴茎常常勃起。

脊髓炎多表现精神不安，肌肉震颤，脊柱僵硬，运步强拘（图5-15）。因病变性质及部位不同，临床病征亦不尽相同。横断性脊髓炎，初期不全麻痹，数日后陷入全麻痹，颈部脊髓炎引起前后肢麻痹，后肢皮肤和腱反射亢进，并伴发呼吸困难。胸部脊髓炎引起后肢、膀胱和直肠括约肌麻痹。腱反射亢进。腰部脊髓炎引起坐骨神经麻痹及膀胱和直肠括约肌麻痹，形成截瘫，不能站立，长期卧地，往往发生褥疮。荐部脊髓炎，尾部麻痹，大小便失禁。弥漫性脊髓炎，常先于脊髓某一部位发炎，其后迅速向前（上行性）或向后（下行性）

图5-15　颈部强直和剧痛

蔓延。因而后肢、臀部及尾的运动与感觉麻痹，反射功能消失。膀胱与直肠括约肌弛缓，呈现失禁自利状态。如果蔓延至延髓，即发生吞咽障碍，心律不齐，呼吸紊乱，侵害呼吸中枢时，即突然窒息死亡。分散性脊髓炎，临床上表现为各种各样的运动和感觉障碍，其中有的共济失调，肌肉颤动，有的膀胱和直肠括约肌麻痹，有的多处皮肤感觉和运动麻痹。局限性脊髓炎，一般只呈现患病脊髓节段所支配区域的皮肤感觉减退和局部肌肉营养不良性萎缩，对感觉刺激的反应消失。

（三）病理变化

脊髓硬膜的血管明显扩张和充血，蛛网膜及软膜组织混浊，有小出血点。蛛网膜下腔充满浆液性、浆液-纤维素性或化脓性渗出物，髓质外周有炎症浸润，甚至软化和水肿。

（四）类症鉴别

1. 脑膜脑炎

有明显的兴奋、沉郁、意识障碍等一般脑症状和眼球震颤、瞳孔大小不等局部脑症状，但排便排尿障碍不明显。

2. 脑脊髓丝状虫病

多发生于盛夏至深秋季节，其特征是腰痿，后肢运动障碍，并时好时坏。脊髓液检查，可检出微丝蚴。

3. 肌肉风湿

皮肤感觉功能无变化，运动之后症状有所缓和。

4. 肾炎

由感染性和中毒性因素引起，表现体温升高，呕吐，肾区敏感，触诊肾脏肿大、疼痛，背腰拱起，步态强拘，尿频，少尿或多尿，血尿，第二心音增强，眼睑、胸腹下水肿，尿毒症。尿液中有多量肾上皮细胞、管型及少量红细胞和白细胞。

5. 椎间盘病

多见于体型小、年龄大的软骨营养障碍犬，胸腰和颈椎多见，表现疼痛，突然发生后躯感觉和运动障碍，但两前肢往往正常。X 射线检查发现病变位置。

（五）预防措施和安全用药

治疗原则为消除病因、加强护理、消散炎症、促进神经功能恢复、防止褥疮和肌肉萎缩。首先应使患病动物保持安静，限制其活动，减少对脊髓的刺激。为缓解疼痛，常肌内注射安乃近 0.3 ～ 0.6 克，配合巴比妥钠，同时静脉注射地塞米松 0.125 ～ 1 毫克，40% 乌洛托品溶液 20 ～ 40 毫升。对细菌性感染可选用药物治疗如氨苄西林、头孢菌素、磺胺等。对病毒性感染可应用相应抗血清或免疫球蛋白，还可使用干扰或抑制病毒的药物，如干扰素、利巴韦林等。为促进炎症吸收，可内服碘化钠或碘化钾 0.2 ～ 1 克，每天 2 ～ 3 次。炎症初期可用冰袋冷敷炎症部脊柱，急性炎症消退后改为温敷。为了促进神经功能恢复，改善神经营养，可使用维生素 B$_1$、维生素 B$_2$、辅酶 A、三磷酸腺苷等，还可使用通经活血的中药。为了兴奋脊髓，增强其反射功能，可用 0.2% 硝酸士的宁溶液 0.5 ～ 1 毫升，皮下注射。为防止褥疮发生和肌肉萎缩，可经常进行肌肉按摩或电针治疗。在麻痹部位，涂擦刺激剂如樟脑酊、松节油等，也可用红外线或超短波照射、热敷等，以促进血液循环。

十一、脊髓损伤

脊髓损伤是指外力作用引起脊髓组织的震荡、挫伤或压迫性损伤。临床上以感觉障碍、运动障碍、疼痛、后期麻痹甚至瘫痪和排便排尿障碍为特征。一般把脊髓具有肉眼和病理变化的损伤称为脊髓挫伤；缺乏形态改变的损伤称为脊髓震荡。

（一）发病原因

急性脊髓损伤多数为直接物理性损伤，如由车祸、冲撞、跌倒、坠落、跳跃、枪击或钝性物体打击等引起。慢性脊髓压迫一般见于慢性进行性疾病，如佝偻病、骨软症、肿瘤、椎间盘突出等。

（二）临床症状

因脊髓损伤部位不同，其临床表现也不一样。第 1～5 颈髓节损伤一般为四肢共济失调、轻瘫、四肢反射正常或反射活动增强，偶见四肢麻痹。如损伤严重，可出现呼吸麻痹。第 6 颈髓节到第 2 胸髓节损伤时，轻者为四肢共济失调、轻瘫，重者出现四肢麻木或麻痹，偶见前肢轻瘫和后肢麻痹。前肢脊反射和肌肉张力正常或减退，后肢则过强。第 3 胸髓节到第 3 腰髓节损伤为犬、猫最常见的损伤部位，其典型的症状为前肢步态和脊髓反射正常，后肢轻瘫、共济失调或瘫痪，脊髓反射、肌肉张力正常到活动过强。第 4 腰髓节到第 5 腰髓节和马尾损伤者，出现不同程度的轻瘫、共济失调或瘫痪，常伴有膀胱功能失调、肛门括约肌和尾麻木或麻痹，造成大小便失禁（图 5-16）。前肢反射功能正常，后肢反射和肌肉张力降低或丧失。

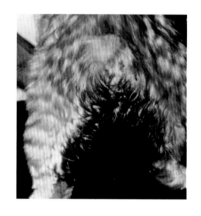
图 5-16 脊髓损伤引起大小便失禁

（三）类症鉴别

1. 骨盆骨折

皮肤感觉功能无变化，直肠与膀胱括约肌功能也无异常，通过直肠检查或 X 射线透视可诊断受损害部位。

2. 肌肉风湿

皮肤感觉功能无变化，运动之后症状有所缓和。

（四）预防措施和安全用药

治疗原则为加强护理，防止椎骨及其碎片脱位或移位，防止褥疮，消炎止痛，兴奋脊髓。首先保持安静，避免活动，防止脊髓再度损伤。疼痛明显时可应用镇静剂和止痛药，如水合氯醛、溴剂、氯丙嗪、安定等。对脊柱损伤部位，初期可冷敷，或用松节油、樟脑酒精等涂擦。麻痹部位可施行按摩、直流电或感应电针疗法、碘离子透入疗法；或皮下注射硝酸士的宁 0.5～0.8 毫克。及时应用抗生素或磺胺类药物，以防止感染。为减少出血和水肿，可肌内注射卡巴克络、酚磺乙胺和维生素 K 等。在损伤发生后 8 小时内大剂量应用肾上腺皮质激素类药物，如地塞米松、泼尼松龙、保泰松等，能减轻局部水肿。甲基泼尼松龙是治疗犬、猫脊髓损伤的首选药物，第一次每千克体重 30 毫克，静脉注射，2 小时和 6 小时后再分别按每千克体重 15 毫克用药。654-2 注射剂和维生素 C 合用，可减轻脊髓水肿，促进损伤恢复。如伴发脊髓损伤性膀胱或肠麻痹，要定时导尿和灌肠，排出积尿和积粪。瘫痪的病例，要经常调换褥垫和躺卧姿势，防止发生褥疮。

十二、风湿病

风湿病是反复发作的急性或慢性非化脓性炎症。其特征是胶原结缔组织发生纤维蛋白变性，以及骨骼肌、心肌和关节囊中的结缔组织出现非化脓性炎症。

（一）发病原因

关于风湿病的病因，目前尚不完全清楚。一般认为风湿病是一种变态反应性疾病，并与溶血性链球菌感染有关。还有人认为，风湿病的发生与中枢神经系统的功能障碍有关。此外，受凉风侵袭、阴冷潮湿、过劳、运动不足等以及体质肥胖的犬容易发生风湿病。

（二）临床症状

根据侵害的组织不同，可分为关节风湿病和肌肉风湿病。关节风湿病最常发生于活动性较大的关节，如肩关节、肘关节、髋关节和膝关节等。脊椎关节（颈、腰部）也有发生。常对称关节同时发病，有游走性。关节风湿病以关节疼痛、肿胀为特征。患病关节外形粗大，温热，疼痛，经常倒卧，起立困难，运动时跛行显著。肌肉风湿病多见于颈部、背部及腰部肌肉群。以剧烈的疼痛和运动障碍为特征，并有游走性和复发性。病犬敏感，触摸体表时鸣叫。运动时步态强拘且紧张，站立困难，经常横卧。当颈部肌肉群受侵害时，表现低头困难，头颈歪斜，活动不灵活。若侵害背腰部肌肉群时，背腰稍弓起，腰僵硬。凹腰反射减弱。当咬肌、吞咽各肌肉群受侵害时，咀嚼困难，饮水减少，易发生便秘。

（三）类症鉴别

1. 脊髓损伤

有外力作用病史，表现感觉障碍，共济失调，疼痛，后期麻痹，排便排尿障碍。

2. 骨折

有外力作用病史，表现患肢变形，局部肿胀、疼痛，跛行，瘫痪和骨摩擦音，X 射线检查发现断端移位、骨折线等。

（四）预防措施和安全用药

治疗原则为消除病因，加强护理，祛风除湿，通经活络，解热镇痛，消除炎症。解热镇痛可选用水杨酸钠静脉注射，消炎痛、保泰松或氯丙酸（抗风湿灵）等片剂内服，亦可肌内注射安痛定、安乃近注射液等。消炎和抗变态反应，常用醋酸可的松、氢化可的松、地塞米松、泼尼松、氢化泼尼松、去炎松，肌内注射或关节腔内注射。消炎可用氨苄西林、林可霉素等，肌内注射或静脉注射。营养神经可用维生素 B_1、维生素 B_2、维生素 B_6、维生素 B_{12}，肌内注射。补钙可用维丁胶性钙肌内注射，或葡萄糖酸钙注射液静脉注射。应用针灸治疗风湿病有一定的效果。可根据病情的不同采用白针、火针、水针或电针。此外，可进行温敷法、按摩法、红外线疗法、中波透热疗法或超短波疗法等。在进行治疗的同时，加强护理，保持安静，将病犬放在温暖和通风良好的窝里，并铺以垫草。

十三、骨折

骨折是指在外力作用下骨或软骨的完整性或连续性遭到破坏，常伴发不同程度的软组织损伤，如神经、血管、肌肉挫伤、断裂，骨膜分离和皮肤破裂等。临床上以功能障碍、变形、出血、肿胀、疼痛为特征。骨折可分成开放性骨折和闭合性骨折，完全性骨折和不完全性骨折，一般性骨折和粉碎性骨折等。

（一）发病原因

直接外力作用为最常见的病因，如车祸、打架冲撞、打击、跌倒、枪击、从高处摔下等。间接外力作用多见于奔跑、跳跃、急停、急转、失足踏空或爪子突然潜入洞穴或裂缝等。患骨营养不良、骨髓炎、骨软症、佝偻病、骨肿瘤等疾病时在较小外力作用下易发生骨折。另外，骨反复应激是骨折的诱因，如赛犬掌、跖骨、猫指爪常发生这种类型的骨折。

（二）临床症状

犬、猫的骨折以四肢、腰部和下颌部较多见。特有症状包括局部变形、异常活动和骨摩擦音。一般症状有局部肿胀、疼痛、出血、异常活动，根据发生部位不同表现出功能障碍及全身性异常，例如四肢骨折引起跛行，椎体骨折可引起瘫痪，颅骨骨折可引起意识障碍，颌骨骨折引起咀嚼困难（图5-17），阴茎骨骨折引起排尿障碍（图5-18）等。另外，骨折如伴有内出血或内脏损伤，可发生失血性休克或其他休克症状。小动物闭合性骨折一般1～2天后血肿分解，体温轻度升高。如为开放性骨折继发感染，则可出现局部疼痛加剧、体温升高、食欲减退等症状。

图5-17 颌骨骨折引起咀嚼困难

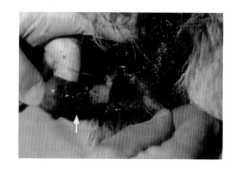

图5-18 阴茎骨骨折引起排尿障碍

（三）类症鉴别

1. 骨肿瘤

骨肿瘤呈局限性圆形（图 5-19）、花瓣状（图 5-20）、绒毛状、树枝状等，外观凹凸不平，表面光滑，质地坚实。

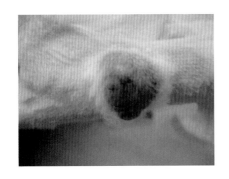

图 5-19　圆形骨肿瘤

图 5-20　花瓣状骨肿瘤

2. 佝偻病

由于维生素 D 不足所致，主要发生于 1 岁内的幼犬猫，表现异食，消化不良，消瘦，生长缓慢，关节疼痛、粗大，跛行，骨骼变形，呈"O"形腿或"X"形腿，肋骨与肋软骨交界处"串珠状肿"，鸡胸，脊柱向上凸起呈弓形弯曲。X 射线检查骨密度降低，血清钙和磷的含量降低。

3. 风湿性关节炎

常发生于腕关节和跗关节，表现体温升高，关节肿胀，疼痛，游走性跛行，时轻时重，反复发作。X 射线检查关节周围骨质疏松，软骨下肿胀，关节腔狭小，边缘侵蚀。

（四）预防措施和安全用药

治疗的原则为复位固定、药物治疗和功能锻炼。骨折发生后，于原地进行救治，主要是保护伤部，制止断端活动，防止继发性损伤。应就地取材，用竹片、小木板、树枝、纸壳等材料，将骨折部固定。严重的骨折，要防治休克和制止出血，并给予镇痛剂。对开放性骨折，要预防感染，可于患部涂布碘酊，创内撒布抗生素等药物，然后进行包扎。骨折整复是使移位的骨折断端重新对位，时间要越早越好，有条件的最好用 X 射线检查配合整复。骨折整复后，必须对患部进行有效的固定。常用的外固定方法有夹板绷带、石膏绷带、支架绷带等。内固定的方法很多，如髓内针（钉）固定、接骨板固定、螺丝钉固定、钢丝固定等。药物疗法可外敷消肿止痛、活血散淤的中药，如白及膏等，内服云南白药或七厘散等。为了促进骨痂的形成，可给予维生素 A、维生素 D 及鱼肝油、钙片等。骨折愈合的后期，可进行局部按摩、搓擦，增强功能锻炼，同时配合直流电钙离子透入疗法、中波透热疗法或紫外线疗法。开放性骨折除按上述方法治疗之外，预防感染十分重要，要彻底地清洁创伤，同时应用抗生素疗法。

十四、骨髓炎

骨髓炎是指骨髓、骨和骨膜的化脓性炎症，按其发病情况分为急性和慢性骨髓炎。

（一）发病原因

多发生于创伤、咬创、手术切口、开放性骨折，特别是粉碎性骨折，葡萄球菌、链球菌、真菌等病原菌由创口进入骨髓内而感染，也可由附近软组织化脓性炎症的蔓延而感染。另外，常在脐带炎、肺炎、胃肠炎、关节炎等发生蜂窝织炎、败血症情况下，由于有机体抵抗力降低，病原菌由血液循环进入骨髓内而发病。

（二）临床症状

急性骨髓炎患部热痛，肿胀明显，患肢跛行。常伴有体温升高、精神沉郁、食欲缺乏、体重下降、中性粒细胞增多及核左移、血沉加快等全身反应。以后肿胀变软、有波动，切开或自行破溃后形成脓窦。此时全身反应一般减轻，疼痛和跛行减弱，但经常有脓汁流出。严重者可转为败血症。慢性骨髓炎形成一个或多个脓性窦道，并流出带有腐败气味的脓液，但血细胞变化不常见。

（三）类症鉴别

1.脊髓损伤

有外力作用病史，表现感觉障碍，共济失调，疼痛，后期麻痹，排便排尿障碍。

2.骨肿瘤

骨肿瘤呈局限性圆形、花瓣状、绒毛状、树枝状等，外观凹凸不平，表面光滑，质地坚实。

（四）预防措施和安全用药

治疗原则为早期控制炎症发展，防止死骨形成和败血症的发生。急性骨髓炎应早期全身大剂量应用广谱抗生素和磺胺类等药物，如头孢菌素，或用药敏试验敏感的抗生素，持续用药 4～6 周，或用至炎症消退后继续使用 1～2 周。对霉菌性骨髓炎，使用两性霉素 B 有一定疗效。局部出现脓肿或持续数日用药无效者应扩创排脓，冲洗引流。疑有髓腔积脓者应手术钻通骨皮质排脓减压。慢性骨髓炎且包壳已形成者，必须施行清创术，取除死骨、瘢痕和肉芽组织，并配合应用抗生素；若因骨折内固定感染，清创时应保护内固定材料，固定不稳者应加强固定；如患肢炎症无法控制或阻止其蔓延，可考虑从病灶近端截肢。

十五、累－卡－佩氏病

累－卡-佩氏病是以股骨头和股骨颈缺血性坏死为特征的综合征，又称幼年骨软骨炎、股骨头缺血性坏死、股骨头无菌性坏死等。本病最常见于 4 ～ 11 月龄小型犬，无性别差异，多为单侧性。

（一）发病原因

病因不清楚，通常认为继发于股骨上端周围软组织病变，导致股骨头部分或全部供血中断，产生股骨头缺血性坏死。凡能导致髋关节腔压力升高的因素，如暂时性滑膜炎、感染性关节炎、外伤性关节腔积血及影响滑液循环的伸展、内旋等，均可造成血管受压而危及股骨头骨骺的供血。另外，环境、内分泌、代谢和遗传等因素均可诱发本病。

（二）临床症状

病初常表现不安，不断啃咬腹部和臀部，尤其在后肢外展时，疼痛明显，以后一侧或两侧后肢出现跛行，直至拖曳行走。臀部肌肉和后肢肌肉萎缩，用手做髋关节他动运动时有疼痛反应，并可听到噼啪音。X 射线检查可见股骨头软骨下面不规则或扁平，股骨骨骺和干骺区放射学密度不规整，干骺区股骨颈的宽度明显增加，关节间隙宽度增加（图5-21），严重者出现股骨头坏死（图 5-22）。

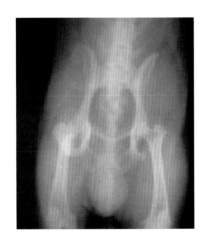

图 5-21　股骨头扁平，关节间隙增宽

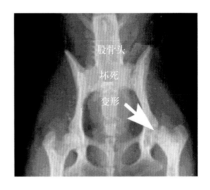

图 5-22　股骨头坏死、变形

（三）类症鉴别

1. 骨软骨病

主要发生于快速生长的 4～8 月龄大型犬和巨型犬，无外伤史，表现跛行，关节疼痛，关节软骨和骺软骨骨化障碍，X 射线检查可见一扁平的软骨下骨，骺软骨呈浅蝶形缺损，肱骨头后下方形成"关节鼠"。

2. 髋关节发育异常

多发生于大型、快速生长的 4～12 月龄幼年犬，表现关节疼痛，跛行，后肢拖地，后肢肌肉萎缩，瘫痪。X 射线检查发现髋臼浅，股骨头疏松而扁平。

3. 退行性关节病

多发生于老年犬猫，患病关节肿胀、疼痛，跛行，关节僵硬，关节内有渗出液。X 射线检查可见关节间隙狭窄，关节面粗糙，关节周围矿物质沉积，关节缘有骨疣，软骨下骨硬化，软骨下溶解和形成囊腔，关节脱位，滑液增多，无纤维素或黏蛋白凝块。

（四）预防措施和安全用药

股骨头未畸形者，可用窄笼控制饲养 6～12 周。给以阿司匹林 10～25 毫克/千克，口服，一天 2～3 次，以控制疼痛。如股骨头、颈畸形或发生退行性关节病，应施股骨头、股骨颈切除术。

十六、退行性关节病

退行性关节病又称骨关节病、骨关节炎，是指关节软骨破坏、软骨下骨硬化、关节腔狭窄及关节周围形成骨赘等而引起的非化脓性关节病。临床上以疼痛、姿势改变、患肢活动受限、关节内有渗出液和局部炎症等为特征。多发生于老年犬、猫，主要发生于髋关节、膝关节、肩关节、肘关节、胸椎间关节和颞颌关节等。

（一）发病原因

原发性确切病因不详，可能由于动物关节常年受力不均、骨骼钙磷代谢失调、软骨症、维生素 D 缺乏、关节发育不良等使关节的动力平衡受到破坏而发生软骨退行性变化。随着年龄增长，这种退行性变化逐步加重。

继发性临床上最常见。任何异常的力作用于正常关节，或正常的力作用于异常关节均可继发关节退行性变化，这些外力的最终结果是加速软骨的丧失。例如，骨软骨病、髋关节发育不良、髌骨脱位等均可使关节不稳、关节面不平整、关节软骨受力不均而发生软骨磨损；关节扭伤、创伤等可使关节软骨受到直接损伤及炎症侵蚀。

（二）临床症状

早期常见的症状是无明显的关节不灵活和跛行，但不愿意行走、跳高、赛跑和狩猎等。以后在持续的活动或短暂的过度运动后出现跛行和关节僵硬，但休息数天后症状消失。随着病情的发展，关节难以支持体重，行走出现跛行，关节不灵活，卧地或坐地后难站立。运动或他动运动、气候变冷症状加重。后期虽然受多种环境因素的影响，但一般仍保持跛行及关节僵硬的症状。关节缘新骨增生和塑性、关节囊变厚及关节面破坏而使关节变粗，较大的关节尤其是髋关节和膝关节可能发生全脱位或不全脱位，严重者关节积液。触诊患病关节肿胀、温热或不热，关节活动范围小，活动时关节内可能有摩擦音。慢性病例患肢肌肉萎缩。X射线检查肘关节发育不良，肘突与尺骨中间存在一条低密度阴影（图5-23），肘突周围出现唇样骨赘（图5-24），关节间隙宽窄不均，有大量的骨赘生成（图5-25），骨性关节面模糊（图5-26），髋关节变性性关节炎（图5-27）。

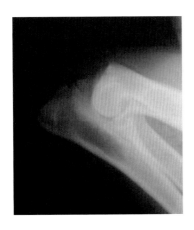

图5-23　肘突与尺骨间一条低密度阴影

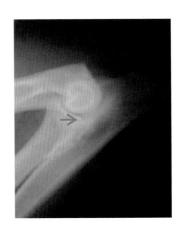

图5-24　肘突周围出现唇样骨赘

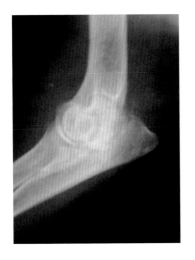

图5-25　关节间隙宽窄不均

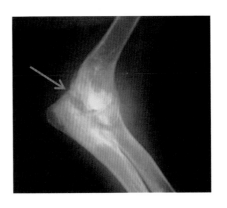

图5-26　骨性关节面模糊

（三）类症鉴别

1. 骨软骨病

主要发生于快速生长的4～8月龄大型犬和巨型犬，无外伤史，表现跛行，关节疼痛，关节软骨和骺软骨骨化障碍。X射线检查可见一扁平的软骨下骨，骺软骨呈浅蝶形缺损，肱骨头后下方形成"关节鼠"。

2. 髋关节发育异常

多发生于大型、快速生长的4～12月龄幼年犬，表现关节疼痛，跛行，后肢拖地，后肢肌肉萎缩，瘫痪。X射线检查发现髋臼浅，股骨头疏松而扁平。

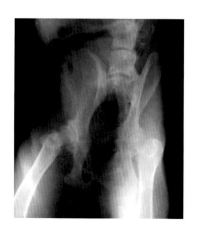

图5-27 髋关节变性性关节炎

3. 累-卡-佩氏病

常见于4～11月龄小型犬，多为单侧性，后肢外展时疼痛，一侧或两侧后肢跛行，臀部和后肢肌肉萎缩，髋关节他动运动时疼痛，并可听到噼啪音。X射线检查可见股骨头软骨下面不规则或扁平，股骨骨骺和干骺区放射学密度不规整，干骺区股骨颈的宽度明显增加，关节间隙宽度增加。

（四）预防措施和安全用药

治疗原则为给予足够休息时间；患肢避免过度活动；动物如肥胖，应减重；给予适当的运动，维持肌肉张力和关节的灵活性；通过镇痛消炎药物和手术，缓解疼痛，矫正畸形应激或不稳定性，恢复活动。疼痛较重时可服用非甾体类消炎止痛药，但长期服用易引起胃损伤，缓释型阿司匹林对胃毒副作用较轻，犬剂量为25～50毫克每千克体重每天，分2～3次口服；猫为25毫克每千克体重每天，每隔1天口服。保泰松曾广泛用于治疗犬退行性关节病，最初48小时其剂量为每千克体重400毫克/天，分3次口服，以后酌减，日剂量不宜超过800毫克。卡洛酚消炎止痛效果比阿司匹林、保泰松强，推荐剂量为每12小时、每千克体重口服2.2毫克。严重病例可用皮质类固醇。药物治疗能使动物减轻症状，但不能终止关节变性过程。肩、跗关节骨软骨病，髌骨脱位，肘关节、髋关节发育异常所致的退行性关节病，可实行手术治疗。

十七、髋关节发育异常

髋关节发育异常是指犬出生后不久股骨头和髋臼发育或生长异常的疾病。临床上以关节周围软组织不同程度的松弛、关节不稳（不全脱位）、股骨头和髋臼变形、退行性关节病为特征。本病多发生于大型、快速生长的幼年犬，如德国牧羊犬、纽芬兰犬、圣伯纳犬等，小型犬（比格犬、博美犬）和猫也有报道。

（一）发病原因

确切病因不详。目前认为本病是多因子或基因遗传性疾病。通过选择与髋关节发育正常的犬进行交配，禁止病犬繁殖，能降低其发病率。环境因素对髋关节发育不全的发生亦有影响。

（二）临床症状

4～12月龄的病犬常见活动减少和不同程度的关节疼痛。以后行走一后肢或两后肢跛行（图5-28），步幅异常，后躯左右摇摆，后肢拖地，以前肢负重，后肢抬起困难，运动后病情加重，跑步两后肢合拢，最终后躯瘫痪（图5-29）。触摸关节疼痛明显，后肢肌肉萎缩，被毛粗乱。病情严重者食欲减退，精神不振。X射线检查时，发现髋臼变浅（图5-30），股骨头疏松而扁平（图5-31）。

图 5-28　一后肢或两后肢跛行

图 5-29　患犬后躯瘫痪

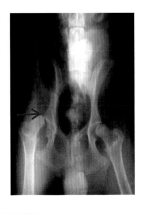

图 5-30　髋关节髋臼变浅，脱出

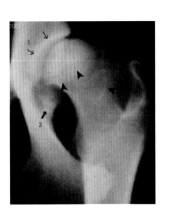

图 5-31　股骨头疏松而扁平

（三）病理变化

主要病变有关节松弛、髋臼腔变浅、关节不全脱位；关节肿胀、磨损，股骨头圆韧带断裂；关节软骨破溃、软骨下骨象牙质变；关节周围骨赘形成，韧带附着点骨质增生等。

（四）类症鉴别

1. 累 – 卡 – 佩氏病

常见于 4 ～ 11 月龄小型犬，多为单侧性，后肢外展时疼痛，一侧或两侧后肢跛行，臀部和后肢肌肉萎缩，髋关节他动运动时疼痛，并可听到噼啪音。X 射线检查可见股骨头软骨下面不规则或扁平，股骨骨骺和干骺区放射学密度不规整，干骺区股骨颈的宽度明显增加，关节间隙宽度增加。

2. 骨软骨病

主要发生于快速生长的 4 ～ 8 月龄大型犬和巨型犬，无外伤史，表现跛行，关节疼痛，关节软骨和骺软骨骨化障碍。X 射线检查可见一扁平的软骨下骨，骺软骨呈浅蝶形缺损，肱骨头后下方形成"关节鼠"。

（五）预防措施和安全用药

主要采用保守疗法。关节不稳定、无退行性关节病临床症状、锻炼或强烈运动后才有急性跛行的幼犬，休息和应用镇痛剂数天常有明显的治疗效果。疼痛明显、轻微的退行性变化者，除休息和应用镇痛剂外，应限制其活动，如关在笼内，两后肢屈曲，呈犬坐姿势，以减轻髋关节的应激。病情严重者，限制活动和用镇痛剂并不足以缓解疼痛。肥胖动物，应控制食物，改变营养成分，减轻体重，有助于关节的恢复。幼龄犬肌注葡萄糖胺进行保守治疗，可使出现髋关节半脱位的概率大大降低。保守疗法无效时，可考虑手术治疗。

十八、骨软骨病

骨软骨病是一种关节软骨和骺软骨的软骨内骨化障碍的非炎症疾病。临床上以无外伤史、跛行、疼痛为特征。可分为剥脱性骨软骨病、肘突不闭合、尺骨冠状突分裂、骺生长骨板迟滞四种类型。本病主要发生在快速生长的大型犬和巨型犬（4 ～ 8 月龄），如圣伯纳犬、德国牧羊犬、金毛犬等。

（一）发病原因

原因不明，目前认为直接的原因是循环障碍、过度牵引和压迫性外伤。间接原因可能是缺乏矿物质和维生素以及激素失调、氧张力降低及代谢功能紊乱，也可能与遗传有关。

（二）临床症状

主要症状为跛行。跛行逐渐加重，呈持久性跛行，常休息后关节不灵活或运动后跛行加重。多为一肢关节发病，也可几个关节同时发病。患肢关节伸曲可引起疼痛反应，其中肩关节疼痛更明显。慢性病例，关节可听到"咔嚓"声响，肌肉萎缩，如不及时治疗，持续跛行可继发退行性关节病。

（三）类症鉴别

1.关节脱位

多有外力作用病史，表现关节变形、肿胀，异常固定，肢势改变和跛行，X射线检查发现关节头和关节窝解剖位置改变。

2.骨折

有外力作用病史，表现患肢变形，局部肿胀、疼痛，跛行，瘫痪和有骨摩擦音，X射线检查发现断端移位、骨折线等。

（四）预防措施和安全用药

临床症状较轻，病程未超过1个月，X射线检查未发现钙化软骨瓣，可采用保守疗法。强制休息6周，或患肢悬吊，限制活动。疼痛严重，可使用消炎镇痛药对症治疗。保守治疗无效，或X射线检查已发现软骨瓣或已脱落，应采取手术治疗，取出软骨瓣，刮除软骨下骨的病变组织。有条件者，可采用关节镜手术。

十九、椎间盘病

椎间盘病又称椎间盘突出，是指椎间盘变性、纤维环破坏、髓核向背侧突出压迫脊髓而引起以运动障碍为主要特征的脊椎疾病。临床上以疼痛、共济失调、麻木、运动障碍或感觉运动麻痹为特征。多见于体型小、年龄大的软骨营养障碍类犬，如北京犬、腊肠犬、比格犬及长卷毛犬等。常发生于胸腰椎和颈椎。

（一）发病原因

一般认为椎间盘疾病是由椎间盘退变所致，但引起其退变的诱因仍不详。本病的发生可能与品种、年龄、遗传因素、内分泌因素（如甲状腺功能减退）、外伤因素（如脊柱遭到持续性的挤压、牵引和强烈的扭转等）和椎间盘因素（如脊椎应激、缺钙）等有关。

（二）临床症状

颈部椎间盘疾病常发生的部位是第2～3或3～4椎间盘。通常发病较急，最常见的临床症状是颈部疼痛，表现为颈部僵硬、活动迟缓及颈部肌肉痉挛、鼻尖抵地、耳竖起、腰背弓起（图5-32），或由于神经根痛而出现单侧或双侧前肢跛行。

胸腰部椎间盘疾病常发生的部位是胸第11～12至腰第2～3椎间盘。临床上多数表现为后躯感觉和运动障碍。病初动物严重疼痛、呻吟、不愿挪步或行动困难。以后突然发生两后肢运动障碍（麻木或麻痹）和感觉消失（图5-33），但两前肢往往正常。病犬尿失禁，肛门反射迟钝。上运动神经元病变时，膀胱充满，张力大，难挤压；下运动神经元损伤时，膀胱松弛，容易挤压。

图 5-32　颈部椎间盘疾病腰背弓起

图 5-33　椎间盘病引起后躯麻痹

（三）类症鉴别

1. 脊髓炎

表现感觉过敏，肌肉震颤，运动障碍，四肢强拘，肌肉萎缩，排便排尿障碍等。

2. 脊髓损伤

有外力作用病史，表现感觉障碍，共济失调，疼痛，后期麻痹，排便排尿障碍。

3. 脑脊髓丝状虫病

多发生于盛夏至深秋季节，其特征是腰痿，后肢运动障碍，并时好时坏。脊髓液检查，可检出微丝蚴。

（四）预防措施和安全用药

对轻症采用保守疗法，强制休息，限制活动，应进行消炎镇痛。地塞米松是治疗本病综合征的首选药，开始用量为0.2～0.4毫克／千克体重，每天2次，连用2～3天；严重者剂量可加大至2毫克／千克体重，静脉注射。口服保泰松0.2毫克／千克体重，每日2次，3天后减量。口服乙酰水杨酸300毫克，每天2次。也可用阿司匹林和肌肉松弛剂等。尿失禁者每天定时挤压膀胱排尿2～3次。另外，还可采用针灸、电针、按摩、温敷和穴

位注射维生素 B_1 和维生素 B_2 等治疗。当脊髓受压迫严重时可进行手术疗法，包括椎间盘开窗术，一侧椎板切除术或背椎板切除术。

二十、关节脱位

关节脱位是指关节因受机械外力、病理性作用引起骨间关节面失去正常的对合。如关节完全失去正常对合，称全脱位，反之称不全脱位。最常发生髋关节、髌骨脱位；肘关节、肩关节也有发生。

（一）发病原因

关节脱位的发生多由于突然强烈外力直接或间接作用于关节，致使关节韧带、关节囊剧伸或断裂所致。先天性因素在犬较常见，如髌骨脱位，多与遗传有关。

（二）临床症状与病理变化

关节脱位的共同症状包括关节变形、异常固定、关节肿胀、肢势改变和功能障碍。由于脱位的位置和程度不同，这 5 种症状会有不同的变化。

髋关节脱位：犬、猫最常见的关节脱位，多数为髋关节前上方脱位。患肢向外旋转，肢体内收，患肢不能负重。站立时患肢短于健肢；如后上方脱位，患肢向后伸展时稍长于健肢，但向下伸展，患肢则变短，大转子与坐骨结节间距缩小；股骨头下方脱位时，大转子难以触摸到，患肢明显变长。X 射线检查关节头和关节窝的解剖位置发生改变（图 5-34、图 5-35）。

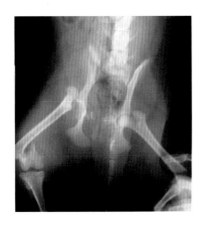

图 5-34　骨折引起髋关节脱位

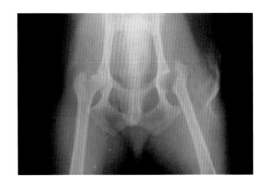

图 5-35　累－卡－佩氏病引起髋关节脱位

髌骨脱位：主要见于小型品种犬，多为先天性，常见髌内方脱位。髌内方脱位常分为 4 级，一级脱位很少出现跛行，偶见跳跃行走（图 5-36）。二级脱位，从偶尔跛行到连续负重，出现跛行，膝关节屈曲或伸展时，髌骨脱位可自行复位。三级脱位跛行程度不同，从偶尔跛行到负重，多数病例负重时出现轻度到中度跛行。出现中度或严重的弓形腿（图 5-37），胫骨扭转。触摸髌骨常呈脱位状态，能人为离位到滑车内，但释手能重新脱位。四级脱位常两肢跛行，免负体重，前肢平衡差。虽然有的动物能支撑体重，但膝关节不能伸展，后肢呈爬行姿势，趾部内旋。髌骨持久性脱位，不能复位。剖检滑车变浅（图 5-38）。

图 5-36　一级脱位跳跃行走

图 5-37　三级脱位弓形腿

　　肘关节脱位：多因外伤所致，常发生外方脱位。突然跛行，局部软组织损伤，桡尺骨向外移位，前臂或前爪内旋或内收。关节屈曲，疼痛明显，不能伸屈关节。由于关节屈曲，动物站立时，指部不着地。

　　肩关节脱位：较少见，多因外伤所致，多数为内方脱位。肩关节屈曲、内收，下肢则外展或外旋（图 5-39）。

图 5-38　剖检滑车变浅

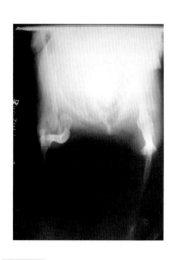

图 5-39　肩关节脱位 X 射线影像

（三）类症鉴别

1. 髋关节发育

多发生于大型、快速生长的 4 ～ 12 月龄幼年犬，表现关节疼痛，跛行，后肢拖地，后肢肌肉萎缩，瘫痪。X 射线检查发现髋臼浅，股骨头疏松而扁平。

2. 累－卡－佩氏病

常见于 4 ～ 11 月龄小型犬，多为单侧性，后肢外展时疼痛，一侧或两侧后肢跛行，臀部和后肢肌肉萎缩，髋关节他动运动时疼痛，并可听到噼啪音。X 射线检查可见股骨头软骨下面不规则或扁平，股骨骨骺和干骺区放射学密度不规整，干骺区股骨颈的宽度明显增加，关节间隙宽度增加。

（四）预防措施和安全用药

治疗原则为整复固定和功能锻炼。对不全脱位或轻度全脱位，应尽早采用保守疗法，即闭合性整复与固定。为减少肌肉、韧带的张力和疼痛，整复时应全身麻醉。一般将动物侧卧保定，患肢在上，采用牵拉、按压、内旋、外展、伸屈等方法，使关节复位。如复位正确，手可触觉振动或听到一种声响。整复后，为防止再发，应立即进行外固定。常选择夹板绷带、可塑形绷带（包括石膏绷带）、托马斯支架和外固定支架等。对中度或严重的关节全脱位和慢性不全脱位，多采用手术疗法，即开放性整复与固定。根据不同的关节脱位，使用不同的手术路径。通过牵引、旋转患肢，伸展和按压关节或用杠杆作用，使关节复位。根据脱位性质，选择髓内针、钢针和钢丝等进行内固定。有些关节脱位，如先天性髌骨脱位，可通过关节矫形术，恢复关节功能。

二十一、低钙血性痉挛

低钙血性痉挛又称产后子痫、乳惊厥、产后搐搦症，是指血钙降低后引起全身肌肉兴奋性增高，发生强直性和阵发性痉挛的严重营养代谢性疾病。临床上以突然发作、体温升高、强直性痉挛、运动失调和呼吸困难为特征。多发于分娩后 1 ～ 4 周的产仔数多的小型母犬。

（一）发病原因

细胞外钙离子浓度急剧下降是本病的病因。正常母犬血钙含量为 9 ～ 12 毫克 / 分升，当血钙低于 7 毫克 / 分升，就会发病。引起血钙含量下降的原因主要是大量血钙进入乳汁，或动用骨骼中钙的能力下降，或骨钙不足，或从肠道吸收钙不足。本病的发生可能是其中一种或几种因素协同作用的结果。母犬围产期营养不良、矿物质不足、肥胖、妊娠末期日粮中食盐或钙过多等，也可诱使本病的发生。新生仔犬体型大或窝产仔数多，需要的乳汁多，导致血钙不能得到充分补充。

（二）临床症状

常发生于产后 21 天内，典型症状为全身肌肉强直、痉挛、抽搐。初期运步蹒跚，后躯僵硬，步态失调。以后表现烦躁不安，流涎，气喘，到处乱跑，易惊恐，对外界刺激表现敏感。随后站立不稳，倒地抽搐，出现阵挛性 - 强直性肌肉痉挛，呼吸迫促，口不停开合并流白色泡沫。心跳加快，体温升高，瞳孔散大，若未及时治疗，反复发作直至死亡。

（三）类症鉴别

1. 破伤风

由破伤风梭菌在厌氧情况下感染引起，有创伤史。表现局部性强直和痉挛，牙关紧闭，呈木马样姿势，脊柱僵直，口角向后，耳朵僵硬竖起，瞬膜突出外露，流口水，咀嚼和吞咽困难，癫痫性抽搐。神志清醒，体温不高，有饮食欲。对静脉注射钙剂没有效。

2. 中暑

有日光强烈直射或温度过高、湿度过大病史，炎热夏季多发，发病突然，表现体温升高，呼吸急促，心跳加快，兴奋不安，癫狂冲撞，心力衰竭，黏膜发绀，肺充血和肺水肿，肌肉痉挛、抽搐。

3. 狂犬病

由狂犬病病毒引起，有咬伤病史，地方流行或散发，主要表现极度兴奋，狂躁不安，行为反常，攻击性强，瞳孔散大，流涎，唾液黏稠，意识丧失，吞咽障碍，下颌、后躯麻痹。突然死亡少见，有内氏小体。

4. 鼠药中毒

出现阵发性痉挛，体温降低。

（四）预防措施和安全用药

立即缓慢静脉注射 10% 葡萄糖酸钙溶液，犬 10～30 毫升、猫 5～15 毫升，症状可迅速缓解，经 12 小时后重复注射 1 次，严重病犬重复注射 3～4 次亦可痊愈。由于低血钙可继发低血糖，在补钙的同时应静注 10% 葡萄糖溶液或含糖生理盐水。若心律不齐者改服钙片，如碳酸钙 10～100 毫克/千克体重，同时口服维生素 D 30 国际单位/千克体重，连服 10 天。补钙后症状无明显改善，可用戊巴比妥钠 20～30 毫克/千克体重，静脉注射。泼尼松 2 毫克/千克体重，口服或皮下注射，每 12 小时一次，至幼犬断乳为止。发病期间，仔犬与母犬分开饲养，仔犬饲喂人工乳或鲜奶 24 小时以上。如仔犬达 4 周龄以上，可给仔犬断奶。同时加强饲养管理，改善母犬的营养状态。

二十二、有机磷中毒

有机磷中毒是指犬猫接触、吸入或误食某种有机磷农药后而发生的中毒性疾病。临床上以副交感神经兴奋，呈现腹泻、流涎、瞳孔缩小、肌群震颤为特征。

（一）发病原因

有机磷杀虫药能经犬、猫消化道、呼吸道和皮肤进入体内，引起中毒。采食、误食或偷食喷洒过有机磷杀虫剂的食物、饮水或舔舐沾有药物的用具和被毛可引起中毒。误用配药用具作犬、猫食盆或饮水盆，滥用或误用于杀灭犬、猫体内外寄生虫，或将犬、猫留放在喷有药液的房间等亦可引起中毒。偶见于人为投毒所致。

（二）临床症状

有机磷中毒主要表现为副交感神经过度兴奋，包括毒蕈碱样症状、烟碱样症状、中枢神经系统症状 3 种类型。毒蕈碱样症状表现流涎（图 5-40），腹痛，呕吐，腹泻、尿频，瞳孔缩小（图 5-41），可视黏膜苍白，呼吸困难，严重时可伴发肺水肿。烟碱样症状表现为肌肉震颤，血压上升，脉搏加快等。中枢神经系统症状表现先兴奋后抑制，兴奋不安，运动失调，惊恐，抽搐，逐渐发展成惊厥或癫痫，后期呈现昏睡状态。

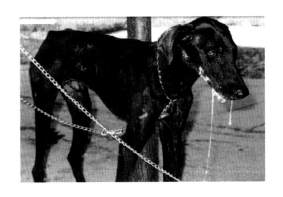

图 5-40　有机磷中毒表现流涎

图 5-41　有机磷中毒表现瞳孔缩小

（三）病理变化

经消化道急性中毒者，胃肠内容物具有蒜臭味，胃肠黏膜充血、出血、肿胀，并多半呈暗红色，黏膜易剥脱。肺充血、肿大，气管内有白色泡沫。心内膜有不整形的白斑，肝、脾肿大。肾脏混浊肿胀、被膜不易剥脱，切面为淡红褐色。

（四）类症鉴别

1. 有机氯杀虫剂中毒

有接触有机氯杀虫剂的病史，表现兴奋性增强，听觉和触觉过敏，肌肉震颤、痉挛，流涎，腹泻，呕吐等。

2. 有机氟化合物中毒

有误食有机氟农药、鼠药或死鼠的病史，突然发病，呕吐，兴奋，狂暴，狂奔，痉挛抽搐，角弓反张，心率、呼吸加快，心律不齐。胃内空虚或含有氟乙酰胺毒物及老鼠残骸。

3. 癫痫

表现烦躁不安，反复发生短时意识丧失，突然倒地，角弓反张，肌肉强直性或阵发性痉挛，瞳孔散大，流涎，粪尿失禁，口吐白沫。

（五）预防措施和安全用药

首先脱离毒源，避免犬猫再接触有机磷杀虫药。经口中毒者可口服活性炭 20～50 克，硫酸钠（镁）15～20 克；未超过 2 小时用催吐疗法。经皮肤中毒者可用清洁水冲洗。同时应尽快用药物救治，常用解磷定或氯磷定或双复磷和阿托品联合疗法。硫酸阿托品 0.2～0.5 毫克/千克体重，皮下或静脉注射，每 3～6 小时一次。解磷定或氯磷定 20～50 毫克/千克体重，溶于葡萄糖或生理盐水 100 毫升，静脉注射，或双复磷 15～20 毫克/千克体重，肌内或静脉注射。必要时应重复给药。危重病例，应对症治疗，以消除肺水肿，兴奋呼吸中枢，输入高渗葡萄糖溶液等药物，有助于提高疗效。

二十三、有机氟化合物中毒

有机氟化合物中毒是指误食被有机氟农药（氟乙酰胺）或鼠药（氟乙酸钠、氟乙酰胺等）污染的饲料或饮水而引起的中毒病。临床上以中枢神经系统功能障碍和心血管系统功能障碍，突然发病，全身强直性或间歇性痉挛，抽搐、昏迷，心率加快，血压下降为特征。

（一）发病原因

主要因吃了含有机氟的毒饵或被有机氟杀死的老鼠和其他动物尸体所引起。误食了有机氟化合物（尤其是氟乙酰胺）污染的食物、毒饵、饮水等，也常引起中毒。氟乙酰胺可经过消化道、呼吸道和皮肤进入机体，犬、猫对其最敏感，中毒剂量为 0.05～0.2 毫克/千克，但只有进入机体中被活化成氟乙酸时，才具有毒性。

（二）临床症状

氟乙酰胺进入机体 30 分钟后就中毒发病，主要毒害犬、猫中枢神经系统和猫心脏。表现精神沉郁，呕吐（图 5-42），频排粪尿，可视黏膜发绀，尿失禁，稀便带血，并表现里急后重。随后肩、肘部肌肉出现颤动，严重中毒主要表现兴奋、狂暴、嚎叫、狂奔、跳跃和爬墙，不久倒地打滚、抽搐、角弓反张、呼吸加快，猫心搏动快而弱。安静片刻后又重复发作，发作数次后，强直而死亡（图5-43）。病程只有十几分钟至1小时左右。

图 5-42　氟乙酰胺中毒表现呕吐

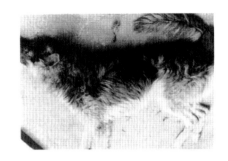

图 5-43　发作数次后强直而死亡

（三）病理变化

脑膜充血、出血，心肌变性松软，心包、心外膜及心内膜有出血点（图5-44）。肝和肾脏肿大瘀血，有卡他性或出血性胃肠炎。经口食入的毒物，食物和胃内容物中含有氟乙酰胺毒物或老鼠残骸。

（四）类症鉴别

1. 有机磷中毒

有机磷中毒时潜伏期短，发病快，中毒出现早，主要表现肌纤颤、缩瞳、流涎、腹痛、粪便稀等症状。血液胆碱酯酶活力下降，血氟及血液柠檬酸量无变化。而氟乙酰胺中毒时，症状出现较慢，主要症状为肌群震颤，阵发性强直痉挛，瞳孔无明显变化，血液胆碱酯酶无变化，氟和柠檬酸量增加。

图 5-44　心包、心外膜出血

2. 士的宁中毒

士的宁中毒时不呕吐，不经常排粪尿，不狂吠乱奔。

3. 脑膜脑炎

由感染或中毒性因素引起，表现体温升高，兴奋不安，意识障碍，步态不稳，共济失调，肌肉颤抖，癫痫，眼球震颤。脑脊液检查蛋白质与细胞含量增多，中性粒细胞增多，查到病原微生物。

（五）预防措施和安全用药

脱离毒物现场，更换可疑食物或饮水。中毒初期首先催吐，也可用0.02%高锰酸钾溶液或 3% 活性炭洗胃，然后内服蛋清或氢氧化铝，并用硫酸钠，犬 10～25 克，猫 5～10 克，配成 5%～10% 溶液口服。应用特效解毒药，解氟灵（50% 乙酰胺）0.1 克/千克，肌内注射或静脉注射，首次用量要达到全天用药量的一半，注射 3～4 次，至抽搐现象消失为止。镇静用氯丙嗪 1.1～6.6 毫克/千克体重。解除呼吸抑制用尼可刹米，犬 0.12～0.5 克/次，猫 7.8～31.2 毫克/千克体重，皮下或肌内注射，必要时 2 小时后重复 1 次。解除痉挛可静脉输葡萄糖酸钙溶液。控制脑水肿，可静脉输注 20% 甘露醇或 25% 山梨醇溶液，亦可静脉注射 50% 葡萄糖溶液。为纠正酸中毒可用 5% 碳酸氢钠溶液。可应用维生素 C、地塞米松等缓解病情。另外可用辅助解毒剂，如三磷酸腺苷、辅酶 A、细胞色素 c 以及维生素 B_1 等。

二十四、黄曲霉毒素中毒

黄曲霉毒素中毒是采食了被黄曲霉或寄生曲霉污染并产生毒素的食物后引起的一种急性或慢性中毒。临床上以消瘦、贫血、黄疸、出血性肠炎等为特征。

（一）发病原因

因误食被黄曲霉或寄生曲霉污染的花生、玉米、麦类、豆类、豆粕及植物油等引起中毒。目前已发现黄曲霉毒素及其衍生物有 20 种，并以黄曲霉毒素 B_1、黄曲霉毒素 B_2、黄曲霉毒素 G_1 和黄曲霉毒素 G_2 的毒力最强。

（二）临床症状

多呈慢性经过，表现为精神委顿，食欲缺乏，逐渐消瘦，胃肠功能紊乱，出血性肠炎（图 5-45），黏膜苍白、黄疸等。中毒病程长久者可发生肝癌。

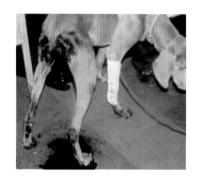

图 5-45 出血性肠炎

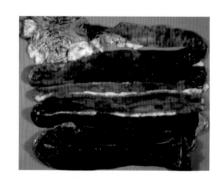

图 5-46 胃肠道黏膜出血

（三）病理变化

主要是胃肠道黏膜出血（图 5-46），有时结肠浆膜呈胶样浸润。肝硬化、黄色脂肪变性及胸腹腔积液。肾脏常呈苍白、肿胀，淋巴结充血、水肿。

（四）类症鉴别

1. 血小板减少症

在皮肤和黏膜出现自发性瘀血点和瘀血斑，天然孔和内脏出血，出血时间延长，贫血。实验室检查血小板明显减少，血小板聚集功能异常，出血时间延长。

2. 肝炎

由中毒性因素和感染性因素引起，临床上呕吐，黄疸，肝区触诊疼痛，粪便色泽较淡，味臭难闻。天冬氨酸转氨酶（AST）、丙氨酸转氨酶（ALT）活性升高，血清胆红素升高，尿胆红素、蛋白质阳性。

3. 犬传染性肝炎

由犬腺病毒Ⅰ型引起，以冬季发生较多，呈流行性，断乳至1岁的犬发病率和死亡率最高，临床上主要表现体温升高，双相热型，呕吐，腹痛，腹泻，眼鼻流水样液体，角膜混浊，肝炎性蓝眼，黄疸，剑突处有压痛。剖检有肝和胆囊病变及体腔血样渗出液。丙氨酸转氨酶、天冬氨酸转氨酶活性增高，凝血酶原时间、凝血酶时间和激活凝血激酶时间延长。肝实质细胞和皮质细胞核内出现包涵体。

4. 肝硬化

发生缓慢，呈慢性消化不良，可视黏膜黄染，有腹水及皮下水肿（图5-47）。

5. 抗凝血杀鼠药中毒

有误食抗凝血杀鼠药的毒饵或死鼠病史，表现可视黏膜苍白、出血，呼吸困难，鼻出血和便血，跛行，血液凝固不良。毒物分析检查到抗凝血杀鼠药。

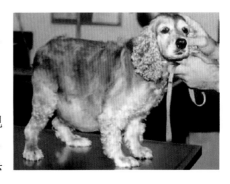

图 5-47　肝硬化腹水

（五）预防措施和安全用药

目前无特效治疗药物，主要在于预防，避免食用发霉食物。一旦发生中毒，立刻停喂霉败食物，给予低脂肪的含碳水化合物的食物。及时投予盐类泻剂，如硫酸镁、硫酸钠、人工盐等，并采取解毒保肝和止血措施，可用25%～50%葡萄糖溶液，并混合注射维生素C制剂、葡萄糖酸钙或氯化钙溶液、40%乌洛托品溶液等。对心力衰竭病例，应皮下或肌内注射强心剂，如强尔心或苯甲酸钠咖啡因溶液等。此外可应用维生素A溶液或喂给胡萝卜。为防止并发症，可应用抗生素，但禁用磺胺类药物。

第六章

以营养代谢和内分泌系统为主症的犬猫疾病类症鉴别与安全用药

一、低血糖症

低血糖症是母犬产仔前后的应激和多胎胎儿对营养的过度需求，或产后大量哺乳发生的血糖降低性营养代谢病。幼犬低血糖症是指生后至 3 月龄血糖含量过低的疾病。母犬低血糖症主要临床特征是类似于产后缺钙的神经症状；幼犬低血糖症的主要表现是虚弱和不愿活动。本病多见于幼犬和成年母犬。

（一）发病原因

妊娠母犬、猫妊娠后期和哺乳期严重营养不良，胎儿数过多，初生仔大量哺乳而致病。胰岛素分泌过多、肾上腺皮质功能减退、脑垂体功能不全、恶病质等因素，也可引起低血糖症。临床多见于分娩前后 1 周左右的母犬、猫。幼犬因饥饿、受凉、仔多奶少奶质差、胃肠功能紊乱、肠内寄生虫、肝糖原合成酶不足等而发病。

（二）临床症状

表现全身性或局部性神经症状。轻者表现后肢无力、运动耐力差、共济失调、步态强拘，呈虚弱状态，甚至行为异常（烦躁不安、奔跑、吠叫）、全身肌肉呈间歇性抽搐或强直性痉挛，严重低血糖出现癫痫样发作。体温升高达 41 ~ 42℃，呼吸迫促，心搏动加速。幼犬多呈现虚弱、严重沉郁甚至昏迷，并伴有面部肌肉抽搐。

（三）类症鉴别

1. 癫痫

表现烦躁不安，反复发生短时意识丧失，突然倒地，角弓反张，肌肉强直性或阵发性痉挛，瞳孔散大，流涎，粪尿失禁，口吐白沫。

2. 铅中毒

以慢性中毒多见，表现贫血，多动，好斗和易激怒，反复发生呼吸道和泌尿系统感染等。

3. 汞中毒

表现大量流涎，呕吐，溃疡性口炎，齿龈炎，胃肠炎，肾炎。

4. 砷中毒

表现呕吐，流涎，黏膜充血、肿胀、出血、脱落，腹痛，出血性下痢，血尿，兴奋不安，肢体麻痹，运动失调，心律不齐，瞳孔散大。

5. 犬瘟热

由犬瘟热病毒引起，以冬春季（10月至翌年4月间）多发，1～12个月龄的犬发病率最高。临床上以双相热型、白细胞减少、急性脓性鼻炎和脓性结膜炎、支气管肺炎、严重的胃肠炎和神经症状为特征。核内及胞浆内均有包涵体，且以胞浆内为主。

6. 低钙血症

仅表现血钙、血磷降低，而血糖、尿酮正常。

（四）预防措施和安全用药

加强营养，给予高蛋白、高碳水化合物的饲料。为提高血糖浓度，可用50%葡萄糖溶液1毫升/千克体重，或20%葡萄糖溶液1.5毫升/千克体重，静脉注射。静注困难时，亦可按250毫克/千克体重口服葡萄糖。并皮下注射糖皮质激素氢化可的松或地塞米松。若为胰岛素细胞瘤引起的低血糖症，可将胰岛摘除。如疑为产后缺钙，母犬可加输10%葡萄糖酸钙溶液10～30毫升。

二、糖尿病

糖尿病是指胰腺胰岛素分泌不足而引起的糖代谢障碍性疾病，临床上以高血糖、糖尿、多尿、多饮、多食、体重减轻为特征。多发生于7～9岁的肥胖母犬；猫多发于5岁以上的短毛猫。

（一）发病原因

直接病因是胰岛B细胞分泌胰岛素相对或者绝对不足，如肥胖症、慢性胰腺炎、胰腺萎缩、胰腺纤维症时，可造成胰岛素分泌障碍。另外，促肾上腺皮质激素、肾上腺皮质激素、生长激素等过多，以及中枢神经系统发生病变（脑震荡、脑出血、脑肿瘤、脑炎等），也可引起糖尿病。

（二）临床症状

典型症状是多尿、多饮、多食和体重减轻（图6-1）。长期严重糖尿病可发展为酮酸中毒，表现呼吸急促，顽固性呕吐和黏液性腹泻，呼出气体和尿液具有烂苹果味（丙酮味）。尿相对密度加大，含糖量增多，最后极度虚弱而陷入糖尿病性昏迷。如胰实质已被损害，可出现消化功能障碍和胰腺炎症状。另外，50%糖尿病患犬会有白内障（图6-2），角膜溃疡，晶体混浊，视网膜脱落，最终导致双目失明，并在身体各部出现湿疹。实验室检验，血糖升高达8.4毫摩尔/升以上（正常3.9～6.2毫摩尔/升），尿糖呈强阳性，尿中丙酮检验阳性，尿相对密度升高达1.060～1.068（正常为1.015～1.045）。

图6-1 糖尿病患犬体重减轻

图6-2 右眼结膜炎，左眼白内障

（三）类症鉴别

1.甲状腺功能亢进

表现多尿，烦渴，食欲增强，消瘦，心动过速，心律不齐，烦躁不安，敏感性增高，甲状腺肿大。血清甲状腺素（T4）和三碘甲腺原氨酸（T3）浓度升高。

2.肾上腺皮质功能亢进

呈现多尿、烦渴、贪食现象。但尿液稀薄，渗透压下降，T4、T3浓度正常。

3.雌激素过多症

常发生于中、老年患有隐睾症的公犬。患犬表现发情周期紊乱，持续性发情或不发情，乳腺及乳头增大，子宫内膜增厚，有时子宫出血，贪饮，多尿，皮肤色素沉着（图6-3），呈对称性脱毛。血液雌激素水平升高，但T4、T3浓度正常。

4. 子宫蓄脓

多见于 5 岁以上犬，没有妊娠过的小型犬多发，多在动情期后 2～8 周出现病征，表现烦渴，呕吐，多尿，腹部膨大。触诊子宫角胀满、疼痛。中性粒细胞增多、核左移，B 超检查有多个液性暗区。

（四）预防措施和安全用药

治疗原则是降低血糖，纠正水、电解质及酸碱平衡紊乱。首先改善饮食，给予低碳水化合物的食

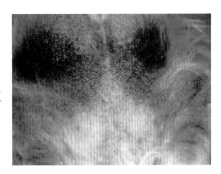

图 6-3　皮肤色素沉着

物，如肉类、牛奶等；补充足量的 B 族维生素；饲喂定时定量，多次少量。开始用格列本脲（优降糖）2～5 毫克，分 1～2 次饭前口服，或用二甲双胍（降糖片）0.2～1 克，分 2～3 次口服。不见效时再使用胰岛素治疗，如中性鱼精蛋白锌胰岛素和鱼精蛋白锌胰岛素等，每千克体重 1～10 国际单位 / 天，按病情轻重，剂量由小到大，直至清晨尿中不含糖为止。为维持正常血容量，可根据尿量多少，进行静脉输液。补充液体最好是等渗溶液，如生理盐水、林格液和 5% 葡萄糖生理盐水。若出现酮酸中毒，应静脉补充 5% 碳酸氢钠溶液，并适当补钾。

三、肥胖症

肥胖症是指由于代谢障碍而引起的脂肪过度蓄积。临床上以肥胖、运动障碍和脏器功能障碍为特征。一般认为体重超过正常值的 15% 就是肥胖症。多发生于 12 岁以上犬和老年猫，母犬、猫多于公犬、猫，比格犬、可卡犬、腊肠犬、牧羊犬和拉布拉多犬等以及短毛猫较易发生。

（一）发病原因

主要由于摄取脂肪、碳水化合物过多或运动不足而引起。内分泌功能紊乱，如犬、猫的绝育手术、垂体肿瘤，甲状腺功能减退，肾上腺皮质功能亢进，胰岛素分泌过剩等都容易导致肥胖。另外，犬、猫父代肥胖，其后代也易肥胖。

（二）临床症状

犬、猫皮下脂肪丰富，尤其是腹下和体两侧，体躯圆形丰满，用手摸不到肋骨。食欲亢进或减少，消化不良，呼吸困难，心悸动亢进，不耐热，易疲劳，不愿活动，走路摇摆，性欲降低。容易发生骨折、关节炎、椎间盘病、膝关节前十字韧带断裂等；也易患心脏病、高血压、脂肪肝、胰腺炎、脂溢性皮炎、糖尿病和繁殖功能障碍等。可继发肝、肾功能障碍。甲状腺功能减退和肾上腺皮质功能亢进引起的肥胖症有特征性脱毛、掉皮屑和皮肤色素沉积等变化。患肥胖症犬、猫血液胆固醇和血脂升高。

（三）类症鉴别

1. 甲状腺功能减退

常见于 4～6 岁的犬，表现易疲劳，嗜睡，皮肤增厚、色素沉着，对称性脱毛，肥胖，性欲降低，繁殖功能障碍。血清甲状腺素（T4）和三碘甲腺原氨酸（T3）降低。

2. 肾上腺皮质功能亢进

主要发生于 2～6 岁中老年犬，病程缓慢，表现多尿，烦渴，贪食，肥胖，腹围增大，对称性脱毛，皮肤有分散性色素及钙沉着，发情周期延长或不发情。实验室检查皮质醇浓度升高，尿相对浓度下降。

（四）预防措施和安全用药

减饲和增加运动量是有效的措施。定时定量饲喂，少吃多餐，一天食量可分成 3～4 次。减少采食量，犬可喂平时食量的 60%、猫为 66%。饲喂高纤维、低能量、低脂肪食物或减肥处方食品。每天进行有规律的中等程度运动 20～30 分钟。内分泌紊乱引起的肥胖症，应首先调节内分泌，可口服甲状腺素浸膏 30 毫克，每天 2 次，根据反应情况，可逐渐增量，但不能超过 300 毫克。生殖腺功能减退者，可肌内注射己烯雌酚 0.1～0.5 毫克或丙酸睾丸酮 25～50 毫克。当代谢功能降低时，可内服或皮下注射硫酸苯异丙胺 0.4～0.6 毫克/千克。药物减肥，可用缩胆囊素等食欲抑制剂、催吐剂、淀粉酶阻断剂等消化吸收抑制剂；用甲状腺素、生长激素等提高代谢率。

四、高脂血症

高脂血症是指血液中脂类含量升高，特别是胆固醇或三酰甘油及脂蛋白浓度升高的一种代谢性疾病，临床上以肝脂肪浸润、血脂升高及血液外观异常为特征。常发于犬。犬、猫血液中的脂类主要有四类：游离脂肪酸、磷脂、胆固醇和三酰甘油。血脂类和蛋白质结合形成脂蛋白，可分为乳糜微粒、极低密度脂蛋白、低密度脂蛋白和高密度脂蛋白四类。

（一）发病原因

本病分原发性和继发性两种。前者见于自发性高脂蛋白血症、自发性高乳糜微粒血症、自发性脂蛋白酶缺乏症和自发性高胆固醇血症；后者多由内分泌和代谢性疾病引起，常见于糖尿病、甲状腺功能减退、肾上腺皮质功能亢进、胰腺炎、胆汁阻塞、肝功能降低、肾病综合征等。另外，糖皮质激素和醋酸甲地孕酮也可诱导高脂血症。

（二）临床症状

营养不良，饮食欲废绝，偶见恶心、呕吐、精神沉郁、心跳加快、呼吸困难、虚弱无力、站立不稳和瘦弱等。血液如奶茶状，血清呈牛奶样。实验室检验，犬、猫饥饿 12 小时，血浆或血清出现肉眼可见的变化，如血清呈乳白色，即为血脂异常。血清三酰甘油酯大于 2.2 毫摩尔 / 升，一般就会出现肉眼可见的变化。

（三）类症鉴别

1. 肾上腺皮质功能亢进

主要发生于 2～6 岁中老年犬，病程缓慢，表现多尿，烦渴，贪食，肥胖，腹围增大，对称性脱毛，皮肤有分散性色素及钙沉着，发情周期延长或不发情。实验室检查皮质醇浓度升高，尿相对密度下降。

2. 肥胖症

由于摄取过多或运动不足而引起，多发生于 12 岁以上母犬猫，临床上以肥胖、运动障碍和脏器功能障碍为特征。血液胆固醇和三酰甘油酯升高。

（四）预防措施和安全用药

继发性高脂血症应首先治疗原发病，同时适当配合饲喂低脂肪、高纤维性食物。原发性高脂血症主要饲喂低脂肪和高纤维性食物或减肥处方食品，限制糖类及胆固醇的摄取。也可试用降血脂药物，口服甘糖酯片，每天 1 片，服用 1 周；口服降胆灵，0.5～4.0 克 / 次，每天 3～4 次。也可用烟酸、巯基丙酰甘氨酸治疗，中药血脂康对治疗混合性高脂血症较好。降血脂药物不良反应较多，应用时应注意。

五、维生素 A 缺乏症

维生素 A 缺乏症是由于饲料内维生素 A 原或维生素 A 不足或缺乏，或吸收功能障碍，导致维生素 A 缺乏所引起的一种慢性营养性疾病。临床上以生长迟缓、角膜角化、夜盲、皮肤疹及生殖功能低下为特征。

（一）发病原因

成年犬对维生素 A 的日需要量为 220 国际单位 / 千克，仔犬为 110 国际单位 / 千克，如果饲料中维生素 A 原和维生素 A 不足（如采食减少或食物中缺乏青绿蔬菜、胡萝卜、肉类等），就会引起缺乏症。此外，饲料中维生素 C、维生素 E 缺乏，磷酸盐和硝酸盐过多，胃肠病或肝脏疾病等，均可促进本病发生。

（二）临床症状

夜盲症和干眼病，病犬双眼流浆液性、黏液性分泌物（图 6-4），引起睑缘炎、角膜炎（图 6-5），角膜增厚、浑浊，有时出现溃疡和穿孔，造成失明（图 6-6）。皮肤干燥，被毛蓬乱，有时可见皮脂溢出性皮炎。生长迟滞，逐渐消瘦。公犬精子活力降低，睾丸缩小。母犬可导致流产、死胎或生后胎儿衰弱。母犬严重缺乏维生素 A 时，所生仔犬常呈现无眼球、小眼球、眼睑闭锁、裂腭、兔唇、后肢畸形、肾位异常、心瓣膜缺损、生殖器官发育不全、脑积水和全身性水肿等。神经系统损害，包括外周神经根损伤而发生的骨骼肌麻痹，颅内压增高而发生的惊厥，视神经管受压而发生的视乳头水肿而导致失明。此外，幼犬机体抵抗力降低，容易发生肺炎、肠炎、中耳炎、泌尿生殖器官感染等疾病。

图 6-4　流浆液性、黏液性分泌物

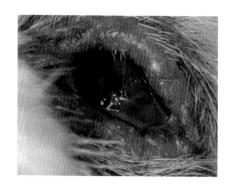

图 6-5　睑缘炎、角膜炎

（三）类症鉴别

1. 狂犬病

由狂犬病病毒引起，有咬伤病史，地方流行或散发，主要表现极度兴奋，狂躁不安，行为反常，攻击性强，瞳孔散大，流涎，唾液黏稠，意识丧失，吞咽障碍，下颌、后躯麻痹。突然死亡少见，有内氏小体。

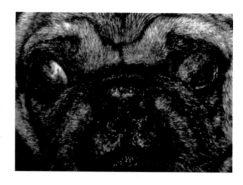

图 6-6　角膜增厚、浑浊

2. 伪狂犬病

由伪狂犬病病毒引起，主要发生于猪伪狂犬病流行地区，冬春季多发，表现发热，肌肉痉挛，头部和四肢奇痒，疯狂啃咬痒部和嚎叫，呕吐，流涎，吞咽困难，死亡率高。对人畜没有攻击性，没有意识扰乱，唾液有泡沫，下颌不麻痹，无内氏小体，散发。

3. 铅中毒

以慢性中毒多见，表现贫血，多动，好斗和易激怒，反复发生呼吸道和泌尿系统感染等。

4. 汞中毒

表现大量流涎，呕吐，溃疡性口炎，齿龈炎，胃肠炎，肾炎。

5. 砷中毒

表现呕吐，流涎，黏膜充血、肿胀、出血、脱落，腹痛，出血性下痢，血尿，兴奋不安，肢体麻痹，运动失调，心律不齐，瞳孔散大。

（四）预防措施和安全用药

加强饲养，多喂青绿蔬菜、胡萝卜、黄玉米、牛奶、鸡蛋、肉类等含维生素 A 及胡萝卜素较多的食物，必要时，可在食物内添加适量的鱼肝油。母犬从怀孕起就应提供丰富的维生素 A。当维生素 A 缺乏时，可口服粉剂鱼肝油 1 克，连用 1 个月。还可肌内注射或皮下注射维生素 AD 注射液。

六、维生素 B 缺乏症

维生素 B 缺乏症是指饮食中 B 族维生素缺乏而引起的营养代谢病。临床上以被毛皮肤发育不良、贫血消瘦、消化功能紊乱和神经症状为特征。

（一）发病原因

主要是饮食中缺乏 B 族维生素；当食物调制不当或厌食、胃肠消化吸收功能降低时，也可引起缺乏症。

（二）临床症状

维生素 B_1 缺乏症：食欲不振，消化不良，呕吐，瞳孔散大，对光反射消失（图 6-7），伴发多发性神经炎，共济失调，头屈向腹侧（图 6-8），心力衰竭，惊厥，虚脱而死亡。

图 6-7　瞳孔散大，对光反射消失　　　　图 6-8　共济失调，头屈向腹侧

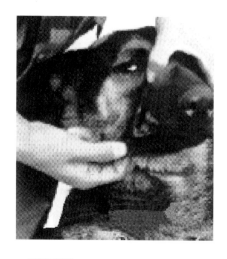

图 6-9　维生素 B_2 缺乏引起口炎

维生素 B_2 缺乏症：主要症状是生长缓慢，频发腹泻，心搏动徐缓，出现贫血、痉挛和虚脱。有的出现口炎（图 6-9），阴囊炎（图 6-10），阴囊湿疹、糜烂（图 6-11）。

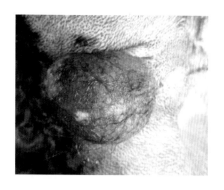

图 6-10　维生素 B_2 缺乏引起阴囊炎

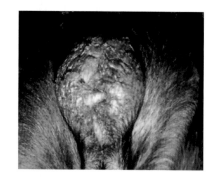

图 6-11　维生素 B_2 缺乏引起阴囊湿疹

烟酸缺乏症：病犬皮肤粗糙，发生红斑，有渗出液，并形成干燥性黑痂。最主要症状是呈现黑舌病。食欲不振，口渴，口腔黏膜潮红，舌黏膜有典型的红色至暗蓝色的色素沉着。唇、颊黏膜形成密集的脓疱，乃至发生溃疡、出血和坏死。口腔恶臭，并流出黏稠且有臭味的唾液。病初体温升高，步样蹒跚，有时发生痉挛或腹泻。

维生素 B_6 缺乏症：主要以严重的小细胞低色素性贫血为特征，有神经退行性变性和肝脏脂肪浸润，可出现惊厥发作，共济失调。

（三）类症鉴别

1. 狂犬病

由狂犬病病毒引起，有咬伤病史，呈地方流行或散发，主要表现极度兴奋，狂躁不安，行为反常，攻击性强，瞳孔散大，流涎，唾液黏稠，意识丧失，吞咽障碍，下颌、后躯麻痹。突然死亡少见，有内氏小体。

2. 维生素 A 缺乏症

表现夜盲症和干眼病，角膜浑浊、溃疡，皮肤干燥，皮肤疹块，消瘦，流产、死胎，兴奋及生殖功能低下。血浆和肝脏中的维生素 A 水平降低，脑脊液压力增高。

（四）预防措施和安全用药

加强饲养管理，调整日粮组成，添加富含 B 族维生素的食物，如酵母、牛奶、瘦肉、蔬菜等。肌内注射复合维生素 B 注射液 1～4 毫升，维生素 B_1 注射液 0.25～0.5 毫克 / 千克体重，维生素 B_2 注射液 0.1～0.2 毫克 / 千克体重，烟酸（烟酰胺）注射液 1～2 毫升，维生素 B_6 注射液 20～30 毫克。心力衰竭者，应及早治疗。

七、佝偻病

佝偻病是犬、猫生长发育期由于维生素 D 缺乏，钙、磷缺乏或比例不当而使钙磷代谢失常所致的一种营养性骨病。临床上以消化紊乱，异食，生长缓慢，骨骼、关节变形为特征。本病是 1 岁内的犬、猫，尤其是 2～5 月龄的幼犬常发的一种疾病。

（一）发病原因

维生素 D 不足是佝偻病发生的主要原因。母犬营养不良，母乳或断奶之后饲料中缺乏维生素 D，以及幼犬阳光照射不足，或者消化不良等，均可引起维生素 D 缺乏而发生本病。钙磷缺乏或比例不当、甲状旁腺功能异常，也是佝偻病发生的重要原因。此外，生长发育快、尿毒症或遗传缺陷时，对维生素 D 的需要量增加，容易发生佝偻病。维生素 A 过量、慢性腹泻、肝肾疾病、肠内寄生虫过多等，影响钙、维生素 D、蛋白质等吸收，从而诱发佝偻病。幼猫不像幼犬那样易患佝偻病，其病因主要是食物中钙含量或钙与磷比例不当，而与维生素 D 缺乏关系不大。

（二）临床症状

初期表现异食，如吃墙土、泥沙、污物等，换齿晚。不爱活动，精神不振，食欲减退，消化不良（腹泻或便秘），逐渐消瘦，生长缓慢。随后表现关节疼痛，步态强拘，跛行，起立困难（图 6-12），特别是后肢的运步受到障碍。严重时表现骨骼变形，常发生腕（跗）关节粗大，呈"O"形腿或"X"形腿（图 6-13～图 6-17）。肋骨与肋软骨交界处膨大，呈"串珠状肿"，胸廓变小，胸骨凸出，成为"鸡胸"，脊柱向上凸起呈弓形弯曲。重症佝偻病常引起四肢、骨盆和脊柱的骨折，卧地不能站立。

图 6-12　跛行，起立困难

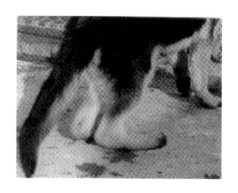

图 6-13　跗关节粗大，呈"X"形腿

图 6-14　腕关节粗大，呈"O"形腿

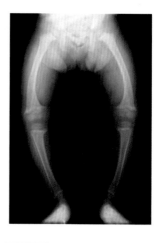

图 6-15　"O"形腿 X 射线影像

图 6-16　"O"形腿

图 6-17　两侧跗关节粗大

（三）类症鉴别

1. 风湿性关节炎

常发生于腕关节和跗关节，表现体温升高，关节肿胀，疼痛，游走性跛行，时轻时重，反复发作。X 射线检查关节周围骨质疏松，软骨下肿胀，关节腔狭小，边缘侵蚀。

2. 骨折

有外力作用病史，表现患肢变形，局部肿胀、疼痛，跛行，瘫痪和有骨摩擦音，X 射线检查发现断端移位、骨折线等。

3. 维生素 C 缺乏症

生长缓慢，体重下降，心搏动过速，黏膜和皮肤出血，粪便及尿液中常混有血液。齿龈紫红、肿胀、光滑而脆弱，常继发感染，形成溃疡。四肢疼痛，长骨骨骺端肿胀。

4. 血小板减少症

在皮肤和黏膜出现自发性瘀血点和瘀血斑，天然孔和内脏出血，出血时间延长，贫血。实验室检查血小板明显减少，血小板聚集功能异常，出血时间延长。

（四）预防措施和安全用药

加强饲养管理，经常带犬、猫户外活动，多晒太阳，调整日粮组成，保证足够的维生素 D 矿物质。发现佝偻病早期症状，应用维生素 D 制剂治疗。如口服鱼肝油 5 ～ 10 毫升，每天 1 次，连用一周。亦可用维丁胶性钙 0.25 万～ 0.5 万国际单位，腿部肌内注射，每日 1 次，连用 3 天。维生素 D_3 注射液，犬 1000 ～ 3000 国际单位 / 千克体重，猫 300 ～ 500 国际单位 / 千克体重，口服或肌内注射。补充钙剂，防止钙磷比例不当。在用维生素 D 前，对动物应补充钙盐和磷盐，如贝壳粉、骨粉、蛋壳粉等，犬 5 ～ 15 克 / 天，猫 1 ～ 5 克 / 天；或静脉注射 10% 葡萄糖酸钙 5 ～ 30 毫升，每日 1 次；或口服碳酸钙 1 ～ 2 克 / 千克体重，或乳酸钙 0.5 ～ 2 克 / 天，每日 1 次。犬、猫食物每 100 克鲜肉中添加碳酸钙 0.5 克；每 100 毫升牛奶添加碳酸钙 0.15 克，或食物中添加 5% ～ 10% 骨粉，可满足猫对钙的需要。出现消化障碍时，酌情应用健胃剂。

八、甲状腺功能亢进

甲状腺功能亢进简称甲亢，是指甲状腺激素分泌过多，基础代谢增加和神经兴奋性增高所引起的内分泌疾病。临床上以甲状腺肿大、烦渴、贪食、消瘦、心功能变化为特征，常见于猫，尤其是 6 ～ 20 岁的猫，其次是 4 ～ 18 岁的犬，拳师犬、比格犬和金毛犬易发。

（一）发病原因

甲状腺功能亢进大多由良性或恶性肿瘤所致，与自身免疫、遗传因素、精神上的刺激或其他内分泌功能紊乱有关。温度变化、季节交替、妊娠、感染、甲状腺部分切除、缺碘等情况下均可发生增生、肥大与功能变化。

（二）临床症状

初期出现多尿，烦渴，食欲增强，随后体重减轻、消瘦（图6-18）。心功能紊乱，严重者心动过速，心律不齐有杂音，心电图电压升高。喜欢冷的地方，烦躁不安（图6-19），敏感性增高，喜欢走动，喘息，眼球突出，流泪，结膜充血，易疲劳。从咽到胸口沿气管两侧进行颈下触诊，可摸到肿大的甲状腺肿瘤。实验室检验，血浆中甲状腺素（T4）和三碘甲腺原氨酸（T3）浓度升高。

图 6-18　患猫表现进行性消瘦

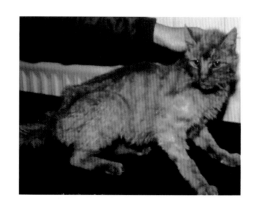

图 6-19　患猫表现烦躁不安

（三）类症鉴别

1. 肾上腺皮质功能亢进

呈现多尿、烦渴、贪食现象。但尿液稀薄，渗透压下降，T4、T3浓度正常。

2. 雌激素过多症

常发生于中、老年患有隐睾症的公犬。患犬表现发情周期紊乱，持续性发情或不发情，乳腺及乳头增大，子宫内膜增厚，有时子宫出血，贪饮，多尿，皮肤色素沉着，呈对称性脱毛。血液雌激素水平升高，但T4、T3浓度正常。

3. 子宫蓄脓

多见于5岁以上犬，没有妊娠过的小型犬多发，多在动情期后2～8周出现病征，表现烦渴，呕吐，多尿，腹部膨大，触诊子宫角胀满、疼痛。中性粒细胞增多、核左移，B

超检查有多个液性暗区。

（四）预防措施和安全用药

早期尚未转移的甲状腺癌，可施行手术摘除，已发现转移或难以全摘除的甲状腺腺癌，不宜手术摘除，可进行放射碘疗法。严重甲状腺功能亢进的患犬，在手术摘除甲状腺腺瘤前，应先用碘治疗，如复方碘甘油 0.2 ～ 0.4 毫升或碘化氢糖浆 1 毫升口服，每日 1 次，连用 3 ～ 10 天，或抗甲状腺药物如丙硫氧嘧啶 1 毫克 / 千克体重，每日 2 ～ 3 次，甲亢平 5 ～ 10 毫克，每天 3 次，连服 3 周。甲状腺腺瘤通常个体小，生长慢。如果影响了甲状腺功能时，也行摘除术。两个甲状腺都被摘除，需终生饲喂甲状腺素。

九、甲状腺功能减退

甲状腺功能减退简称甲减，是指甲状腺激素合成和分泌不足引起的全身代谢减慢的症候群。临床上以易疲劳、嗜睡、畏寒、皮肤增厚、脱毛和繁殖功能障碍为特征。可分为先天性和后天性两种。本病常见于 4 ～ 6 岁的犬，猫偶见。

（一）发病原因

先天性甲状腺功能减退是由于甲状腺发育不全、结构缺陷或碘缺乏所引起，与父母代染色体隐性遗传有关。后天性甲状腺功能减退症是由于甲状腺激素及促甲状腺激素缺乏所致。甲状腺激素缺乏常见于甲状腺切除手术、放射性碘治疗过量、甲状腺炎、抗甲状腺药物治疗过量，摄入碘化物过多、使用阻碍碘化物进入甲状腺的药物（如过氯酸钾、硫氰酸盐、保泰松、碘脲、钴、磺胺类药物等）；促甲状腺激素缺乏多见于垂体前叶功能低下和下丘脑疾病。

（二）临床症状

先天性甲状腺功能减退，幼犬呈现呆小症，表现四肢短小，骨骼和被毛发育缓慢，皮肤干燥、粗糙、精神迟钝、体温低下。后天性甲状腺功能减退症，以黏液性水肿为特征。表现精神萎靡，反应迟钝，嗜睡，四肢无力，被毛稀少，呈对称性大量脱毛（图 6-20），皮肤增厚、干燥、粗糙，皮肤色素沉着，出现皮脂溢和瘙痒。头、眼睑、四肢末梢水肿、发凉（图 6-21），引起唇炎和舌溃疡（图 6-22）。肥胖，性欲降低，母犬发情减少或不发情，公犬睾丸萎缩无精子。心动徐缓，心音低弱，心律不齐，消化不良，常伴便秘或腹泻。有时出现昏迷或癫痫。

（三）类症鉴别

1. 贫血

临床上以贫血、黄疸、肝脏和脾脏肿大为特征。

图 6-20 对称性大量脱毛

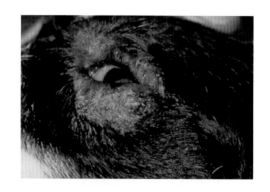

图 6-21 眼睑脱毛肿胀

2.肥胖症

由于摄取过多或运动不足而引起，多发生于12 岁以上母犬猫，临床上以肥胖、运动障碍和脏器功能障碍为特征。血液胆固醇和血脂升高。

3.肾上腺皮质功能亢进

呈现多尿、烦渴、贪食现象。但尿液稀薄，渗透压下降，T4、T3 浓度正常。

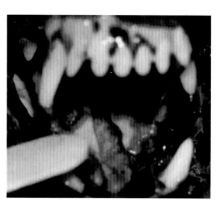

图 6-22 引起唇炎和舌溃疡

4.雄激素过多症

老龄犬多发，性欲增强，被毛油腻光泽，大面积脱毛，皮肤发痒，色素沉着。血中睾丸酮增多，尿中 17- 酮类固醇增加。

5.雄激素减少症

生殖器官萎缩，性欲降低，副性腺分泌减少，被毛干燥无光，呈对称性脱毛，皮肤色素沉着。血中睾丸酮减少，尿中 17- 酮类固醇减少。

6.雌激素过多症

常发生于中、老年患有隐睾症的公犬。患犬表现发情周期紊乱，持续性发情或不发情，乳腺及乳头增大，子宫内膜增厚，有时子宫出血，贪饮，多尿，皮肤色素沉着，呈对称性脱毛。血液雌激素水平升高，但 T4、T3 浓度正常。

7.雌激素减少症

病犬生殖器官萎缩，不发情。被毛干燥无光，呈对称性脱毛。血液雌激素水平降低。

（四）预防措施和安全用药

口服左旋甲状腺素，20 微克 / 千克体重，每日 1 次。或用干燥的甲状腺组织片

15 ～ 20 毫克，压碎后加入食物中饲喂，每日 1 次。在饲喂甲状腺素后 4 ～ 5 小时，血浆 T4 升至峰值，约接近或略超过正常值上限，24 小时后 T4 浓度又降至正常值的 1/2。治疗开始后前 4 周，T4 浓度逐渐上升，至第 8 周则可稳定在正常范围内，甲状腺功能在很大程度上得以恢复，脱落的被毛在 4 ～ 6 个月内可全面再生。甲状腺素用量太多，可出现多尿、烦渴、不安、呼吸困难、心动过速等甲状腺功能亢进症，应及时调整用量。伴有肾上腺皮质功能减退者，宜同时口服泼尼松 2 ～ 5 毫克，每天 2 次。伴有贫血者加用铁剂、叶酸、维生素 B_{12} 制剂等。

十、甲状旁腺疾病

包括甲状旁腺功能亢进和甲状旁腺功能减退。甲状旁腺功能亢进是指甲状旁腺分泌甲状旁腺激素过多而引起的以高钙血症、骨质疏松、泌尿道结石或消化道溃疡等为特征的疾病；甲状旁腺功能减退是由于甲状旁腺激素缺乏而引起的以低钙血症、高磷血症、肌肉痉挛或搐搦至惊厥为特征的疾病，2 ～ 8 岁母犬多发。

（一）发病原因

甲状旁腺功能亢进：原发性多见于甲状旁腺肿瘤或自发性增生，也可继发于日粮中磷钙比例不当，磷多钙少。

甲状旁腺功能减退：多因甲状腺手术损伤或切除甲状旁腺，引起甲状旁腺激素分泌不足，导致体内钙磷代谢紊乱而引起。另外，长期应用钙剂可造成甲状旁腺萎缩。

（二）临床症状

甲状旁腺功能亢进：因骨质脱钙，导致骨质疏松，容易发生骨折和畸形。常见鼻腔狭窄，齿脱落，颜面骨肥大，脊柱变形等。高血钙症，神经肌肉应激性降低，肌肉弛缓无力，心动过缓。食欲不振，呕吐，腹痛，吞咽障碍，便秘等。继发性甲状旁腺功能亢进则出现骨软症的体征，血清钙降低，血清磷正常或升高。

甲状旁腺功能减退：表现最突出的症状为神经、肌肉兴奋性增强，全身肌肉抽搐，严重病例呈痉挛状态。患犬虚弱、呕吐、神态不安、神经质和共济失调。心肌受损，表现心动过速。病程延长后，可见皮肤粗糙，色素沉着，被毛脱落，牙齿钙化不全，有时出现白内障（图6-23）。血钙浓度降低，血磷浓度严重升高。心电图 Q-T 间期和 S-T 段延长，T 波变小。

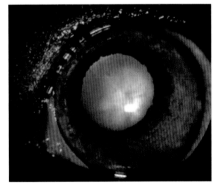

图6-23 甲状旁腺功能减退表现白内障

（三）类症鉴别

1. 甲状旁腺功能亢进与下列疾病鉴别

维生素 D 中毒：除血钙浓度升高外，血清磷浓度升高，血浆碱性磷酸酶活性正常，通常无骨骼疾病。

转移性淋巴肉瘤：肿瘤侵害骨骼后，X 射线检查可识别明显的限定性骨损伤。血浆碱性磷酸酶活性和血磷浓度大多正常。

肾功能衰竭：突然发病，无典型症状，高血钾，血液肌酐、尿素氮降低，尿沉渣检查有活性、有许多管型，B 超检查肾脏正常或变大。

2. 甲状旁腺功能减退与下列疾病鉴别

癫痫：表现烦躁不安，反复发生短时意识丧失，突然倒地，角弓反张，肌肉强直性或阵发性痉挛，瞳孔散大，流涎，粪尿失禁，口吐白沫。

降钙素分泌过多症：发病率很低，主要由甲状腺髓质癌（C 细胞癌）引起，颈前方有硬块，呈现慢性水泻，肿瘤细胞内有许多膜性分泌颗粒，血钙浓度处于正常范围的下限或低于正常值，但一般不产生低钙性搐搦。

母犬产后搐搦：主要发生于分娩前后的母犬及母猫，表现为血钙浓度下降，血磷及葡萄糖浓度亦下降。但本病发作迅速，且体温升高。

雄激素过多症：老龄犬多发，性欲增强，被毛油腻光泽，大面积脱毛，皮肤发痒，色素沉着。血中睾丸酮增多，尿中 17- 酮类固醇增加。

雄激素减少症：生殖器官萎缩，性欲降低，副性腺分泌减少，被毛干燥无光，呈对称性脱毛，皮肤色素沉着。血中睾丸酮减少，尿中 17- 酮类固醇减少。

雌激素过多症：常发生于中、老年患有隐睾症的公犬。患犬表现发情周期紊乱，持续性发情或不发情，乳腺及乳头增大，子宫内膜增厚，有时子宫出血，贪饮，多尿，皮肤色素沉着，呈对称性脱毛。血液雌激素水平升高，但 T4、T3 浓度正常。

雌激素减少症：病犬生殖器官萎缩，不发情。被毛干燥无光，呈对称性脱毛。血液雌激素水平降低。

（四）预防措施和安全用药

甲状旁腺功能亢进：原发性甲状旁腺功能亢进病例应用手术切除甲状旁腺肿瘤；继发性肾性甲状旁腺功能亢进症的治疗原则是恢复肾功能，给予高能量低蛋白质饲料，既保持一定热能供应，又不使肾负担过重。为缓解症状，可补充维生素 D。饲料中适当增加钙，调整日粮钙、磷比例为 2 : 1，纠正水、电解质紊乱和酸中毒，用林格液或葡萄糖生理盐水补液，给予碳酸氢钠溶液。合并感染时，应用抗生素控制感染。

甲状旁腺功能减退：补充钙剂，急症用 10% 葡萄糖酸钙 20～50 毫升，静脉注射。慢性病例口服乳酸钙或葡萄糖酸钙，每天 12 克，分 3 次口服。加用维生素 D，每天 5 万～10 万国际单位，每周 2～3 次。双氢速甾醇 0.5～2 毫升，肌内注射。丙磺舒 1～2 克，口服。氢氧化铝凝胶 20 毫升，每天 3 次，能减少肠道对磷的吸收。

十一、肾上腺皮质功能亢进

肾上腺皮质功能亢进，又称为库兴氏综合征，是由于肾上腺皮质增生，或垂体分泌促肾上腺皮质激素（ACTH）过多，引起糖皮质激素分泌过多而引起的内分泌紊乱。临床上以多尿、烦渴、贪食、肥胖、脱毛和皮肤钙质沉着为特征。主要发生于中、老年犬（2 ～ 6岁），峰期发病年龄为 7 ～ 9 岁。

（一）发病原因

多因肾上腺皮质增生、肾上腺皮质肿瘤、垂体肿瘤性功能异常等，造成皮质醇或促肾上腺皮质激素（ACTH）分泌失控而引起。此外，也可由长期多量使用促肾上腺皮质激素及皮质醇类激素而引起。

（二）临床症状

本病发展过程缓慢，一般需数年才表现临床症状。病初表现渴欲增加，多尿，贪食，腹围增大，运动耐力下降，呼吸迫促，嗜睡，渐胖，对称性脱毛（图6-24、图6-25），母犬不发情，不耐热，腹部皮肤变薄，无弹性（图6-26），皮肤有分散性色素沉着（图6-27），皮肤易感染，犬乳头周围有多量黑头粉刺（图6-28），有时出现肌肉强直（图6-29）等。另外，患病母犬发情周期延长或不发情，公犬睾丸萎缩。实验室检查，皮质醇浓度升高。

图6-24 肾上腺皮质功能亢进对称性脱毛

图6-25 肾上腺皮质功能亢进大面积脱毛

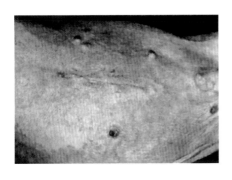

图6-26 腹部皮肤变薄，无弹性

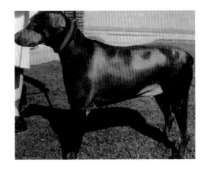

图6-27 皮肤有分散性色素沉着

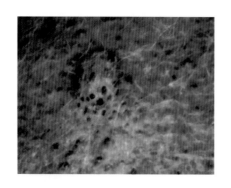

图 6-28 犬乳头周围的多量黑头粉刺

图 6-29 患犬肌肉强直

（三）类症鉴别

1. 糖尿病

多发生于 7～9 岁的肥胖母犬，多尿，多饮，多食，体重减轻，黏液性腹泻，白内障，角膜溃疡，呼出气体和尿液具有烂苹果味。实验室检验血糖升高，尿糖呈强阳性，尿酮体阳性，尿相对密度升高。

2. 肥胖症

由于摄取过多或运动不足而引起，多发生于 12 岁以上母犬猫，临床上以肥胖、运动障碍和脏器功能障碍为特征。血液胆固醇和血脂升高。

3. 肾功能衰竭

突然发病，无典型症状，高血钾，血液肌酐、尿素氮降低，尿沉渣检查有活性、有许多管型，B 超检查肾脏正常或变大。

4. 充血性心力衰竭

表现高度呼吸困难，黏膜发绀，两侧鼻孔流出泡沫样的鼻液，胸部听诊有广泛湿啰音。

5. 甲状腺功能减退

常见于 4～6 岁的犬，表现易疲劳，嗜睡，皮肤增厚、色素沉着，对称性脱毛，肥胖，性欲降低，繁殖功能障碍。血清甲状腺素（T4）和三碘甲腺原氨酸（T3）降低。

6. 雄激素过多症

老龄犬多发，性欲增强，被毛油腻光泽，大面积脱毛，皮肤发痒，色素沉着。血中睾丸酮增多，尿中 17- 酮类固醇增加。

7. 雄激素减少症

生殖器官萎缩，性欲降低，副性腺分泌减少，被毛干燥无光，呈对称性脱毛，皮肤色素沉着。血中睾丸酮减少，尿中 17- 酮类固醇减少。

8. 雌激素过多症

常发生于中、老年患有隐睾症的公犬。患犬表现发情周期紊乱，持续性发情或不发情，乳腺及乳头增大，子宫内膜增厚，有时子宫出血，贪饮，多尿，皮肤色素沉着，呈对称性脱毛。血液雌激素水平升高，但 T4、T3 浓度正常。

9. 雌激素减少症

病犬生殖器官萎缩，不发情。被毛干燥无光，呈对称性脱毛。血液雌激素水平降低。

（四）预防措施和安全用药

对肾上腺皮质增生、肿瘤，应进行手术切除。但手术后必须应用皮质激素替代疗法。药物治疗可内服双氯苯二氯乙烷 50 毫克 / 千克，每天 1 次，连服 10 天，显效后每周服药 1 次。也可口服酮康唑，开始按 5 毫克 / 千克体重，每日 2 次，连用 7 天。然后按 10 毫克 / 千克体重，每日 2 次，连用 7 ～ 14 天。

十二、肾上腺皮质功能减退

肾上腺皮质功能减退症又称阿狄森病，是由于肾上腺皮质激素分泌不足而引起的内分泌疾病。临床上以体虚无力，体重减轻，血清钠离子浓度下降、钾离子浓度升高为特点。本病主要发生于 5 岁以内的雌性犬，猫少见。

（一）发病原因

自身免疫性肾上腺皮质萎缩、组织胞浆菌等深部真菌感染、淀粉样变性、出血性梗死、某些药物、X 射线照射等引起肾上腺皮质损伤；犬瘟热、传染性肝炎、钩端螺旋体病、子宫蓄脓、败血症、血小板减少性紫癜等常并发此病；丘脑 - 垂体前叶功能减退或肾上腺切除、长期糖皮质激素治疗骤然停药，也可引起本病。

（二）临床症状

精神沉郁，体质衰弱，肌肉松软，心搏动徐缓，节律不齐。厌食，嗜睡，进行性消瘦，腹痛，有时呕吐或腹泻，机体脱水，齿龈毛细血管再充盈时间延长。实验室检验，氮血症、低氯血症、低钠血症、高钾血症。

（三）类症鉴别

1. 急性肾功能衰竭

突然发病，无典型症状，高血钾，血液肌酐、尿素氮降低，尿沉渣检查有活性、有许多管型，B超检查肾脏正常或变大。

2.肾上腺皮质功能亢进

主要发生于2～6岁中老年犬，病程缓慢，表现多尿，烦渴，贪食，肥胖，腹围增大，对称性脱毛，皮肤有分散性色素及钙沉着，发情周期延长或不发情。实验室检查皮质醇浓度升高，尿相对密度下降。

（四）预防措施和安全用药

对急性病例，先纠正脱水和酸中毒、维持电解质平衡，可静脉注射生理盐水，第1小时按20～80毫升/千克体重，并加入琥珀酸钠脱氢皮质醇2～10毫克/千克体重，或50～100毫克皮质醇类皮质激素（如氢化可的松、地塞米松磷酸钠）。病情严重时，需用大剂量皮质醇类激素。如出现低血糖时，可加输5%葡萄糖生理盐水；为了纠正酸中毒需输注碳酸氢钠溶液。

第七章

以表被系统为主症的犬猫疾病类症鉴别与安全用药

一、放线菌病

放线菌病是由放线菌引起的一种人畜共患慢性传染病，临床上以组织增生、形成瘤状物和慢性化脓灶为特征。病变好发于面部及颈部，向周围组织扩展形成瘘管并排出带有硫黄样颗粒的脓液。

（一）发病原因

病原菌为放线菌属的革兰氏阳性、非抗酸性丝状菌。该菌广泛存在于污染的土壤、饲料和饮水中，也常寄生于动物的口腔和上呼吸道内。主要经损伤的皮肤、黏膜或吸入胸腔引起感染。若侵入伤口则局部发生炎症坏死，该菌大量繁殖易引起全身性感染。

（二）临床症状

皮肤型放线菌病多见于面部、颈部、四肢和尾巴，发病皮肤出现蜂窝织炎、脓肿和溃疡结节，有时形成排泄性窦道，流出恶臭的灰黄色或红棕色分泌物。胸型放线菌病多见于犬，主要由吸入而感染，病犬咳嗽、呼吸迫促甚至呼吸困难、发热、消瘦、有鼻液流出，胸腔 X 射线拍片，可发现类似诺卡菌病病变。骨髓炎型放线菌病也多见于犬、猫，引起脊髓炎，甚至脑膜炎或脑膜脑炎。腹部放线菌病少见，放线菌从肠道进入腹腔，引起局部腹膜炎，肠系膜和肝淋巴结肿大，可能继发于肠穿孔。

（三）病理变化

可见慢性化脓性肉芽肿病变，在脓肿中可见放线菌颗粒。紧靠脓肿外围，有多核和大单核细胞浸润，再外围为上皮样细胞、巨细胞、嗜酸性粒细胞及浆细胞，最外围为稠密的纤维性结缔组织。

（四）类症鉴别

1. 诺卡菌病

由诺卡菌属细菌引起，临床上以组织化脓、坏死和形成脓肿为特征。脓汁实验室检查，诺卡菌革兰氏染色阳性，常具有部分抗酸性分枝菌丝，在有氧条件下才能繁殖。

2. 芽生菌病

1～5岁大型犬多发，是因吸入皮炎芽生菌孢子而引起，呈慢性经过，表现消瘦，鼻部和脸部皮肤疹块、结节、脓肿、溃疡。干咳，呼吸困难，听诊肺部肺泡音减弱或消失，叩诊肺部出现浊音区。结膜炎，角膜炎，淋巴结肿大，真菌性骨髓炎等。X射线检查肺实变，肺门淋巴结肿大，肺叶有小结节。病料涂片实验室检查可见芽生酵母样细胞。

（五）预防措施和安全用药

预防本病首要的措施是防止皮肤、黏膜发生损伤，有伤口时及时处理。放线菌对氨苄西林、青霉素、链霉素、林可霉素、四环素、红霉素、磺胺和碘比较敏感，所以可采用上述药物进行较长时间治疗。皮肤型放线菌病需进行必要的外科治疗，如切开、引流、灌洗或切除等。

二、诺卡菌病

诺卡菌病是由诺卡菌属细菌引起的一种人畜共患性慢性传染病。临床上以组织化脓、坏死和形成脓肿为特征。

（一）发病原因

病原为星形诺卡菌、皮疽诺卡菌、巴西诺卡菌、豚鼠诺卡菌和达氏诺卡菌，与放线菌形态相似，为丝状，但菌丝末端不膨大。革兰氏染色阳性，抗酸染色呈弱酸性。诺卡菌是土壤腐物寄生菌，在自然界广泛分布，而诺卡菌病并不多见。本病主要发生在长有锐刺草的地区，传播途径是呼吸道和伤口感染。犬的发病率比猫高，免疫功能降低的犬、猫容易发生感染。

（二）临床症状

临床症状分为全身型、胸型和皮肤型3种。全身型症状类似于犬瘟热，表现体温升高、厌食、消瘦、咳嗽、呼吸困难及神经症状。胸型症状为呼吸困难，高热及胸膜渗出，发生脓胸，渗出液像西红柿汤样。X射线检查可见肺门淋巴结肿大、胸膜渗出、胸膜肉芽肿、肺实质及间质结节性实变。皮肤型多发生在四肢，损伤处表现为蜂窝织炎、脓肿、结节性溃疡和多个窦道，分泌物类似于胸型的胸腔渗出液。巴西诺卡菌引起的脓肿和窦道分泌物中含有硫黄样颗粒或鳞片，星形诺卡菌引起的脓肿和分泌物中则很少含有。硫黄样颗粒染色后，显微镜下可见其有菌丝丛。诺卡菌病的骨髓炎类似于放线菌病，常从窦道向外排泄脓汁。

（三）病理变化

胸腔中有灰红色的渗出液，胸膜上覆有软绒毛。肺部有粟粒大至豌豆大的坚韧或内部软化的小结节，或有斑点状的实变病灶。此外，胸腔淋巴结、肺、肝、肾、心肌等部位也可能有这种小结节。甚至在个别关节中、阴道壁或骨盆的浆膜下结缔组织有脓肿。

（四）类症鉴别

1. 放线菌病

由放线菌引起，临床上以组织增生、形成瘤状物和慢性化脓灶为特征。病变好发于面部及颈部，向周围组织扩展形成瘘管并排出带有硫黄样颗粒的脓液。实验室检查放线菌革兰氏染色阳性，无抗酸性，具有分枝菌丝，在无氧条件下繁殖。硫黄样颗粒压片检查可见颗粒呈菊花状。

2. 结核病

由结核分枝杆菌引起，表现渐进性消瘦、咳嗽、肺部听叩诊啰音、顽固下痢、体表淋巴结肿大等。剖检以多种组织器官形成肉芽肿和干酪样钙化结节为特征。细菌学检验发现结核分枝杆菌，结核菌素试验阳性。

3. 孢子丝菌病

主要在四肢沿着淋巴管发生不疼痛的结节，起初质地坚韧，后化脓。继发皮肤病变后可能发生骨髓炎、关节炎或腹膜炎。但最终确诊还得依靠病原体的检查。

（五）预防措施和安全用药

出现脓肿应及时切开，实施外科处置，包括外科手术刮除、胸腔引流等。同时长期配合使用抗生素和磺胺类药物。药物治疗首选磺胺类药物，磺胺嘧啶 40 毫克 / 千克体重，3 次 / 天，口服；磺胺二甲氧嘧啶，24 毫克 / 千克体重，3 次 / 天，口服。也可用磺胺增效剂及磺胺和氨苄西林联合应用，氨苄西林 150 毫克 / 千克。

三、皮肤真菌病

皮肤真菌病是由某些嗜角质真菌对被毛、表皮、趾爪角质蛋白组织引起感染的一种真菌性皮肤传染病。临床上以皮肤上出现界线明显的脱毛圆斑，皮肤损伤、渗出、鳞屑或结痂、发痒等为特征。

（一）发病原因

病原性真菌有小孢子菌属和毛癣菌属两个属。小孢子菌属有犬小孢子菌和石膏样小孢子菌（图7-1）；毛癣菌属只有须毛癣菌。猫皮肤真菌病病原98%是犬小孢子菌，2%为石膏样小孢子菌和须毛癣菌。犬的皮肤真菌病病原70%是犬小孢子菌，20%为石膏样小孢子菌，10%为须毛癣菌。犬、猫皮肤真菌病的流行和发病率受季节、气候、年龄、性成熟和营养状况等影响较大，炎热潮湿的夏、秋季节发病率高，年老、弱小及营养差的动物易受感染。犬小孢子菌能使猫全年感染发病。皮肤真菌主要是通过直接接触，或接触被污染的刷子、梳子、剪刀、铺垫物等媒介物而传染。

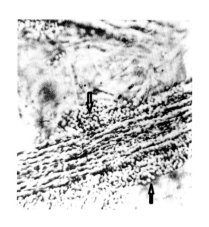

图 7-1　附着在毛发上的真菌菌丝

（二）临床症状

犬主要表现是脱毛和形成鳞屑（图7-2），面部、耳朵、四肢、趾爪和躯干等部位皮肤常有典型病变，被感染的皮肤有界线分明的局灶性或多灶性脱毛斑块（图7-3～图7-6），可观察到掉毛、毛发断裂、起鳞屑、形成脓疱和丘疹、皮肤渗出和结痂等（图7-7～图7-9），瘙痒程度不一。

猫的症状主要表现为对称性脱毛，因为瘙痒、毛囊炎等而过度梳舔使毛发大量脱落。波斯猫和喜马拉雅猫多见肉芽肿性皮炎，表现为有一个或多个边界清晰的溃疡、皮肤瘤或者结节。

图 7-2　皮肤形成鳞屑

图 7-3　背部脱毛斑块

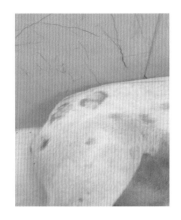

图7-4　臀部脱毛斑块

图7-5　腹部脱毛斑块

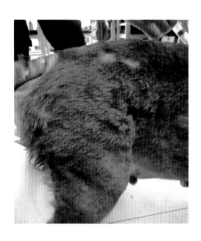

图7-6　后肢脱毛斑块

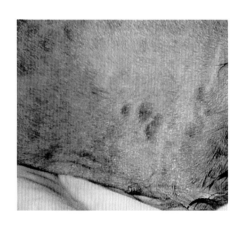

图7-7　小孢子菌引起红疹、结节

图7-8　马拉色菌引起耳道、耳廓皮肤溃疡

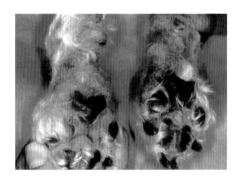

图7-9　马拉色菌引起足部红肿

（三）病理变化

典型的病理变化为脱毛圆斑，中央呈康复状态。石膏样小孢子菌感染可引起毛囊破裂、疖以及脓性肉芽肿性炎症反应，形成圆形、隆起的结节性病变，且常继发中间葡萄球菌感染，又称为脓癣，多见于犬四肢和脸部。由石膏样小孢子菌和须毛癣菌引起的，表现为广泛性脱毛和皮脂溢性皮炎，也可见局灶性皮肤瘤菌病的病变。

（四）类症鉴别

1. 疥螨病

剧痒，皮肤红斑、结节，皮屑，不规则脱毛。皮肤刮片检查发现疥螨。

2. 蠕形螨病

多发生于 5 ～ 6 月龄的幼犬，常发生于面部，患部几乎不痒，表现局部脱毛，皮屑，皮肤色素沉着，皮肤增厚，湿疹，脓性结节，压挤可排出脓汁，内含大量的螨虫和螨卵。无传染性。

3. 耳痒螨病

剧痒，甩头挠耳，外耳道内有棕黑色痂皮样渗出物，渗出物检查发现痒螨。

4. 虱、蚤、蜱病

表现消瘦，贫血，皮肤瘙痒和不安，脱毛，皮炎，湿疹，丘疹，脓疱。大量蜱寄生于后肢可引起后肢麻痹。体表发现虱、蚤、蜱。

（五）预防措施和安全用药

1. 预防措施

加强饲养管理，饲喂全价平衡商品犬、猫食品，增强机体的抵抗力。发现犬、猫患有皮肤真菌病，立即隔离，对用具应用洗必泰、次氯酸钠等溶液进行严格消毒杀菌。定期检疫，凡是阳性者应隔离治疗。新引进的动物，隔离观察 30 天，确为阴性，方能混群饲养。注意卫生，预防器械、用具有污染和控制病原性真菌的传染。

2. 安全用药

局部外用药物治疗可将患部及周边的毛剪除，皮屑或结痂等洗净，然后局部涂复方特比萘芬、咪康唑、复方酮康唑、伊曲康唑、克霉唑、皮康霜等软膏，每天 1 ～ 2 次，直至痊愈。皮特芬喷剂、宠癣净抑菌液喷剂、肤力泰皮肤喷剂、螨癣净喷剂、真菌克喷剂等，每日 2 次，连用 7 ～ 10 天。癣螨净 886 擦剂每日 2 次，连用 7 ～ 10 天。也可用 0.5% 洗必泰，每周洗 2 次。对慢性和重剧的皮肤真菌病，必须配合内服药物治疗，如灰黄霉素，犬 40 ～ 120 毫克 / 千克体重，猫 20 ～ 50 毫克 / 千克体重，与脂肪性日粮一起服用，连用几周直到治愈。灰黄霉素会引起胎儿畸形，妊娠动物禁口服。特比萘芬 10

毫克 / 千克体重，或伊曲康唑 5 毫克 / 千克体重，口服，连用 2 ～ 8 周。此药在酸性环境较易吸收，故用药期间不宜喝牛奶和饲喂碱性食物。其副作用为厌食、消瘦、呕吐、腹泻和妊娠动物死胎等。抗真菌 1 号 0.1 ～ 0.2 毫升 / 千克皮下或肌内注射，5 ～ 7 天一次，连用 4 ～ 5 次，也有较好疗效。另外，也可用肤曲康针剂（伊曲康唑注射液），静脉注射，前两天每日 2 次，每次 100mg，以后每日 1 次，每次 200mg。平时护理用抗真菌香波洗浴。

四、芽生菌病

芽生菌病是因吸入皮炎芽生菌孢子而引起的一种慢性传染病。临床上以皮肤、肺及骨骼等器官产生肉芽肿、脓肿和溃疡为特征。1 ～ 5 岁大型犬多发。

（一）发病原因

病原为皮炎芽生菌，属双相型真菌，在自然条件下，芽生菌以腐生型菌丝形式存在，通过有性繁殖产生感染性孢子。污染的土壤、空气和环境等是主要的传染源，犬因吸入芽生菌的分生孢子而发病。

（二）临床症状

多呈慢性经过，经数月数年才出现临床症状。常表现精神沉郁，食欲减退，体温升高，消瘦，发热及恶病质等。多数表现肺脏型（85%），其特征为干咳。轻者不愿运动，严重者出现呼吸困难。听诊肺部肺泡音减弱或消失，叩诊肺部出现浊音区。X射线检查，可见到肺实变，肺门淋巴结肿大，肺叶有局限性小结节。约 40% 病例出现眼部疾患，表现结膜炎、角膜炎、前葡萄膜炎、青光眼（图 7-10）。20% ～ 50% 的感染犬、猫表现皮肤型，皮肤（以鼻部和脸部多见）出现单个或多个疹块、结节，甚至溃疡斑或疣状病变，呈暗红色或紫红色隆起，并有血清样或脓性渗出物。40% ～ 60% 的病犬为弥散性淋巴结病，其淋巴结肿大。10% ～ 15% 的病例发生真菌性骨髓炎，其中约 30% 因

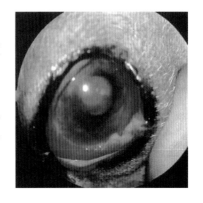

图 7-10　芽生菌病引起的结膜炎

真菌性骨髓炎或疼痛性甲沟炎而引起跛行。部分发生生殖道感染，表现睾丸炎、前列腺炎或乳腺炎等。

（三）病理变化

肺脏型剖检可见整个肺叶布满许多结节和脓肿，肺呈现灰白色和淡红色外观，局灶性或弥漫性实变，肉芽肿结节的中心坏死而不钙化。

（四）类症鉴别

1. 结核病

由结核分枝杆菌引起，表现渐进性消瘦、咳嗽、肺部听叩诊有啰音、顽固下痢、体表淋巴结肿大等，剖检肺脏形成肉芽肿和干酪样钙化结节。细菌学检验发现结核分枝杆菌，结核菌素试验阳性。

2. 肺炎

全身症状比较重剧，表现发热，流鼻涕，咳嗽，呼吸困难，肺部听诊有啰音或捻发音，肺部叩诊呈半浊音或浊音。血液学检查白细胞总数和中性粒细胞增多，核左移。X 射线检查肺纹理增粗，有云雾状阴影。

3. 皮肤真菌病

多发生于年老、弱小及营养差的犬猫，炎热潮湿的夏秋季节发病率高，表现界线明显的脱毛斑，皮肤损伤、渗出、鳞屑、结痂、发痒等。皮肤刮片实验室检验发现真菌菌丝和孢子。

4. 放线菌病

由放线菌引起，临床上以组织增生、形成瘤状物和慢性化脓灶为特征。病变好发于面部及颈部，向周围组织扩展形成瘘管并排出带有硫黄样颗粒的脓液。实验室检查放线菌革兰氏染色阳性，无抗酸性，具有分枝菌丝，在无氧条件下繁殖。硫黄样颗粒压片检查可见颗粒呈菊花状。

（五）预防措施和安全用药

伊曲康唑是首选药，但有中度或严重低血氧的病例应首选两性霉素 B。伊曲康唑的剂量为 5 毫克 / 千克体重，1 ～ 2 次 / 天，口服，持续 2 ～ 3 个月。一般在治疗的前 1 ～ 2 周效果不是很明显，但如在开始治疗的前 3 天按 10 毫克 / 千克体重给药，可以缩短这种药物反应迟钝期。约 20% 经过治疗的病犬，在停止治疗后数月或数年后复发。皮肤结节可用手术方法切除。

五、组织胞浆菌病

组织胞浆菌病又称达林氏病，是由荚膜组织胞浆菌侵害肺和胃肠道而引起的一种慢性真菌疾病。临床上以咳嗽、下痢、肺部结节、胃肠黏膜溃疡及淋巴结肿大为特征。多发生于 4 岁以下的猫。

（一）发病原因

病原荚膜组织胞浆菌，为土源性双相型真菌，特别是含有大量鸟粪和蝙蝠粪的土壤很适合其生长。犬、猫从环境中吸入或摄入感染性分生孢子而发生感染。小分生孢子易引起肺感染，大分生孢子易引起胃肠道感染。

（二）临床症状

潜伏期为 12 ～ 16 天。猫通常表现为精神沉郁、厌食、发热、黏膜苍白和消瘦。约 50% 的病例有呼吸道症状，出现明显的呼吸急促或肺部声音异常，很少有咳嗽。侵害眼时可引起相应眼病的症状，视网膜脱落或继发性青光眼比芽生菌病少见。侵害皮肤时可见多处皮下有小结节、溃疡等。胃肠道症状除食欲下降外，一般无其他表现。犬胃肠道症状比较多见，表现为食欲减退、精神沉郁、消瘦、发热，腹泻，里急后重，粪便带黏液和新鲜血液。少数病例只局限于呼吸道，仅表现呼吸困难、咳嗽和肺部声音异常。

（三）病理变化

肝、脾肿大，肺部结节，肾脏肉芽肿（图 7-11），胃肠黏膜溃疡，内脏淋巴结肿大，黄疸和腹水等。

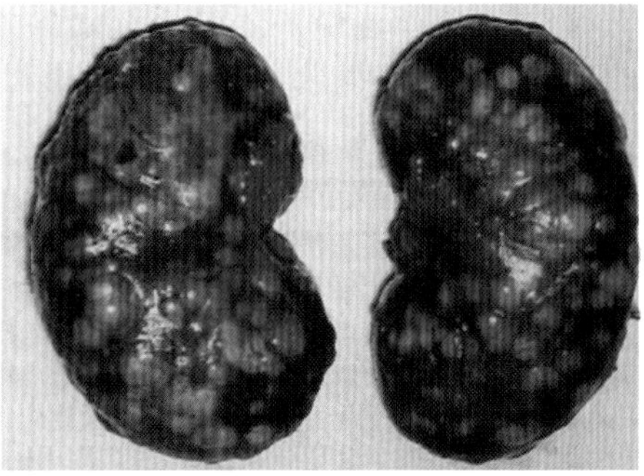

图 7-11 组织胞浆菌病肾脏肉芽肿

（四）类症鉴别

1. 芽生菌病

1 ～ 5 岁大型犬多发，是因吸入皮炎芽生菌孢子而引起，呈慢性经过，表现消瘦，鼻部和脸部皮肤疹块、结节、脓肿、溃疡。干咳，呼吸困难，听诊肺部肺泡音减弱或消失，叩诊肺部出现浊音区。结膜炎，角膜炎，淋巴结肿大，真菌性骨髓炎等。X 射线检查肺实变，肺门淋巴结肿大，肺叶有小结节。病料涂片实验室检查可见芽生酵母样细胞。

2. 诺卡菌病

由诺卡菌属细菌引起，临床上以组织化脓、坏死和形成脓肿为特征。脓汁实验室检查，诺卡菌革兰氏染色阳性，常具有部分抗酸性分枝菌丝，在有氧条件下才能繁殖。

3. 球孢子菌病

由粗球孢子菌引起，表现体温升高，皮肤结节、溃疡、脓肿和皮肤瘘，咳嗽，呼吸困难，X 射线检查可见很少钙化的结节或空洞，肺门淋巴结肿大。

4. 结核病

由结核分枝杆菌引起，表现渐进性消瘦、咳嗽、肺部听叩诊有啰音、顽固下痢、体表淋巴结肿大等，剖检肺脏形成肉芽肿和干酪样钙化结节。细菌学检验发现结核分枝杆菌，结核菌素试验阳性。

（五）预防措施和安全用药

本病的治疗方法与芽生菌病基本相似，但大部分病例疗程较长。猫首选伊曲康唑 10 毫克 / 千克体重，1 ～ 2 次 / 天，口服，至少持续 2 ～ 4 个月。酮康唑也有一定效果，但与两性霉素合用效果可能更好。犬可选用酮康唑，对暴发性病例应合用两性霉素 B。伊曲康唑和氟康唑疗效也很好。有胃肠炎时应配合使用抗生素治疗，对有小肠疾患的病犬可饲喂易消化的食物，而有结肠炎的病犬应饲喂含纤维丰富的食物。

六、隐球菌病

隐球菌病是由鼻腔、鼻旁窦组织或肺中的新型隐球菌扩散到皮肤、眼、肺或中枢神经系统引起的条件性真菌感染。以 2 ～ 3 岁猫感染较多见。

（一）发病原因

病原为新型隐球菌，为圆形酵母型真菌。鸽子是本病的重要传播媒介，主要是通过呼吸道感染，皮肤、黏膜或肠道亦可作为入侵途径，动物常因吸入环境中的病菌而感染。另外，本病常于恶性肿瘤、白血病、肾功能衰竭及其它慢性消耗性疾病的基础上发生，并与长期应用抗生素、肾上腺皮质激素、抗癌药物和免疫抑制剂有关。

（二）临床症状

侵害部位不同，临床症状各异。犬全身皮肤都易感染，猫头部皮肤多发生。感染部位皮肤出现丘疹、结节、脓肿（图 7-12），破溃后流出脓血。眼可发生颗粒性脉络膜视网膜炎和视神经炎，出现角膜混浊，有的失明。肺型病例出现咳嗽、呼吸迫促甚至困难，有啰音，体温升高。猫的隐球菌病主要侵害上呼吸道，打喷嚏，有鼻塞声，鼻孔流出脓性鼻液，严重的鼻液内混有血液，鼻孔污秽，鼻梁肿胀发硬，有的有溃疡灶，下颌淋巴结肿大。神经型病例主要侵害中枢神经系统，表现为精神沉郁、共济失调、行为异常、抽搐、转圈、角弓反张、失明、后躯麻痹等神经症状。

图 7-12　皮肤出现丘疹、结节、脓肿

（三）病理变化

中枢神经系统病变常发生在脑部冠状切面的灰质部分，可有多数小囊状病灶，并可见光泽而增厚的脑膜。部分病例的脑膜及脑出现肿瘤样肉芽肿，蛛网膜下腔有黏液性渗出物。肺部病变可见少量淋巴细胞浸润、肉芽肿形成以至广泛纤维化，在肺纤维干酪性结节内尚可见到坏死灶。

（四）类症鉴别

1. 隐球菌脑膜炎

病原为新型隐球菌，病程多缓慢，但可呈亚急性，蛋白质轻、中度增加，氯化物减少，涂片检查发现新型隐球菌，荧光素钠试验多为阴性或弱阳性，隐球菌抗原乳胶凝集反应阳性，脑电图弥漫性不正常，头颅摄片多无特殊改变。

2. 结核性脑膜炎

病原为结核分枝杆菌，该病多呈亚急性，蛋白质明显增加，氯化物减少，涂片检查发现结核分枝杆菌，荧光素钠试验多为强阳性，隐球菌抗原乳胶凝集反应阴性，脑电图弥漫性不正常，头颅摄片无特殊改变。

3. 脑肿瘤

慢性，蛋白质稍增加，氯化物正常，涂片检查无细菌，荧光素钠试验阴性，隐球菌抗原乳胶凝集反应阴性，脑电图多有定位性改变，头颅摄片有特殊改变。

（五）预防措施和安全用药

两性霉素 B 疗效较理想，猫 0.1 ～ 0.5 毫克 / 千克体重，犬 0.25 ～ 0.5 毫克 / 千克体重，每周静脉注射 3 次，其累计剂量达 4 ～ 10 毫克 / 千克体重。氟胞嘧啶单用或与两性霉素 B 合用也有很好的疗效，一般建议与两性霉素 B 联合使用。目前，用酮康唑、伊曲康唑或氟康唑口服治疗猫隐球菌病比较普遍。酮康唑的剂量为每天 10 ～ 20 毫克 / 千克体重，伊曲康唑为 11 ～ 27 毫克 / 千克体重，氟康唑为 100 毫克 / 天。

七、球孢子菌病

球孢子菌病又称圣华金热，或溪谷热，是由粗球孢子菌侵入肺并扩散而引起的全身性真菌感染，临床上以肺和胸腔淋巴结脓性肉芽肿为特征。

（一）发病原因

病原菌为粗球孢子菌，为土源性双相型真菌，在土壤中长期生长繁殖，不断产生关节孢子，污染空气和环境。本病多数经呼吸道吸入感染，也可由病原菌污染的尘土、物品接触皮肤创伤而经伤口感染。

（二）临床症状

潜伏期为 1 ～ 3 周，犬多发生于皮肤和肺，患犬体温升高，食欲减退，精神沉郁，消瘦和腹泻。皮肤型在皮肤损伤局部形成硬结，继而发展成中心溃疡面、脓肿和皮肤瘘，相近淋巴结肿胀或硬结。肺型主要损伤支气管，有的侵害肺，出现咳嗽、呼吸迫促甚至呼吸困难，X射线检查可见到结节或空洞。扩散型病例主要损伤肺、淋巴结、脾、肾脏、胃肠等器官，胸膜、心包和腹膜有渗出物，心功能不全，黄疸、胸膜、心包、心脏、肝、脾或肾有肉芽肿。如侵害骨和关节，则呈现跛行和肌肉萎缩；如侵害脑或脑膜，则呈现异常姿势和转圈运动；如侵害眼，则出现角膜混浊。猫一般以皮肤感染较常见，主要为皮下有结块、脓肿或皮肤流脓等。

（三）类症鉴别

1. 结核病

由结核分枝杆菌引起，表现渐进性消瘦、咳嗽、肺部听叩诊有啰音、顽固下痢、体表淋巴结肿大等。剖检以多种组织器官形成肉芽肿和干酪样钙化结节为特征。细菌学检验发现结核分枝杆菌，结核菌素试验阳性。

2. 放线菌病

由放线菌引起，临床上以组织增生、形成瘤状物和慢性化脓灶为特征。病变好发于面部及颈部，向周围组织扩展形成瘘管并排出带有硫黄样颗粒的脓液。实验室检查放线菌革兰氏染色阳性，无抗酸性，具有分枝菌丝，在无氧条件下繁殖。硫黄样颗粒压片检查可见颗粒呈菊花状。

3. 组织胞浆菌病

由荚膜组织胞浆菌引起，多发生于4岁以下的猫，表现黏膜苍白，消瘦，咳嗽，呼吸急促，结膜炎和角膜炎，淋巴结肿大，腹泻，皮肤结节、溃疡。X射线检查肺结节大小不一，有钙化灶。

4. 芽生菌病

1～5岁大型犬多发，是因吸入皮炎芽生菌孢子而引起，呈慢性经过，表现消瘦，鼻部和脸部皮肤疹块、结节、脓肿、溃疡。干咳，呼吸困难，听诊肺部肺泡音减弱或消失，叩诊肺部出现浊音区。结膜炎，角膜炎，淋巴结肿大，真菌性骨髓炎等。X射线检查肺实变，肺门淋巴结肿大，肺叶有小结节。病料涂片实验室检查可见芽生酵母样细胞。

5. 诺卡菌病

由诺卡菌属细菌引起，临床上以组织化脓、坏死和形成脓肿为特征。脓汁实验室检查，诺卡菌革兰氏染色阳性，常具有部分抗酸性分枝菌丝，在有氧条件下才能繁殖。

（四）预防措施和安全用药

首选酮康唑，10～30毫克/千克体重，2次/天，口服，至少持续2个月，直到康复。严重病例最好用两性霉素B静脉注射，或与四环素联合应用，但两性霉素B剂量要减半。也可选用伊曲康唑，5～10毫克/千克体重，口服，1次/天，其疗程比前者稍短。

八、孢子丝菌病

孢子丝菌病是由申克孢子丝菌引起的慢性肉芽肿性真菌疾病。临床上以皮肤感染为主，也可扩散到其他脏器引起系统性感染。

（一）发病原因

病原为申克孢子丝菌，是双相型腐生真菌。本菌广泛存在于土壤、腐木和植物上。犬、猫经伤口感染具有感染性的分生孢子梗而发生皮肤组织或系统性感染，也可经呼吸道感染。

（二）临床症状

潜伏期 3～12 周，临床症状分为皮肤型、皮肤淋巴型和扩散型。犬一般表现为皮肤型或皮肤淋巴型，扩散型极少，猫以皮肤淋巴型常见。皮肤型病例可见多处皮下或真皮结节，发病部位脱毛、形成溃疡、流脓和结痂，以头、颈、躯干和四肢远端多见，无痛无痒。皮肤淋巴型常见于肢体的远端，特征为发病部位坚实，形成局限性皮肤和皮下组织结节、脓肿和淋巴结炎，有时还形成淋巴管炎，脓肿破溃后形成红棕色溃疡。扩散型很少发生，真菌通过皮肤淋巴管和呼吸道转移扩散，损害眼、骨骼、胃肠道、中枢神经系统等，临床上表现为一些非特异性症状或与感染器官有关的特异性症状。

（三）类症鉴别

1.念珠菌病

由念珠菌引起，幼犬多发，临床上以口腔、咽喉等局部黏膜溃疡，表面有灰白色伪膜样物质覆盖，或发热、皮肤红斑、全身多处脏器出现小脓肿为主要特征。实验室检查病变部可见念珠菌菌丝及其芽生孢子。

2.诺卡菌病

由诺卡菌属细菌引起，临床上以组织化脓、坏死和形成脓肿为特征。脓汁实验室检查，诺卡菌革兰氏染色阳性，常具有部分抗酸性分枝菌丝，在有氧条件下才能繁殖。

（四）预防措施和安全用药

10% 碘化钾饱和溶液 4～5 毫升，每天 3 次口服；5% 碘化钠溶液 0.5 毫升 / 千克，缓慢静脉注射，如出现碘中毒症状立即停药。伊曲康唑对皮肤型和皮肤淋巴型病例有很好的治疗效果，也可用两性霉素 B、康酮唑治疗。因猫对碘制剂和康酮唑的毒副作用反应较强，可选用伊曲康唑治疗。

九、吸吮线虫病

吸吮线虫病，又称眼虫病，是由丽嫩吸吮线虫寄生于结膜囊和瞬膜下所引起的寄生虫病。临床上以结膜炎和角膜炎，视力下降，甚至造成角膜糜烂、溃疡和穿孔为特征。夏、秋季多发。

（一）发病原因

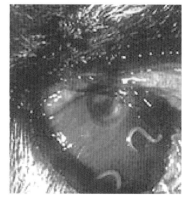

病原为丽嫩吸吮线虫，属于线虫纲螺尾虫目眼虫科吸吮线虫属的寄生虫。多种蝇类（家蝇、厕蝇等）均可作为丽嫩吸吮线虫的中间宿主。当带有感染性幼虫的蝇再次舔食眼分泌物时，幼虫进入眼内瞬膜下而感染（图7-13）。

（二）临床症状

犬呈急性结膜炎、角膜炎的症状，眼部奇痒，结膜 图 7-13 眼内瞬膜下的吸吮线虫
充血肿胀，眼球湿润，分泌物增多，畏光，流泪。常用
前肢蹭患眼。以后逐渐变为慢性结膜炎，可见眼部有黏液脓性分泌物，结膜有米粒大的滤泡，特别密集地发生在瞬膜下，摩擦易出血。严重病例常引起眼睑黏合、眼睑炎和角膜混浊，极个别病例还发生角膜溃疡或穿孔、眼球炎甚至失明（图7-14、图7-15）。

图 7-14 犬角膜溃疡

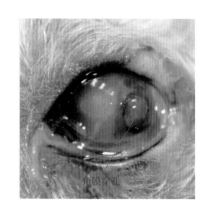

图 7-15 犬角膜穿孔、眼房内容物流出

（三）类症鉴别

1. 结膜炎和角膜炎

表现羞明流泪，结膜潮红肿胀，流浆液、黏液、脓性分泌物，角膜溃疡，角膜翳，角膜穿孔。

2. 疱疹病毒感染

由疱疹病毒引起，多发生于 3 周龄内仔犬猫，表现发热，鼻炎，角膜结膜炎，支气管炎，肺炎，溃疡性口炎，皮肤丘疹，流产等。眼结膜和上呼吸道黏膜涂片检查到包涵体。疱疹病毒感染无胆囊壁增厚和水肿症状。

3. 犬立克次体性结膜炎

病情严重，常伴有葡萄膜炎和视网膜炎。

4. 衣原体和支原体性结膜炎

开始常一眼感染，并在结膜或瞬膜表面形成滤泡或伪膜，四环素治疗有效。

（四）预防措施和安全用药

1. 预防措施

每年在蝇类大量出现之前，对犬、猫进行驱虫，减少病原的传播；在本病的流行季节，要大力灭蝇，经常打扫犬、猫舍，搞好环境卫生，灭蛆、蛹，减少蝇类滋生，防止蝇类滋扰犬猫。

2. 安全用药

可在麻醉状态下手术取出眼内可见的虫体；或用 3% 硼酸溶液强力冲洗瞬膜和结膜囊；也可以用 0.5% 盐酸左旋咪唑溶液点眼，连用 2 ～ 3 天，同时应用抗生素滴眼液预防继发感染。

十、螨虫病

螨虫病是由于疥螨、蠕形螨、痒螨等寄生于犬、猫皮肤内而引起的皮肤病，临床上以剧痒、脱毛和皮炎等为特征。

（一）发病原因

疥螨病的病原为疥螨科的犬疥螨和猫背肛螨（图 7-16）。蠕形螨病的病原为蠕形螨科蠕形螨属的犬蠕形螨，寄生于犬的毛囊和皮脂腺内（图 7-17）。耳痒螨病的病原为耳痒螨属的犬耳痒螨，主要引起外耳道的炎症（图 7-18）。姬螯螨只寄生在背部，以食皮屑为生（图 7-19）。螨虫可通过直接接触感染，也可通过被螨虫及其虫卵污染的犬猫舍、用具等间接接触感染。另外，也可由饲养人员或兽医人员的衣服和手传播病原。环境潮湿、卫生不良、营养缺乏（尤其是维生素和矿物质缺乏）、免疫力降低等可促使本病发生。

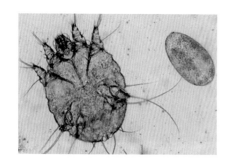

图 7-16 疥螨

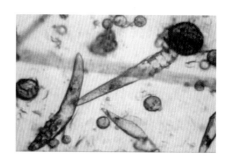

图 7-17 蠕形螨

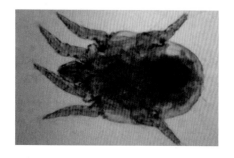

图 7-18 耳痒螨

图 7-19 姬螯螨

（二）临床症状

疥螨病：主要表现为皮肤发红、剧痒（图 7-20）。病初在皮肤上出现红斑，接着发生小结节（图 7-21），特别是在皮肤较薄之处，还可见到小水疱甚至脓疱。此外，有大量麸皮状脱屑（图 7-22），或结痂性湿疹，进而皮肤肥厚，有不规则被毛脱落（图 7-23 ～图 7-26），表面覆有痂皮，除掉痂皮时皮肤湿润呈鲜红色，往往伴有出血。剧痒贯穿于整个疾病过程中，当气温上升或运动后引起体温升高时则痒觉更为剧烈。啃咬，摩擦，烦躁不安，日渐消瘦，继之陷入恶病质，重者死亡。

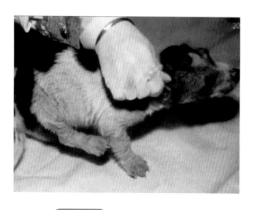

图 7-20 患犬剧痒，抓挠

图 7-21 皮肤上红疹、结节

图 7-22　大量麸皮状脱屑

图 7-23　头部脱毛

图 7-24　耳部脱毛

图 7-25　嘴周脱毛

图 7-26　体躯脱毛

蠕形螨病：多发生于 5～6 月龄的幼犬。常发生于面部与耳部，严重时可蔓延到全身。

症状分为鳞屑型和脓疱型，鳞屑型表现局部脱毛、秃斑，界线明显，并伴有皮肤轻度潮红和银白色麸皮状脱屑，皮肤变得粗糙和皲裂（图7-27），有的可见有小结节。随病情发展，患部皮肤色素沉着，皮肤增厚、发红（图7-28），覆有糠皮样鳞屑。患部几乎不痒。脓疱型表现体表大片脱毛、红斑，皮肤增厚形成褶皱（图7-29）。患部充血肿胀，产生麻籽大的硬结节，逐渐变为脓肿，呈蓝红色，压挤时可排出脓汁，内含大量的螨虫和螨卵。脓疱破溃后形成溃疡、结痂，有恶臭味。脓疱型几乎也没有瘙痒，如有剧痒可能是混合感染。

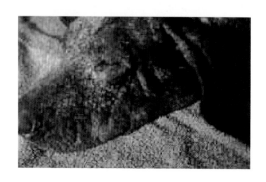

图 7-27 鳞屑型麸皮状脱屑，皮肤粗糙

图 7-28 面部脱毛，色素沉着，皮肤增厚

图 7-29 脓疱型面部红斑、脓疱

耳痒螨病：剧烈瘙痒，经常甩头，常用前爪挠耳，造成耳部脱毛、鳞屑、淋巴外渗或出血（图7-30）。耳郭内侧皮肤发红，在外耳道内有厚的棕黑色痂皮样渗出物（图7-31），有时甚至出现耳血肿、发炎或过敏反应。严重感染时，病变可深入到中耳、内耳及脑膜处，出现脑炎及神经症状。

姬螯螨病：主要以脱皮屑为主，全身皮屑增多，尤其是背部皮屑最为典型（图7-32），此外表现瘙痒，贫血，消瘦。螨虫常常与真菌混合感染（图7-33），症状复杂，只能通过化验来诊断。

图 7-30　耳痒螨引起脱毛，鳞屑

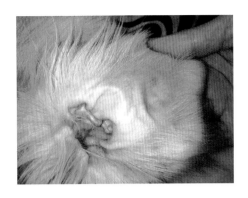

图 7-31　耳痒螨耳郭内侧皮肤发红

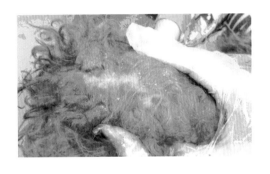

图 7-32　犬姬螯螨背部皮屑增多

图 7-33　犬螨虫和真菌混合感染

（三）类症鉴别

1. 虱、蚤、蜱病

表现消瘦，贫血，皮肤瘙痒和不安，脱毛，皮炎，湿疹，丘疹，脓疱，一般不使皮肤增厚。大量蜱寄生于后肢可引起后肢麻痹。体表发现虱、蚤、蜱。

2. 皮肤真菌病

多发生于年老、弱小及营养差的犬猫，炎热潮湿的夏秋季节发病率高，表现界线明显的脱毛斑，皮肤损伤、渗出、鳞屑、结痂、发痒等。皮肤刮片实验室检验发现真菌菌丝和孢子。

（四）预防措施和安全用药

1. 预防措施

隔离受感染的动物，防止污染环境。保持动物舍光照充足，通风和干燥，注意环境卫生。对患病犬、猫及早隔离治疗，对同群的犬、猫进行预防性杀螨，被污染的场所及用具用杀螨剂处理。

2. 安全用药

用药物治疗前，应先剪去患部被毛，用温肥皂水刷洗患部，除去污垢和痂皮。用 1% 伊维菌素注射剂 0.2 ～ 0.4 毫克 / 千克，皮下注射，间隔 7 ～ 10 天再注射 1 次，连用 2 ～ 4 次；治疗蠕形螨时剂量从 0.1 毫克 / 千克逐渐增加到 0.6 毫克 / 千克，每天一次，连用 60 ～ 120 天。柯利犬、喜乐蒂犬感染时，不使用伊维菌素（易引起中毒），可选择赛拉菌素 6 ～ 12 毫克 / 千克，皮下注射，间隔 2 ～ 3 周再注射 1 次，连用 2 ～ 4 次；非泼罗尼（福来恩）7.5 ～ 15 毫克 / 千克，皮下注射，间隔 7 ～ 10 天一次，连用 2 ～ 4 次。多拉菌素犬 0.6 毫克 / 千克，皮下注射，每周 1 次，连用 5 ～ 10 次；猫 0.2 ～ 0.27 毫克 / 千克，皮下注射。也可局部涂擦杀螨药。当瘙痒严重时，可短时间（一般 3 天）使用皮脂类固醇制剂。有继发细菌感染的病例，可根据细菌分离培养和进行药敏试验选用适宜的抗生素治疗。平时护理用驱虫香波洗浴。

十一、虱、蚤、蜱病

虱、蚤、蜱病是由于毛虱、蚤和蜱虫寄生于犬、猫体表而引起的一种寄生虫病。临床上以剧痒、脱毛、皮炎、贫血、消瘦为特征。

（一）发病原因

虱病的病原为犬啮毛虱和犬长颚虱两种，犬长颚虱以吸食血液、淋巴为主，犬啮毛虱以啮食毛、皮屑为生。犬、猫的常见蚤有犬栉首蚤和猫栉首蚤，猫栉首蚤主要寄生于犬、猫，犬栉首蚤只感染犬。寄生于犬、猫体表的蜱主要有血红扇头蜱、二棘血蜱、长角血蜱、草原革蜱和微小牛蜱等（图 7-34），常寄生于耳郭内侧、尾根、腿内侧等皮肤薄的隐蔽处（图 7-35、图 7-36）。犬、猫通过直接接触或进入有成年虱、蚤、蜱的地方而发生感染。

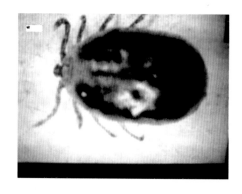

图 7-34 寄生于犬身上的蜱

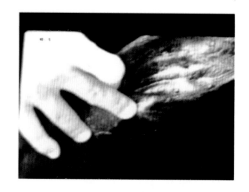

图 7-35 寄生于耳部的蜱

图 7-36 寄生于鼻部的蜱

（二）临床症状

犬、猫表现皮肤瘙痒和不安。因啃咬而损伤皮肤，可引起脱毛、皮肤落屑、皮炎、湿疹、丘疹、水疱和脓疱等（图 7-37），严重感染时引起过敏性或化脓性皮炎（图 7-38）。患病犬、猫精神沉郁、食欲不振、消瘦、贫血、发育不良。蜱感染除上述症状外，如大量蜱寄生于后肢，可引起后肢麻痹；如寄生于趾间，可引起跛行。

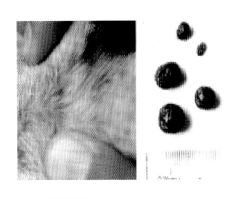

图 7-37 蜱引起的皮炎、湿疹

图 7-38 跳蚤引起的过敏性皮炎

（三）类症鉴别

1. 螨虫病

以剧痒、脱毛和皮炎等为特征。

2. 疥螨病

剧痒，皮肤红斑、结节，皮屑，不规则脱毛。皮肤刮片检查发现疥螨。

3. 蠕形螨病

多发生于 5 ～ 6 月龄的幼犬，常发生于面部，患部几乎不痒。表现局部脱毛，皮屑，皮肤色素沉着，皮肤增厚，湿疹，脓性结节，压挤可排出脓汁，内含大量的螨虫和螨卵。无传染性。

4. 耳痒螨病

剧痒，甩头挠耳，外耳道内有棕黑色痂皮样渗出物，渗出物检查发现痒螨。

5. 皮肤真菌病

多发生于年老、弱小及营养差的犬猫，炎热潮湿的夏秋季节发病率高，表现界线明显的脱毛斑，皮肤损伤、渗出、鳞屑、结痂、发痒等。皮肤刮片实验室检验发现真菌菌丝和孢子。

（四）预防措施和安全用药

1. 预防措施

加强饲养管理，搞好犬舍和犬体卫生，定期消毒，对周围环境用杀虫剂喷雾除虫。犬窝、猫舍保持清洁干燥，光照充足。对犬、猫要定期检查，发现虱、蚤、蜱者，立即隔离治疗。犬、猫佩戴防虱除蚤颈圈，用含杀虫剂成分的香波洗澡也是可取的预防方法。

2. 安全用药

用 1% 伊维菌素注射剂 0.2 ～ 0.4 毫克 / 千克，皮下注射，间隔 7 ～ 10 天再注射 1 次，连用 2 ～ 4 次。赛拉菌素 6 ～ 12 毫克 / 千克，皮下注射，间隔 2 ～ 3 周再注射 1 次。多拉菌素犬 0.6 毫克 / 千克，皮下注射，每周 1 次，连用 2 ～ 4 次；猫 0.2 ～ 0.27 毫克 / 千克，皮下注射。非泼罗尼（福来恩）7.5 ～ 15 毫克 / 千克，皮下注射，间隔 7 ～ 10 天一次，连用 2 ～ 4 次。烯啶虫胺片，猫和体重 1 ～ 11 千克的小犬口服 1 片较小的片剂（11.4 毫克 / 片），体重 11.1 ～ 57 千克的犬口服 1 片（57 毫克 / 片），大于 57 千克的犬口服 2 片（57 毫克 / 片），每日 1 次，连用 1 ～ 2 次，小于 1 千克或小于 4 周龄的犬猫禁用。也可使用市售杀虫滴剂，如爱沃克滴剂或吡虫啉滴剂 10 ～ 15 毫克 / 千克，外用，小于 8 周龄的犬猫禁用。大宠爱滴剂（赛拉菌素溶液）、福来恩滴剂（复方非泼罗尼滴剂）和阿维菌素透皮溶液等，都有较好的效果。另外，驱蚤颈圈也有较好的预防效果。如湿疹或继发感染时，可用抗生素进行治疗；若为剧烈瘙痒者，剧烈瘙痒时，可用泼尼松 0.5 ～ 1.0 毫克 / 千克，肌内注射，或酮替芬 0.02 ～ 0.04 毫克 / 千克，肌内注射。

十二、创伤

创伤是各种不同外力作用于机体引起组织或器官的机械性开放性损伤，此时皮肤或黏膜的完整性受到破坏。按致伤物体的性质，一般可分为刺创、切创、挫创、压创、裂创、咬创、毒创、火器创和混合创。按创伤新旧分为新鲜创、陈旧创；按创伤有无感染分为无菌创、污染创、感染创及保菌创。

（一）发病原因

引起创伤的病因较多，常见的有锐性物体（如钢丝、树杈）的刺入，锐利刀片、玻璃片、铁片等的切割，车辆碾压或挤压，棍棒打击，互相咬伤，弹弓或枪弹致伤，摔跌在硬地上致伤等。

（二）临床症状

发生创伤后共有症状有机体创伤局部出血、创口裂开、疼痛、肿胀、感染化脓、肉芽组织形成及功能障碍等（图7-39、图7-40）。常因致伤因素不同，受伤的部位和组织损伤的程度不同，临床症状也不尽相同。新鲜创一般创内尚有血液流出或存有血凝块；陈旧创出现明显的创伤感染症状，有的排出脓汁，有的出现肉芽组织；污染创出现明显的创伤感染症状，甚至引起机体的全身性反应。

图 7-39　舌头切割创

图 7-40　前肢车碾压创

（三）类症鉴别

1. 蜂窝织炎

全身症状明显，表现体温升高，局部大面积弥漫性肿胀，界限不清，局部增温，疼痛剧烈，浆液性、化脓性渗出，功能障碍。

2.湿疹和皮炎

多发于被毛稀少部位，表现皮肤瘙痒，局部红斑、丘疹、水疱、脓疱、溃烂、结痂、鳞屑、结节、色素沉着等。

（四）预防措施和安全用药

治疗原则为及时止血，解除疼痛，防治休克，防止感染，注意术后治疗。

止血：对创伤出血，可根据出血的部位、性质和程度，采用压迫、填塞、钳压、结扎等止血方法，也可于创面撒布止血粉，必要时可应用全身性止血剂。

清洁创围及创腔：先用灭菌纱布块盖住创口，剪除创围被毛，用肥皂水清洗创口周围皮肤，洗净后用灭菌纱布擦干，然后用生理盐水、3%过氧化氢溶液、0.1%高锰酸钾溶液、0.01%呋喃西林溶液或0.1%新洁尔灭溶液等洗涤创腔。用70%酒精和3%碘酊涂擦创口及其周围皮肤。

清创手术：除去创内的异物、凝血块、挫灭组织，修整创缘，消灭创囊，充分暴露创底。如创囊过大过深、排液障碍时，可用辅助切口排脓。清创术一般要在局部麻醉或全身麻醉下进行。

创内用药：彻底清创后，创内撒布氨苄西林粉、磺胺粉、磺胺碘仿粉（9:1）等。

创口缝合：一般在伤后6～8小时，清创较彻底，创缘较整齐，清创后可施行密闭缝合。受伤时间超过12～24小时未及时处理且有感染的创伤，行开放疗法。

创伤包扎：包扎常用于容易污染部位的创伤，如肛门周围和四肢下部等。

全身疗法：伴有大出血或创伤愈合迟缓时，应输入血浆代用品或全血；严重污染创或化脓创，应使用抗生素或磺胺类药物，并根据伤情的严重程度，进行必要的补液和强心，并注射破伤风抗毒素或类毒素。

十三、血肿

血肿是指由于外力作用引起局部血管破裂，溢出的血液分离周围组织，形成充满血液的腔洞。犬常发耳血肿，多发生在耳廓内侧面。

（一）发病原因

血肿常见于软组织非开放性损伤，主要由于各种机械性外力（棒打、碰撞、跌倒等）作用的结果。某些损伤（刺创、咬创、火器创、骨折等）也可形成继发性血肿。犬、猫血肿可发生在耳部、颈部、胸前和腹部等。根据损伤的血管不同，血肿分为动脉性血肿、静脉性血肿和混合性血肿。

（二）临床症状

临床特点是肿胀迅速增大，呈明显的波动感或饱满有弹性（图7-41）。4～5天后肿

胀周围坚实，并有捻发音，中央部有波动，局
部增温。穿刺时可排出稀薄血液。有时可见局
部淋巴结肿大和体温升高等全身症状。犬耳血
肿耳廓内侧出现波动性或坚实性肿胀，触之有
捻发音，血肿感染后则形成脓肿，有时可伴发
外耳炎或中耳炎。

图 7-41　犬耳血肿

（三）类症鉴别

1. 淋巴外渗

有外力作用病史，主要发生于腕关节、肘
关节和跗关节，局限性圆形肿胀，有明显界限，热痛不明显，触诊波动明显，穿刺流出橙
黄色稍透明的液体。无明显的全身症状。

2. 脓肿

局部肿胀，无明显界线，热痛明显，触诊中央波动明显，周围坚实，穿刺流出大量脓
汁。全身无明显变化。

3. 肿瘤

肿瘤呈局限性圆形、花瓣状、绒毛状、树枝状等，外观凹凸不平，表面光滑，质地
坚实。

（四）预防措施和安全用药

治疗原则是制止溢血，防止感染和排出积血。可于患部涂碘酊，在最初 24 小时，局
部用冷却疗法（冰袋），同时装压迫绷带。经 4～5 天后，可穿刺或切开血肿，排出积血
或凝血块和挫灭组织。如发现继续出血，可行结扎止血，清理创腔后，再行缝合创口。已
发生感染的血肿应迅速切开，并采取开放疗法。

十四、淋巴外渗

淋巴外渗是在钝性外力作用下，由于淋巴管断裂，致使淋巴液聚积于组织内的一种非
开放性损伤。常发生于淋巴管丰富的皮下结缔组织内，主要见于犬的前肢腕关节、肘关节
和后肢跗关节，又称为黏液囊炎。

（一）发病原因

外力的冲撞，墙壁、门框的擦挤，容易发生淋巴外渗。大体型犬长时间卧于坚硬地面
上，肘头皮下黏液囊受到压挤，或因卧下时肘后面受到冲击而引起肘头皮下黏液囊炎。

（二）临床症状

伤后 3 ～ 4 天形成局限性圆形肿胀，并逐渐增大，有明显界线，触诊波动明显，皮肤不紧张（图 7-42）。炎症反应轻微，无明显的全身症状。穿刺肿胀部流出橙黄色稍透明的液体，有时混有少量血液（图 7-43）。时间较久，析出纤维素块，如囊壁有结缔组织增生，则呈明显的坚实感。

图 7-42 淋巴外渗圆形肿胀

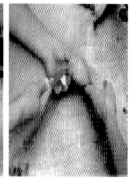

图 7-43 穿刺流出橙黄色液体

（三）类症鉴别

1. 血肿

有外力作用病史，常发耳血肿，表现局部迅速肿大，呈波动感，有捻发音，穿刺可排出稀薄血液。

2. 脓肿

局部肿胀，无明显界线，热痛明显，触诊中央波动明显，周围坚实，穿刺流出大量脓汁。全身无明显变化。

3. 肿瘤

肿瘤呈局限性圆形、花瓣状、绒毛状、树枝状等，外观凹凸不平，表面光滑，质地坚实。

（四）预防措施和安全用药

首先使动物保持安静，有利于淋巴管断端的闭塞。较小的淋巴外渗，于波动明显部位，用注射器抽出淋巴液，然后注入 95% 乙醇或乙醇甲醛混合液（95% 乙醇 100 毫升、甲醛 1 毫升、碘酊数滴，混合备用）10 ～ 30 毫升，停留片刻后，将其抽出。一次无效时，可行第二次注入。较大的淋巴外渗，可切开排液，用浸有上述药液的纱布填塞，并做假缝合，待淋巴管断端完全闭塞（2 ～ 3 天）后取出填塞物，按创伤治疗。

十五、脓肿

脓肿是指组织和器官被细菌感染化脓，脓汁蓄积在新形成的腔洞中的局限性炎症。犬、猫多发生在头部、颈部、胸部和股内侧的皮下组织。

（一）发病原因

引起脓肿的致病菌主要是葡萄球菌，其次是化脓性链球菌、大肠杆菌、铜绿假单胞菌和腐败性细菌等。皮肤各种损伤，如刺伤、擦伤、抓伤，尤以咬伤后，上述致病菌通过皮肤或黏膜的小创口侵入机体而发生脓肿。某些刺激性强的化学药物，如氯化钙、高渗盐水、水合氯醛及砷制剂等误注或漏注于皮下或肌肉内也能引起脓肿。也可继发于邻近组织炎症、脓毒血症或淋巴结炎。

（二）临床症状

脓肿初期局部肿胀无明显界线，热痛明显，中央坚实（图7-44），全身无明显变化。以后肿胀的界线逐渐清晰，组织坏死液化，中央有大量脓汁积聚，触诊脓肿中央柔软，波动明显，周围坚实（图7-45）。出现全身症状，体温增高，精神沉郁。时间过久则脓肿膜溶解，脓肿自溃，排出脓汁（图7-46），全身症状缓解。深在性脓肿常发生于筋膜下及深层肌肉、肌间、内脏器官，穿刺可抽出大量脓汁（图7-47）。因部位深，局部症状不明显，但全身症状明显。

图 7-44　局部肿胀，热痛明显

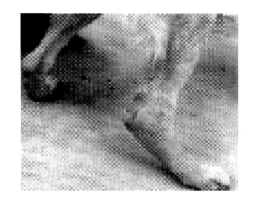

图 7-45　肘头皮下黏液囊炎

（三）类症鉴别

1. 血肿

有外力作用病史，常发耳血肿，表现局部迅速肿大，呈波动感，有捻发音，穿刺可排出稀薄血液。

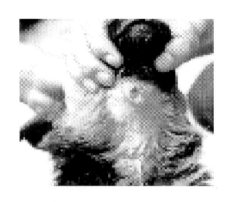

图 7-46 脓肿自溃，排出脓汁

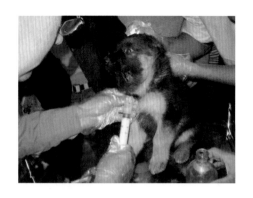

图 7-47 穿刺可抽出大量脓汁

2. 肿瘤

肿瘤呈局限性圆形、花瓣状、绒毛状、树枝状等，外观凹凸不平，表面光滑，质地坚实。

3. 腹壁疝

有外力作用病史，局限性柔软、囊状突起，触诊热痛，有可复性，可摸到破裂孔。

4. 淋巴外渗

有外力作用病史，主要发生于腕关节、肘关节和跗关节，局限性圆形肿胀，有明显界线，热痛不明显，触诊波动明显，穿刺流出橙黄色稍透明的液体。无明显的全身症状。

（四）预防措施和安全用药

脓肿初期以抗感染、止痛、促进炎症消散或脓肿成熟为主，后期是切开排脓。初期局部可用 0.25% 普鲁卡因氨苄西林做病灶周围封闭，外涂刺激剂，如 5% 的碘酊、鱼石脂软膏、樟脑软膏等。同时配合全身用抗生素和磺胺类药物治疗。当炎症渗出停止后，可用温热疗法、短波透热疗法、超短波疗法等。当脓肿成熟后要及时切开，切开后的脓肿腔按化脓创处理。

十六、蜂窝织炎

蜂窝织炎是疏松结缔组织发生的急性弥漫性化脓性感染。其特征为皮下、筋膜下和肌间疏松结缔组织内的脓性渗出物浸润，迅速扩散，常伴有全身症状。犬、猫常发生在臀部、大腿、腋部、胸部和尾部。

（一）发病原因

致病菌多为化脓菌，如金黄色葡萄球菌、溶血性链球菌和腐败菌，也可为大肠杆菌及厌氧菌等。犬、猫多以咬伤、抓伤或静脉内注射刺激性药物（如葡萄糖酸钙或10%氯化钠）漏入皮下等所致。也可因邻近组织化脓性感染直接扩散或血源性感染引起。

（二）临床症状

本病呈急性炎症过程，局部和全身症状均很明显。局部症状主要表现为大面积肿胀、局部增温、疼痛剧烈和功能障碍。全身症状主要表现为精神沉郁、体温升高、食欲缺乏，并出现各系统的功能紊乱。皮下蜂窝织炎常发于四肢（特别是后肢），局部出现弥漫性肿胀，界限不清，呈水肿样，触诊坚实，疼痛明显（图7-48）。渗出液初期为浆液性，后变为化脓性。随着局部坏死、化脓，触诊柔软有波动感。筋膜下蜂窝织炎常发生于前肢的前臂筋膜下、后肢的小腿筋膜下和阔筋膜下的疏松结缔组织中，其临床特征是患部热痛反应剧烈，功能障碍明显，患部组织呈坚实性炎症浸润（图7-49）。肌间蜂窝织炎常伴发于开放性骨折、化脓性骨髓炎、关节炎及腱鞘炎之后，先是患部出现炎性水肿，继而形成化脓性浸润和化脓灶。

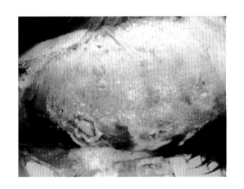

图 7-48 局部弥漫性肿胀

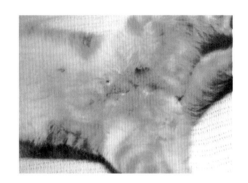

图 7-49 猫后肢蜂窝织炎

（三）类症鉴别

1. 血肿

有外力作用病史，常发耳血肿，表现局部迅速肿大，呈波动感，有捻发音，穿刺可排出稀薄血液。

2. 脓肿

局部肿胀，无明显界线，热痛明显，触诊中央波动明显，周围坚实，穿刺流出大量脓汁。全身无明显变化。

3. 肿瘤

肿瘤呈局限性圆形、花瓣状、绒毛状、树枝状等，外观凹凸不平，表面光滑，质地坚实。

4. 腹壁疝

有外力作用病史，局限性柔软、囊状突起，触诊热痛，有可复性，可摸到破裂孔。

5. 淋巴外渗

有外力作用病史，主要发生于腕关节、肘关节和跗关节，局限性圆形肿胀，有明显界线，热痛不明显，触诊波动明显，穿刺流出橙黄色稍透明的液体。无明显的全身症状。

（四）预防措施和安全用药

最初 1～2 天内，用 10% 酒精鱼石脂溶液做患部冷敷，患部周围做 0.25% 盐酸普鲁卡因封闭等，病后 3～4 天改为温敷，常用 50% 硫酸镁，也可用 20% 鱼石脂软膏、碘甘油或红霉素软膏等，有条件的地方可做超短波治疗。局部肿胀和全身症状明显时，应立即进行手术切开。切口应有足够的长度和深度，以保证渗出液顺利排出。另外，早期应用抗生素疗法、磺胺疗法、碳酸氢钠及输液等疗法，根据动物的全身症状，选择对症疗法。

十七、湿疹和皮炎

湿疹是指皮肤表皮的炎症；皮炎指皮肤真皮和表皮的炎症。临床上均以瘙痒、红斑、丘疹、水疱、脓疱、溃烂、结痂、鳞屑、结节、色素沉着等为特征。

（一）发病原因

引起皮炎和湿疹的因素很多，包括物理性刺激（环境潮湿、热伤、冻伤、日光及射线的损伤）、化学药品（如涂擦刺激性药物，洗澡用的洗涤剂、肥皂、洗衣粉等）、生物性因素（如细菌、真菌、外寄生虫等）、变态反应（如过敏原、寻常型天疱疮、落叶状天疱疮等）、激素分泌紊乱（如皮质醇增多症、甲状腺功能减退、黑色棘皮症、雌激素过多症），此外，皮肤不洁、营养代谢紊乱、中毒等也可使皮肤发炎。

（二）临床症状

主要表现皮肤瘙痒，患病犬、猫抓挠患部。轻者局部呈红斑（图 7-50）、丘疹（图 7-51、图 7-52）、结节（图 7-53、图 7-54），并有时肿胀，有渗出时可有痂皮覆盖（图 7-55），重则发生水疱。由于搔抓、摩擦，皮肤可继发感染，有脓疱（图 7-56）、糜烂或溃疡出现，并有结痂、鳞屑、色素沉着，局部有痛痒感。慢性病例以皮肤裂开和红疹、丘疹减少为主。

（三）类症鉴别

1. 螨虫病

以剧痒、脱毛和皮炎等为特征。皮肤刮片实验室检验发现螨虫。

图 7-50　腹部广泛性红斑

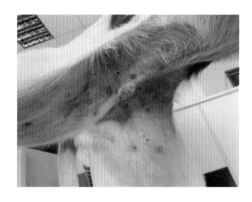

图 7-51　大腿内侧丘疹

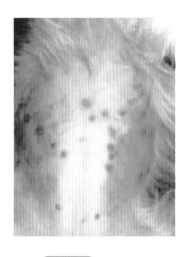

图 7-52　腹部丘疹

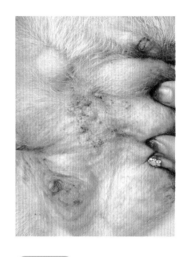

图 7-53　腹部湿疹结节

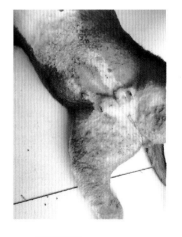

图 7-54　药物过敏性皮炎

图 7-55　阴囊湿疹，结痂

2. 皮肤真菌病

多发生于年老、弱小及营养差的犬猫，炎热潮湿的夏秋季节发病率高，表现界限明显的脱毛斑，皮肤损伤、渗出、鳞屑、结痂、发痒等。皮肤刮片实验室检验发现真菌菌丝和孢子。

3. 荨麻疹

多发于背、眼睑和腿部，皮肤上突然发生圆形或不正形疹块，顶部扁平，中心稍有凹陷（图 7-57）。常有擦破和脱毛现象，疹块发生迅速，但消失也快，往往复发。

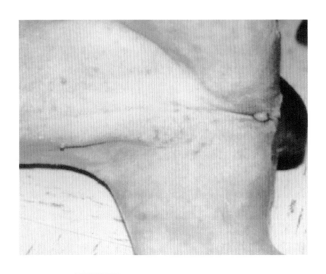 

图 7-56　接触性皮炎引起广泛脓疱　　　　图 7-57　背部皮肤圆形疹块

4. 脓皮病

皮肤红斑、水疱、脓疱，皮肤皲裂，从皲裂中流出恶臭的渗出物。

（四）预防措施和安全用药

治疗原则是消除病因，消炎止痒，采取局部和全身疗法。

保持皮肤清洁和干净，舍内通风良好、阳光充足，经常运动，及时治疗发生的疾病。首先剪去周围被毛，红斑及丘疹期用 0.1% 高锰酸钾溶液或 1% 鞣酸溶液擦洗，再用硫黄水杨酸软膏、氧化锌水杨酸软膏或氟轻松软膏等涂擦，也可用炉甘石洗剂涂于患部。水疱、脓疱及溃烂期用双氧水或 0.5% 碘伏清洗，再涂布 5% 紫药水、2% 明矾水，小面积者可用皮质类固醇软膏。剧痒者涂擦水杨酸酒精合剂（水杨酸 10 克、鞣酸 10 克、70% 酒精 100 毫升），也可口服或注射盐酸异丙嗪 0.2 ～ 1.0 毫克 / 千克体重，或盐酸苯海拉明 2 ～ 4 毫克 / 千克体重（口服），5 ～ 50 毫克 / 千克体重（皮下或肌内注射）。糜烂湿润者撒布抗菌收敛剂（水杨酸 10 克、氧化锌 10 克、新霉素 5 克、滑石粉 75 克，混合后外用）。溃疡性皮炎撒布高锰酸钾粉或涂擦 5% 福尔马林酒精。如瘙痒、搔抓严重，可限制活动，给予镇静药物，或颈部佩戴伊丽莎白项圈。

十八、脓皮病

脓皮病是指皮肤感染化脓性细菌而引起的化脓性皮肤病。本病犬多发，猫少见。

（一）发病原因

常见的化脓性细菌有金黄色葡萄球菌、表皮葡萄球菌、链球菌（溶血性和非溶血性）、棒状杆菌、假单胞菌和寻常变形杆菌等。代谢性疾病、免疫缺陷、内分泌失调或各种变态反应也可引起脓皮病。皮肤干燥、裂伤、创伤、烧伤或皮炎等均易发生本病。

（二）临床症状

脓疮疹：表皮中引起的化脓称为脓疮疹。常见于幼龄犬（3个月～1周岁）的无毛部表层皮肤，以红斑（图7-58）、水疱（图7-59）及小脓疱（图7-60）等病变为特征。如小脓疱破溃出现蜂蜜样渗出液，然后结痂（图7-61），可完全自然痊愈。当化脓性炎症蔓延到皮下，可形成脓肿或蜂窝织炎（图7-62）。

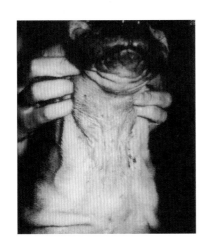
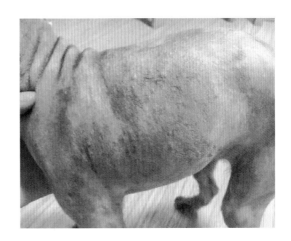

图 7-58　脓疮疹腹部红斑　　　　　　　图 7-59　脓疮疹背部皮肤水疱

皮肤皲裂性脓皮病：口唇皱襞能引起脓皮症，以皮肤皲裂和皱间的摩擦性炎症为特征。从皲裂中流出恶臭的渗出物。

毛囊炎：毛囊口的局限性化脓性炎症。炎症沿毛根向深部蔓延至毛囊、皮脂腺及周围结缔组织，可形成疖，多数疖融合而成痈。毛囊炎呈温热、疼痛的小结节。当形成疖时，顶端有小脓疱（图7-63），中心被毛竖立，周围出现明显的炎性肿胀，很快就在病灶中央出现波动明显的小脓肿，经若干天后，脓肿可自溃，流出乳脂样微黄白色脓汁，局部形成小溃疡面。表面被覆肉芽组织和脓性痂，最后形成瘢痕而自愈。

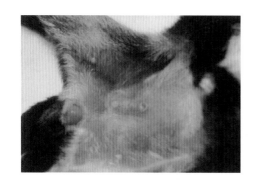

图 7-60 脓疮疹腹部皮肤脓疱

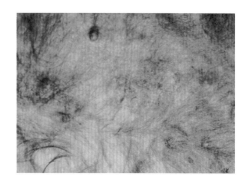

图 7-61 脓皮病皮肤红斑、结痂

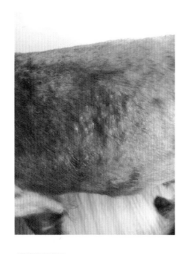

图 7-62 脓皮病蜂窝织炎

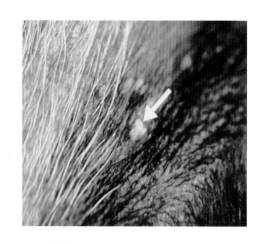

图 7-63 毛囊炎疖的顶端脓疱

干性脓皮症：常侵害4周到9月龄的短毛种幼犬，往往同窝仔犬同时发病。多在飞节、肘及足侧面，形成角蛋白样痂皮，角质增厚，如除去痂皮，其下面出现红斑性表皮炎。

（三）类症鉴别

1. 血肿

有外力作用病史，常发耳血肿，表现局部迅速肿大，呈波动感，有捻发音，穿刺可排出稀薄血液。

2. 脓肿

局部肿胀，无明显界限，热痛明显，触诊中央波动明显，周围坚实，穿刺流出大量脓汁。全身无明显变化。

3. 肿瘤

肿瘤呈局限性圆形、花瓣状、绒毛状、树枝状等，外观凹凸不平，表面光滑，质地坚实。

4. 腹壁疝

有外力作用病史，局限性柔软、囊状突起，触诊热痛，有可复性，可摸到破裂孔。

5. 淋巴外渗

有外力作用病史，主要发生于腕关节、肘关节和跗关节，局限性圆形肿胀，有明显界线，热痛不明显，触诊波动明显，穿刺流出橙黄色稍透明的液体。无明显的全身症状。

（四）预防措施和安全用药

早期用防腐剂，如温热的 30% 六氯酚或雷佛奴尔溶液或聚乙烯酮碘溶液冲洗患部，然后每日涂擦鱼石脂软膏、敏感抗生素软膏、聚维酮碘软膏等。浅表或皮肤皱襞脓皮病可用水杨酸酒精擦剂（水杨酸 8 克、鞣酸 8 克、75% 乙醇 100 毫升），也可用 5% 甲紫溶液或抗生素软膏（杆菌肽 500 国际单位、新霉素 5 毫克、硫酸多黏菌素 5000 国际单位、毛脂和亲水软膏基质适量），每日局部涂布。深部脓皮病进行局部和全身治疗，可用呋喃西林、抗生素、磺胺类药物或酶制剂直接注入病灶内。唇或阴门皱襞脓皮病可用具有收敛作用的防腐剂加 10% 硝酸银做局部治疗。当病部变为干燥时，可先用含防腐剂的软膏涂擦患部，然后撒布抗生素、磺胺类药物或碘仿等。全身可选用抗生素（红霉素、林可霉素、头孢菌素类、甲硝唑等）和磺胺类药物治疗。

十九、结膜炎和角膜炎

结膜炎是指睑结膜和球结膜受外界刺激和感染而引起的炎症。临床上以畏光、结膜潮红、肿胀、疼痛和眼分泌物增多为特征。根据病理性质可分为卡他性、化脓性、滤泡性、伪膜性结膜炎等。

角膜炎是指角膜因受微生物、外伤、化学及物理性因素影响而发生的炎症。临床上以眼睑痉挛、角膜混浊，角膜周围形成新生血管或睫状体充血，眼前房内纤维素样物质沉着，角膜溃疡、穿孔、留有角膜斑翳为特征。通常分为浅表性、间质性及溃疡性角膜炎三种。

（一）发病原因

卡他性结膜炎多由机械性（尘埃、异物）、化学性（烟雾、酸碱、清洗剂）、紫外线、放射线等的刺激而引起。某些眼病（眼睑炎、眼睑内翻、睫毛异生、鼻泪管阻塞）和感染因素（如犬瘟热病毒、传染性肝炎病毒、疱疹病毒、衣原体、支原体、真菌、革兰氏阳性菌等感染）也可引起本病。也有注射疫苗或因阿托品、庆大霉素、新霉素、硫黄制剂等长期点眼，或吸入花粉、芽孢等过敏原造成的过敏性结膜炎。化脓性结膜炎主要是由化脓菌和真菌感染而引起。

角膜炎发生原因与结膜炎基本相同，多由外伤、异物、化学性刺激及细菌感染等引起。另外，维生素A缺乏也可引起角膜炎。猫角膜溃疡常见于疱疹病毒感染。

（二）临床症状

结膜炎：卡他性结膜炎表现羞明流泪（图7-64）、结膜充血、潮红、肿胀（图7-65、图7-66），眼内角流出多量浆液或浆液黏液性分泌物（图7-67、图7-68）。化脓性结膜炎，一般症状较重，眼内流出多量脓性分泌物（图7-69），上、下眼睑常被黏在一起。病程长可引起角膜炎甚至角膜溃疡。滤泡性结膜炎是结膜和淋巴滤泡的慢性炎症，主要发生于瞬膜内面，呈现鲜红色或暗红色大小不等的粟状物（即为发炎的滤泡），多为两侧性。伪膜性结膜炎为猫支原体性和衣原体感染的典型特征，结膜和瞬膜表面常覆盖一层由炎症细胞、纤维蛋白和黏液构成的灰白色不透明薄膜（即伪膜）。

图 7-64　结膜炎表现羞明流泪

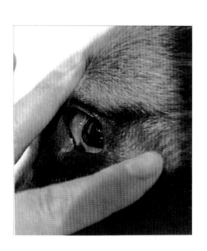

图 7-65　眼结膜充血、潮红

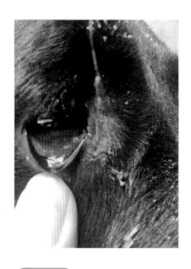

图 7-66　眼结膜潮红、肿胀

图 7-67　眼流浆液性分泌物

图 7-68　眼流黏液性分泌物

图 7-69　眼流脓性分泌物

　　角膜炎：浅表性角膜炎表现羞明流泪和结膜炎的一些特征，角膜上出现新生血管和角膜表面混浊。慢性浅表性角膜炎时，常可见角膜有黑色素沉着。由于炎症刺激，多呈现角膜混浊。间质性角膜炎表现角膜严重混浊，新生血管呈刷状且少分支和较深在，角膜水肿严重，呈蓝白色角膜翳（犬传染性肝炎恢复期）。溃疡性角膜炎表现结膜充血，羞明流泪，角膜水肿且有新生血管形成，角膜呈黄色混浊，视力模糊，眼睑痉挛。角膜形成圆形或椭圆形烂斑和溃疡，溃疡边缘呈灰白色混浊（图 7-70）。大面积溃疡时，可见角膜白斑翳。严重时角膜穿孔（图 7-71）。

图 7-70　角膜混浊、溃疡

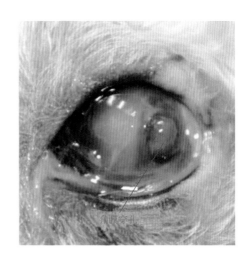

图 7-71　角膜白斑翳，角膜穿孔

（三）类症鉴别

1. 犬瘟热

由犬瘟热病毒引起，以冬春季（10月至翌年4月间）多发，1～12个月龄的犬发病率最高，临床上以双相热型、白细胞减少、急性脓性鼻炎和脓性结膜炎、支气管肺炎、严重的胃肠炎和神经症状为特征。核内及胞浆内均有包涵体，且以胞浆内包涵体为主。

2. 疱疹病毒感染

由疱疹病毒引起，多发生于3周龄内仔犬猫，表现发热，鼻炎，角膜结膜炎，支气管炎，肺炎，溃疡性口炎，皮肤丘疹，流产等。眼结膜和上呼吸道黏膜涂片检查到包涵体。疱疹病毒感染无胆囊壁增厚和水肿症状。

3. 犬立克次体性结膜炎

病情严重，常伴有葡萄膜和视网膜炎。

4. 衣原体和支原体性结膜炎

开始常一眼感染，随后引起双侧眼结膜炎（图7-72），并在结膜或瞬膜表面形成滤泡或伪膜，四环素治疗有效。

5. 过敏性结膜炎

用皮质类固醇治疗，其症状可明显好转。

6. 吸吮线虫病

引起慢性结膜炎，是由丽嫩吸吮线虫引起，夏秋季多发，临床上以结膜炎和角膜炎，视力下降，角膜糜烂、溃疡和穿孔为特征。常在结膜囊特别是瞬膜下发现虫体。

图 7-72 猫衣原体感染引起双侧眼结膜炎

（四）预防措施和安全用药

首先除去病因，治疗原发病，将犬、猫放入光线较暗处。急性结膜炎用宠物洗眼液、3%硼酸液、生理盐水洗眼，用环丙沙星和醋酸可的松眼药水滴眼，每日4～6次，连用7～10天。同时选用0.5%红霉素、0.5%金霉素、1%新霉素、多黏菌素或杆菌肽等眼膏，涂于结膜面，每天3～4次。疼痛剧烈时，用2%可卡因溶液点眼。转为慢性经过时，应用0.5%～2.0%硫酸锌、0.5%～1.0%明矾、2%～5%蛋白银溶液等，每天点眼2～3次。如怀疑病毒感染时，可滴用疱疹净或吗啉胍眼药水。过敏性结膜炎患眼需要冷敷和滴入0.5%可的松眼药水，但角膜溃疡时禁止。对角膜翳可用鱼肝油1号眼药水点眼（鱼肝油滴剂8毫升，泼尼松龙1毫升，氨苄西林1000国际单位，混匀），每天2～3次，连用7～10天。溃疡性结膜炎应用0.03%氧化汞、3%碳酸氢钠或庆大霉素溶液等冲洗消毒结膜囊和角膜表面，每天 2～3 次，然后用鱼肝油 2 号眼药水点眼（鱼肝油滴剂 8 毫升，维生素 B_2 1 毫升，氨苄西林 1000 国际单位，混匀），每天 2～3 次，连用 7～10 天。干性角膜炎可肌内或皮下注射毛果芸香碱 1～2 毫升，同时口服维生素 A、维生素 B、维生素 C、维生素 D。

二十、前葡萄膜炎

前葡萄膜炎又称虹膜睫状体炎，由于前葡萄膜（虹膜和睫状体）血管丰富，血流缓慢，血液中有害物质和病原体易停留而引起炎症。

（一）发病原因

病因复杂，分内源性和外源性两类。内源性包括犬瘟热、犬传染性肝炎、犬钩端螺旋体病、莱姆病、猫传染性腹膜炎、猫白血病病毒感染、全身性真菌病、弓形虫病、犬埃利希体病、代谢病、免疫介导性疾病及自身免疫性疾病等；外源性包括眼外伤、角膜溃疡、角膜穿孔、肿瘤及眼手术等。

（二）临床症状

多呈急性发作，患眼畏光、流泪、疼痛、睑痉挛、视力减退。球结膜水肿和充血，角膜水肿、混浊和边缘血管增生呈毛刷样。虹膜充血、肿胀、纹理不清，瞳孔缩小。眼房液呈不同程度混浊，严重者前房积血或前房积脓。如眼房液排出受阻，可引起继发性青光眼。

（三）类症鉴别

1. 结膜炎

表现羞明流泪，结膜潮红肿胀，流浆液、黏液、脓性分泌物，角膜溃疡，角膜翳，角膜穿孔。

2. 吸吮线虫病

引起慢性结膜炎，病原为丽嫩吸吮线虫，夏秋季多发。临床上以结膜炎和角膜炎，视力下降，角膜糜烂、溃疡和穿孔为特征。常在结膜囊特别是瞬膜下发现虫体。

（四）预防措施和安全用药

首先使用散瞳药，防止虹膜粘连和恢复血管的通透性，减少渗出，解痉止痛等。常用 1% 阿托品滴眼，开始每 4 小时一次，以后可减少用药次数，维持瞳孔散大。与此同时，配合应用皮质固醇类消炎药，如滴用醋酸氢化可的松眼药水，每 2～4 小时一次，或球结膜下注射地塞米松 1～2 毫克 / 天。此外，可结合应用非皮质类固醇药，消炎镇痛，如阿司匹林、保泰松或前列腺素拮抗剂等。应局部和全身使用抗生素，控制感染和防止并发症。若急性眼内压增高，可用 20% 甘露醇。

二十一、眼球脱出

眼球脱出是由于外力作用使眼球部分或全部脱出眼眶之外，临床上以出血、肿胀、视力障碍为特征。多发生于短头品种犬，如北京犬、西施犬等因眼眶较大更易发生。

（一）发病原因

多因车祸、相互打斗而引起，或因保定不当挤压眼眶、耳根部引起。

（二）临床症状

眼球脱位轻度的，眼球外鼓于眼睑外不能自行缩回（图 7-73），严重的整个眼球脱出悬挂于眼睑外（图 7-74），球结膜血管充血，时间较长的可见凸出的眼球发紫（图 7-75），有的眼球前房积血。伴有球结膜、角膜的损伤，严重的引起角膜坏死、虹膜炎、脉络膜视网膜炎等而丧失视力。

图 7-73　轻度眼球脱位

图 7-74　严重眼球脱出悬挂于眼睑外

图 7-75　脱出眼球球结膜血管充血

（三）类症鉴别

1. 结膜炎

表现羞明流泪，结膜潮红肿胀，流浆液、黏液、脓性分泌物，角膜溃疡，角膜翳，角膜穿孔。

2. 前葡萄膜炎

多呈急性发作，表现羞明流泪，眼睑痉挛，视力减退，角膜水肿、混浊和边缘血管增生呈毛刷样。虹膜充血、肿胀、纹理不清，瞳孔缩小，眼房液浑浊。

（四）预防措施和安全用药

轻度脱位，经麻醉后用青霉素生理盐水冲洗，用湿纱布衬托揉合复位。也可用 7 号丝线水平纽扣状分别缝上、下眼睑，然后以缝线牵引提拉上、下眼睑，再以湿灭菌纱布轻轻压迫眼球使其复位。眼睑施以假缝合。也可进行手术复位，术后全身应用广谱抗生素，眼睑内滴抗生素眼药水。眼睑的假缝合 5 ～ 7 天拆线，如肿胀明显，未减退的可延至 10 ～ 15 天拆线。如眼球脱出过久，眼内容物已挤出或内容物严重破坏，视神经撕脱或损伤严重无法恢复视力，需行眼球摘除术。

二十二、瞬膜腺脱出

瞬膜腺脱出又称第三眼睑腺脱出、樱桃眼，是指瞬膜下与眼眶周围组织间结缔组织松弛，使位于腹侧的腺体向外翻转，脱出于眼球表面的一种眼病。本病小型犬多发，单眼或双眼均有发生。

（一）发病原因

病因较为复杂，可能有遗传易感性，腺体与眶周筋膜或其他眶组织的联系存在解剖学缺陷。发生本病的犬多以饲喂高蛋白、高能量饲料为主，如多喂牛肉、牛肝，有的喂以卤鸭肉、卤鸭肝等。

（二）临床症状

单眼或双眼发病，最初在眼内角出现类似绿豆大小粉红色软组织，并逐渐增大至黄豆或蚕豆大小（图 7-76、图 7-77）。因腺体长期暴露在外，局部充血、水肿、泪溢（图 7-78、图 7-79）。常用前爪搔抓患眼，严重者，脱出物呈暗红色，破溃，并影响泪液分泌，引起干性角膜结膜炎。

图 7-76 双眼瞬膜腺脱出

图 7-77 单眼瞬膜腺脱出

图 7-78 脱出的腺体充血、水肿

图 7-79 患眼流浆液性分泌物

（三）类症鉴别

1. 结膜炎

表现羞明流泪，结膜潮红肿胀，流浆液、黏液、脓性分泌物，角膜溃疡，角膜翳，角膜穿孔。

2. 吸吮线虫病

引起慢性结膜炎，病原为丽嫩吸吮线虫，夏秋季多发。临床上以结膜炎和角膜炎，视力下降，角膜糜烂、溃疡和穿孔为特征。常在结膜囊特别是瞬膜下发现虫体。

（四）预防措施和安全用药

本病药物治疗无效，只有手术治疗，切除增生物。动物全身麻醉配合患眼表面麻醉，用组织钳或镊子将脱出物钳镊提起，并用小弯止血钳钳紧脱出物基部，然后沿止血钳上缘将其切除，数分钟后，松开止血钳，其残留组织自行退回至内眦内。如有出血，用灭菌棉球填塞止血，术后，局部涂以抗生素眼药水 2 ～ 3 次 / 天，连用 3 ～ 5 天。

二十三、眼睑内翻

眼睑内翻是指眼睑缘向眼球方向内卷，睫毛和皮肤被毛长期刺激结膜和角膜的异常表现。临床上以流泪、结膜和角膜炎、角膜溃疡或穿孔为特征。多发生于面部皮肤皱褶、松弛的犬种，如沙皮犬、松狮犬等。

（一）发病原因

分为先天性和后天性眼睑内翻。先天性眼睑内翻，可能是一种遗传缺陷，见于小眼球或睑板异常，多见于下眼睑外侧、上眼睑内侧和下眼睑内侧。此外，面部皮肤松弛的犬如沙皮犬、松狮犬、斗牛犬、拉布拉多猎犬等品种和运动型犬发生较多。后天性眼睑内翻，主要是由于睑结膜、睑板瘢痕性收缩所致。另外，当患结膜炎或角膜炎时，由于睑轮匝肌痉挛性收缩也可造成眼睑内翻。

（二）临床症状

以下眼睑内翻多见。眼睑内翻可导致大部分或全部睫毛倒向眼球表面，刺激球结膜及角膜，主要表现流泪，频频眨眼，眼睑痉挛，分泌物增加，结膜充血，角膜血管增生。病程久的犬常形成角膜炎，甚至溃疡，视力减退或丧失。

（三）类症鉴别

1. 结膜炎

表现羞明流泪，结膜潮红肿胀，流浆液、黏液、脓性分泌物，角膜溃疡，角膜翳，角膜穿孔。

2. 眼睑外翻

常见于下眼睑，眼睑缘向外翻转，结膜暴露，流泪，结膜炎和角膜炎。

（四）预防措施和安全用药

对痉挛性，应积极治疗结膜炎和角膜炎，给予镇痛剂。先天性眼睑内翻以手术矫正为主，一般以 4 ～ 6 月龄手术最为理想。术部剃毛消毒，在离眼睑边缘 0.6 ～ 0.8 厘米处做切口，切去圆形或椭圆形皮片，去除皮片的数量应以使睑缘能够覆盖到附近的角膜缘为度。然后做水平纽扣状缝合，矫正眼睑至正常位置。严重的应施与眼睑患部同长的横长椭圆皮肤切片，剪除一条眼轮匝肌，以肠线做结节缝合或水平纽扣状缝合，使创缘紧密靠拢，7天后拆线。

二十四、眼睑外翻

眼睑外翻是指部分或全部眼睑缘离开眼球向外翻转的异常状态，临床上以结膜暴露、结膜炎和角膜炎为特征。常见于下眼睑，以长毛垂耳犬、雪山救生犬和警犬多发，猫也常见。

（一）发病原因

可能是由先天性遗传缺陷，或继发于眼睑的损伤、慢性眼睑炎、眼睑溃疡或眼睑手术后，皮肤形成瘢痕收缩所引起。老龄犬肌肉紧张力丧失，眼睑皮肤松弛、麻痹均可引起眼睑外翻。

（二）临床症状

眼睑缘离开眼球表面，呈不同程度地向外翻转，结膜因暴露而充血、潮红、肿胀、流泪（图7-80），结膜内有渗出液积聚。病程长的结膜变得粗糙及肥厚，也可因眼睑闭合不全而发生色素性结膜炎、角膜炎。

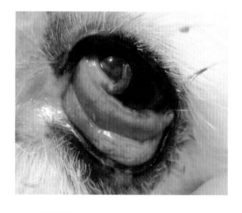

图7-80 暴露的结膜充血、肿胀

（三）类症鉴别

1. 结膜炎

表现羞明流泪，结膜潮红肿胀，流浆液、黏液、脓性分泌物，角膜溃疡，角膜翳，角膜穿孔。

2. 眼睑内翻

多发生于面部皮肤皱褶、松弛的犬种，以下眼睑内翻多见，睫毛刺激结膜及角膜，表现流泪、结膜和角膜炎、角膜溃疡或穿孔等。

（四）预防措施和安全用药

多数眼睑外翻的犬无需手术治疗，可使用各种眼药膏以保护角膜。若已患有角膜炎或结膜炎，且药物治疗无效时，可施行手术疗法。常用的手术方法为沃顿-琼斯氏睑成形术，即在下眼睑皮肤做"V"形切口，然后向上推移"V"形两臂间的皮瓣，将其缝成"Y"形，使下眼睑组织上推以矫正外翻。

二十五、白内障

白内障是指晶状体或晶状体前囊的混浊而引起的一种眼病。临床上以视力障碍为特征。

（一）发病原因

分先天性和后天性两类。先天性白内障是由于晶状体纤维及其囊在母体内发育异常，出生后混浊。另外，与母体孕期感染、营养不良、代谢紊乱（维生素缺乏症、佝偻病）以及应用某些药物有关。后天性白内障常继发于前葡萄膜炎、视网膜炎、青光眼、角膜穿孔、晶状体前囊破裂、长期 X 射线照射、糖尿病及长期使用皮质类固醇等。老年动物因晶状体的退行性变化亦易发生白内障。

（二）临床症状

初发期，晶状体或晶状体囊膜轻度混浊，视力一般不受影响。幼稚期，晶状体及其囊膜混浊范围逐步扩大，混浊多呈绒毛状。成熟期，晶状体全部混浊，眼底反射消失，临床上可见一眼或两眼瞳孔呈灰白色（白瞳症），视力严重减退或丧失，前房变浅，检眼镜观察看不见眼底，伴有前葡萄膜炎。动物活动减少，步态不稳，在熟悉环境内也碰撞物体。过熟期，除上述症状，患眼失明，前房变深，晶状体液体消失，晶状体缩小，晶状体前囊皱缩，皮质液化分解，晶体核下沉。可继发青光眼。严重的导致悬韧带断裂，晶状体不全脱位或全脱位。

（三）类症鉴别

1. 结膜炎

表现羞明流泪，结膜潮红肿胀，流浆液、黏液、脓性分泌物，角膜溃疡，角膜翳，角膜穿孔。

2. 维生素 A 缺乏症

表现夜盲症和干眼病，角膜浑浊、溃疡，皮肤干燥，皮肤疹块，消瘦，流产、死胎，兴奋及生殖功能低下。血浆和肝脏中的维生素 A 水平降低，脑脊髓液压力增高。

3. 犬传染性肝炎

由犬腺病毒 I 型引起，以冬季发生较多，断乳至 1 岁的犬发病率和死亡率最高，临床上主要表现体温升高，双相热型，呕吐，腹痛，腹泻，眼鼻流水样液体，角膜混浊，肝炎性蓝眼，黄疸，剑突处有压痛。剖检有肝和胆囊病变及体腔血样渗出液。丙氨酸转氨酶、天冬氨酸转氨酶活性增高，凝血酶原时间、凝血酶时间和激活凝血激酶时间延长。肝实质细胞和皮质细胞核内出现包涵体。

4. 吸吮线虫病

引起慢性结膜炎，病原为丽嫩吸吮线虫，夏秋季多发。临床上以结膜炎和角膜炎，视力下降，角膜糜烂、溃疡和穿孔为特征。常在结膜囊特别是瞬膜下发现虫体。

（四）预防措施和安全用药

目前仍无理想的药物治疗白内障，晶状体一旦混浊，只有进行晶状体摘除术。全麻配合局部麻醉，在眼睑穿线牵开睑裂，于上方做结膜切口，分离并暴露角巩缘。穿上直肌牵引线，以便固定眼球及暴露手术野。自 9～3 点钟位置层间切开角巩缘，分别于 10:30、12:00、1:30 点钟角巩缘层间切口处做 3 针预置缝线。切穿并扩大角巩缘切口达 180°，切除虹膜，松解上直肌牵引线。用囊内镊夹住晶状体前下方囊膜，向左右摆动，断离下方悬韧带，将晶状体向上翻起，在肌肉拉钩的配合下，驱使晶状体从瞳孔及角巩膜切口娩出，立即抽紧 12 点钟缝线，使角巩缘切口暂时闭合。整复虹膜后，结扎角巩膜缝线，缝合结膜。术后处理，每天点眼药膏，并观察伤口有无裂开或感染，10 天后拆线。

二十六、青光眼

青光眼是由于眼后房液排出受阻，导致眼内压增高，进而损害视网膜和视神经乳头的一种眼病，临床上以视力障碍为特征。

（一）发病原因

可分为先天性、原发性和继发性 3 类。先天性青光眼是胚胎时房角发育异常所致。原发性青光眼多因眼房角结构发育不良或发育停止，引起房水排泄受阻、眼压升高。犬原发性青光眼与遗传有关，尤其纯种犬易发。继发性青光眼多由虹膜睫状体炎、瞳孔闭锁或阻塞、晶状体前或后移位、眼肿瘤等，使眼内压升高而引起。此外，维生素 A 缺乏、近亲繁殖、急性失血、性激素代谢紊乱和碘不足可能与青光眼的发生有一定关系。

（二）临床症状

早期表现为泪溢，轻度眼睑痉挛，结膜充血。瞳孔有反射，视力未受影响，眼压中度升高。中期，眼内压增高，眼球增大，视力大为减弱，虹膜及晶状体向前突出，眼前房缩小，瞳孔散大，失去对光反射的能力。在暗室或阳光下常可见患眼表现为绿色或淡青绿色。晚期眼球显著增大突出，眼压明显升高，指压眼球坚硬。瞳孔散大固定，光反射消失。角膜水肿、混浊，晶状体悬韧带变性或断裂，引起晶状体全脱位或不全脱位。视神经乳头萎缩、凹陷，视网膜变性，视力完全丧失。

（三）类症鉴别

1. 白内障

晶状体混浊，瞳孔呈灰白色，视力障碍，检眼镜观察看不见眼底，伴有前葡萄膜炎。

2. 结膜炎

表现羞明流泪，结膜潮红肿胀，流浆液、黏液、脓性分泌物，角膜溃疡，角膜翳，角膜穿孔。

3. 犬传染性肝炎

由犬腺病毒Ⅰ型引起，以冬季发生较多，断乳至 1 岁的犬发病率和死亡率最高，临床上主要表现体温升高，双相热型，呕吐，腹痛，腹泻，眼鼻流水样液体，角膜混浊，肝炎性蓝眼，黄疸，剑突处有压痛。剖检有肝和胆囊病变及体腔血样渗出液。丙氨酸转氨酶、天冬氨酸转氨酶活性增高，凝血酶原时间、凝血酶时间和激活凝血激酶时间延长。肝实质细胞和皮质细胞核内出现包涵体。

4. 吸吮线虫病

引起慢性结膜炎，病原为丽嫩吸吮线虫，夏秋季多发。临床上以结膜炎和角膜炎，视力下降，角膜糜烂、溃疡和穿孔为特征。常在结膜囊特别是瞬膜下发现虫体。

（四）预防措施和安全用药

治疗原则是减轻或解除房水的排出阻力、抑制房水产生、降低眼压和维护视觉功能。首先全身应用高渗溶液，可静脉注射 40%～50% 葡萄糖溶液 100～200 毫升，或静脉滴注 20% 甘露醇 1～2 克/千克体重，3～5 分钟注完，也可口服 50% 甘油 1～2 克/千克体重。必要时 8 小时后重复使用。应限制饮水，并尽可能给以无盐的食物。随后应用抑制房水产生和促进房水排泄的药物，如口服二氯苯磺胺 1～2 毫克/千克体重，乙酰唑胺（醋唑磺胺）5～8 毫克/千克体重、醋甲唑胺 2～4 毫克/千克体重或氢氯噻嗪 10～20 毫克/千克体重，每天 2～3 次，症状控制后可逐渐减量。在应用上述药物的同时，配合应用缩孔药，如滴用 1%～2% 硝酸毛果芸香碱溶液，或与 1% 肾上腺素溶液混合滴眼。最初 1 次/时，瞳孔缩小后减到 3～4 次/天。药物治疗不能降低眼压、恢复眼视力者，应考虑手术治疗，常用虹膜切除术。全身麻醉配合局部麻醉，在眼球正上方，距角膜缘 5 毫米处做结膜横切口，分离暴露角巩缘后，垂直切开角巩缘 4 毫米，用虹膜镊夹住，并适当拉出，于虹膜和睫状体交界处。剪除虹膜 2 毫米，然后将虹膜还纳于眼球内，缝合结膜切口。术后观察前房液形成情况及有无感染，7 天后拆线。

二十七、外耳炎和中耳炎

外耳炎是指外耳道上皮的炎症，炎症常累及外耳轮和耳郭，垂耳或外耳道多毛品种犬发病率较高。根据病程可分为急性和慢性外耳炎；根据病原可分为细菌性、霉菌性和寄生虫性外耳炎。中耳炎是指咽鼓管和鼓室黏膜的炎症。临床上常见卡他性中耳炎和化脓性中耳炎。

（一）发病原因

外耳道因水、耳垢、泥土、毛发、谷粒、昆虫等异物的刺激，造成外耳道损伤，细菌、霉菌、耳螨等侵入伤口或毛囊、耵聍腺，引起外耳道的感染。洗澡液或香波液流入外耳，也是引起外耳道炎的常见诱因。炎热、潮湿也增加本病的发病率。外耳炎也是过敏性皮炎的一个特征，在某些情况下，变态反应可致外耳炎。外耳炎进一步蔓延可引起中耳炎，鼻和鼻咽部的急性炎症也可继发中耳炎，异物穿破鼓膜也是中耳炎的致病原因。

（二）临床症状

外耳炎：耳内不洁，疼痛，瘙痒剧烈，病犬耳下垂，经常摇头、摩擦或搔抓耳廓，常引起耳廓皮肤擦破，出血，耳廓血肿，被毛脱落、打结。病久者，耳道皮肤肥厚，发生溃疡，排出黏性分泌物，散发异常臭味（图7-81）。当耳垢和分泌物堵塞外耳道时，听觉减退。因感染的病因不同，耳垢和分泌物的性状亦有差异。葡萄球菌和糠疹癣菌感染时，耳垢呈褐黑色鞋油状；酵母菌和变形杆菌感染时，耳垢易碎，呈黄褐色；假单胞菌感染时，为淡黄色水样脓性分泌物，并有臭味；霉菌性外耳炎，形成干燥的鳞片状沉积物，耳垢紧紧地黏于皮肤。耳螨引起的外耳炎，耳道内霉菌培养可确诊。

中耳炎：卡他性中耳炎表现听力减退，头偏向患侧，有时旋转运动和摇头，体温一般正常。化脓性中耳炎体温升高，食欲不振，耳根部有压痛，鼓膜穿孔，流脓，并有臭味（图7-82）。如果中耳炎并发内耳炎，则发生耳聋及平衡失调。眼球颤动，向患侧转圈明显，并可向同侧跌倒，不能站立。严重时炎症侵及面神经和副交感神经，引起面部麻痹、干性角膜炎和鼻黏膜干燥。最后由于继发脑膜炎或小脑脓肿而死亡。

图 7-81　犬外耳炎皮肤增厚、溃疡

图 7-82　犬中耳炎脓性分泌物

（三）类症鉴别

1. 耳痒螨

剧痒，甩头挠耳，外耳道内有棕黑色痂皮样渗出物，用放大镜或低倍镜可发现细小的白色或肉色的螨虫虫体。

2.湿疹和皮炎

多发于被毛稀少部位，表现皮肤瘙痒，局部红斑、丘疹、水疱、脓疱、溃烂、结痂、鳞屑、结节、色素沉着等。

（四）预防措施和安全用药

首先清理耳道，剪去耳郭内及外耳道的被毛，除去耳垢、分泌物和痂皮。分泌物多时，用 3% 过氧化氢溶液或 0.1% 新洁尔灭溶液冲洗耳道。对于细菌性耳炎，向耳道内滴入新霉素滴耳液、诺氟沙星滴耳液等，并轻轻按揉，每天 1～2 次。对霉菌性耳炎，向耳道内涂抹杀真菌膏剂，直至耳道内鳞屑消失。对寄生虫性耳炎，可直接向耳道内滴入伊维菌素或阿维菌素数滴，并轻轻按揉耳郭及耳根，每 6～7 天 1 次。也可皮下注射伊维菌素。对于过敏性耳炎，可向耳道内滴入糖皮质激素药物。一些用于耳道疾病治疗的抗生素中也含有此类药物。对于耳道内脓性分泌物多、体温升高的急性细菌性感染，应全身使用感染菌敏感的抗生素治疗，并用硼酸甘油滴耳液滴耳，每日 3 次。

二十八、指（趾）间囊肿

指（趾）间囊肿是指发生在犬指（趾）间的一种慢性的炎性多形性结节，不是真正的"囊肿"，而是疖病，故又称指（趾）间脓皮病、指（趾）间肉芽肿等。前肢以第 3、第 4 指间为最常发部位。

（一）发病原因

病因复杂，涉及异物刺激、毛囊细菌感染、皮脂腺阻塞、接触性过敏、细菌性过敏原或者蠕形螨侵袭、免疫缺陷等。饲养在金属丝隔离笼具或犬舍的犬易发。

（二）临床症状

早期局部出现小丘疹，后期则呈结节状。结节有光泽，呈紫红色，触其疼痛，有波动感，挤压可破溃，流出含血样的液体（图 7-83）。异物刺激的囊肿多是单个发生，而由细菌感染引起的常反复发作，或有多个结节。局部疼痛，行走跛行，并常舔咬患部。

（三）类症鉴别

1.钩虫病

由钩口线虫寄生于十二指肠引起，多发生于夏季，

图 7-83　犬指间囊肿

临床上以趾间皮炎、肺炎、胃肠炎、高度贫血为特征。粪便检查发现钩口线虫及虫卵。

2. 湿疹和皮炎

多发于被毛稀少部位，表现皮肤瘙痒，局部红斑、丘疹、水疱、脓疱、溃烂、结痂、鳞屑、结节、色素沉着等。

（四）预防措施和安全用药

对于异物性肉芽肿，应将异物除去，然后每天用热水浸泡3～4次，15～20分/次，持续1～2周。如效果不佳，可通过手术摘除。因细菌感染的囊肿，局部涂擦5%碘酊，并根据药敏试验结果选择合适的抗生素全身治疗，也可手术切除，局部涂擦抗生素软膏。

二十九、疝气

疝气又称赫尔尼亚，是指腹部的内脏从自然孔道或病理性破裂孔脱至皮下或其他解剖腔的一种常见病。疝气由疝孔（疝轮）、疝囊和疝内容物组成。常见的有脐疝、外伤性腹壁疝、腹股沟疝、膈疝、会阴疝等。

（一）发病原因

脐疝：腹腔脏器经脐孔脱出于皮下。脱出脏器多为小肠或网膜、镰状韧带。多见于幼犬。主要与遗传有关。先天性脐部发育缺陷、出生后脐孔闭合不全是脐疝的主要原因。脐带化脓感染、断脐过短、过度舔脐部等，影响脐孔正常闭合也可导致本病的发生。

外伤性腹壁疝：车撞、摔跌等各种外力造成腹壁肌层和腹膜破裂而皮肤仍保留完整是发生本病的主要原因。此外，腹腔手术中在缝合肌层、腹膜时选择缝线过细或打结不牢，均易导致本病的发生。疝内容物多为肠管和网膜，也可能是子宫或膀胱等脏器。

腹股沟疝：又称为腹股沟阴囊疝，腹腔内脏器官通过腹股沟环脱入鞘膜管内称为腹股沟疝；如脱入总鞘膜腔中称为阴囊疝。疝内容物多为网膜或小肠，也可能是子宫、膀胱等脏器。先天性腹股沟疝主要是由腹股沟内环先天性扩大所致。后天性腹股沟疝常发生于因妊娠、肥胖或剧烈运动等因素引起的腹内压增高及腹股沟内环扩大。

膈疝：指腹腔内脏器官通过天然或异常的横膈裂孔脱入胸腔，疝内容物以胃小肠和肝脏多见。先天性膈疝的发病率很低，是由膈的先天性发育不全或缺陷所致。后天性膈疝最为多见，多由于受车辆冲撞、高处坠落或身体过度扭曲等引起横膈某处破裂所致。

会阴疝：指腹腔或盆腔脏器经盆腔后直肠侧面结缔组织间隙突出至会阴部皮下，疝内容物常为小肠、膀胱或子宫。盆腔后结缔组织无力和肛提肌的变性或萎缩是常见因素；性激素失调、前列腺肿大及慢性便秘等因素可促进本病发生。当难产时，强力努责、脱肛以及习惯性阴道脱出等，均可并发本病。

（二）临床症状

脐疝：脐部有大小不等的局限性圆球形肿胀，触诊柔软，无热无痛，可复性的能摸到疝孔。将犬、猫直立或仰卧保定后挤压疝囊，容易将疝内容物还纳入腹腔。少数脐疝内容物与疝囊或疝孔缘发生粘连或嵌闭，则不能还纳入腹腔。触诊囊壁紧张且富有弹性，并不易触及脐孔。若嵌闭的疝内容物是肠管，脐部很快出现肿胀、疼痛，犬、猫表现不安，食欲废绝，呕吐，体温升高，脉搏加快，严重时可能发生休克。

外伤性腹壁疝：多在腹侧壁或腹底壁出现一个局限性柔软、囊状突起，触诊热痛，有可复性，可摸到破裂孔。如发生嵌闭，则疝内容物不能还纳，囊壁紧张，出现腹痛不安、食欲废绝、呕吐、发热，严重者可出现休克。

腹股沟疝：多为单侧发生。腹股沟疝在股内侧腹股沟处出现大小不等的局限性卵圆形瘤肿（图7-84～图7-86），有可复性，触之柔软有弹性，无热、痛。钳闭性腹股沟疝少见，但一旦发生肠管钳闭，局部显著肿胀，皮肤紧张，疼痛剧烈，出现食欲废绝、体温升高等全身反应。阴囊疝可见患侧阴囊明显增大，皮肤紧张，触之柔软有弹性，无热无痛，有可复性。病程较久时，因肠壁或肠系膜等与阴囊总鞘膜发生粘连，即呈不可复性阴囊疝。

 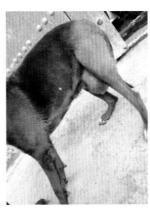 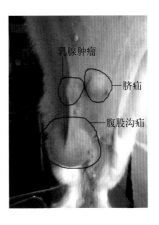

图 7-84 腹股沟疝（侧卧）　　图 7-85 腹股沟疝（站立）　　图 7-86 腹股沟疝、脐疝和乳腺肿瘤

膈疝：无特征性临床症状，进入胸腔的腹腔脏器少时一般不表现明显症状。当进入胸腔内的腹腔脏器较多时，便对心脏、肺脏产生压迫，引起呼吸困难、脉搏加快、黏膜发绀等表现，听诊心音低沉，肺听诊界明显缩小，且在胸部听到肠蠕动音。进入胸腔的腹腔脏器如果发生嵌闭，即可引起明显的疼痛反应，表现头颈伸展，腹部蜷缩，不愿卧地，行走谨慎，同时精神沉郁，食欲废绝。当嵌闭的脏器因血液循环障碍发生坏死后，犬、猫即转入中毒性休克或死亡。

会阴疝：肛门侧方或下侧方出现局限性圆形或椭圆形隆起（图7-87、图7-88），触摸柔软有弹性，无热无痛，有可复性。如疝内容物为膀胱，则排尿困难，压迫肿胀物时可从尿道口喷尿。如疝内容物为直肠，则触摸突起部较坚实，直肠指检发现直肠憩室，其内蓄积多量粪便，排便困难，排便带痛（图7-89）。

图 7-87　肛门侧方会阴疝

图 7-88　肛门下侧方会阴疝

（三）类症鉴别

1. 脐部脓肿

脐部脓肿也表现为局限性肿胀，触之热痛、坚实或有波动感，一般不表现精神、食欲、排便等异常变化，脐部穿刺排出脓液，与脐疝显然不同。

2. 腹壁脓肿

腹壁疝无论其内容物可复或不可复，触诊疝

图 7-89　排便困难，排便带痛

囊大多柔软有弹性，此外听诊常能听到肠蠕动音。而脓肿早期触诊有坚实感，局部热痛反应强烈。触诊成熟的脓肿、血肿与淋巴外渗均呈含有液体的波动感，穿刺后分别排出脓液、血液或淋巴液，肿胀随之缩小或消失，并不存在疝孔，与腹壁疝性质完全不同。

3. 血肿

有外力作用病史，常发耳血肿，表现局部迅速肿大，呈波动感，有捻发音，穿刺可排出稀薄血液。

4. 淋巴外渗

有外力作用病史，主要发生于腕关节、肘关节和跗关节，局限性圆形肿胀，有明显界线，热痛不明显，触诊波动明显，穿刺流出橙黄色稍透明的液体。无明显的全身症状。

5. 肿瘤

肿瘤呈局限性圆形、花瓣状、绒毛状、树枝状等，外观凹凸不平，表面光滑，质地坚实。

6. 急性睾丸炎与阴囊疝鉴别

急性睾丸炎也表现为阴囊一侧或两侧增大，与阴囊疝外观相似。但触诊患侧阴囊为睾丸自身肿大，且热痛明显，阴囊内无其他实质性内容物。

（四）预防措施和安全用药

尽早采取手术疗法，常规麻醉、消毒，切开疝囊，暴露疝内容物，还纳疝内容物或将其切除，修整疝环，闭合疝孔，缝合腹壁。术后加强护理，补充营养，对伤口进行消毒处理。

三十、肿瘤

肿瘤是在内外致瘤因子的作用下，机体组织细胞异常增殖而发生的一种病理性新生物。其特征是生长迅速，分化能力低，在形态、代谢和功能等方面都处于比较幼稚的状态。肿瘤组织的增生，可破坏正常组织结构，使组织器官代谢失调和功能障碍。肿瘤组织比正常组织增殖快，大量耗损机体的营养，同时还产生某些有害物质，危害机体，特别是恶性肿瘤对机体影响很大，后期多数导致恶病质。所以，肿瘤是全身疾病的局部表现。

根据组织学特征分为上皮组织瘤（如乳头状瘤、腺瘤、皮肤瘤、绒毛膜上皮瘤等）、结缔组织瘤（如黏液瘤、肉瘤、纤维瘤、脂肪瘤、骨瘤等）、管组织瘤（如血管瘤、淋巴管瘤）、肌组织瘤（如肌瘤）、神经组织瘤（如神经瘤）、混合性肿瘤（如骨 - 肉瘤、腺 - 纤维 - 软骨 - 癌瘤）。根据临床经过分为良性肿瘤和恶性肿瘤（癌或肉瘤）。

（一）发病原因

肿瘤的病原及其发病机制，迄今尚未完全阐明。但实验证明，有些肿瘤的起因与病毒、寄生虫、化学致癌因子、辐射、创伤和细胞的机械性移植有关。

（二）临床症状

由于肿瘤的性质、大小、位置和临床特征的不同，症状表现也各有差异。一般多为局限性圆形，也有蕈状、息肉状。乳头状瘤呈花瓣状、绒毛状、树枝状、小片状或小圆球状。有鸡卵大乃至人头大。肿瘤表面的颜色取决于血管的多少，皮肤色素的有无。如乳头状瘤有的与皮肤颜色相同，有的呈红色、红紫色或青紫色。黑色素瘤为黑色。硬度取决于构成肿瘤的组织硬度，如骨瘤、软骨瘤最硬，脂肪瘤很软。

皮肤肿瘤：一般呈结节状或丘疹状，不同的病例可见局部或全身脱毛、红斑、色素沉着甚至皮肤溃疡（图 7-90 ～图 7-94）。

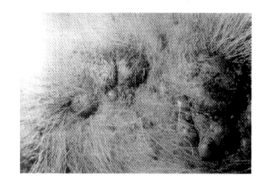

图 7-90　腹部皮肤丘疹状肿瘤

图 7-91　面部皮肤肿瘤

图 7-92　皮肤结节状肿瘤

图 7-93　皮肤结节状肿瘤破溃

图 7-94　鳞状细胞癌引起鼻部糜烂溃疡

消化系统肿瘤：以口腔肿瘤为主，常见的有犬恶性黑色素瘤（图 7-95）和猫鳞状细胞癌（图 7-96）。恶性黑色素瘤起自齿龈或口唇黏膜，呈不规则团块状，质地脆，易溃烂，色素沉着，常有异味。口腔纤维瘤、纤维肉瘤和齿龈瘤生长迅速，质地较硬，常出现溃疡并发生感染（图 7-97、图 7-98）。口腔鳞状细胞癌主要发生于齿龈和上腭，而猫以口唇、齿龈和舌头为主。瘤体质地坚硬，呈团块状，多为白色。一般均有溃疡，且常引起下颌肿大、变形。

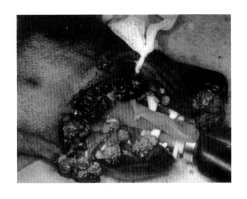

图 7-95　犬恶性黑色素瘤

图 7-96　猫鳞状细胞癌

图 7-97　口腔菜花状乳头状瘤

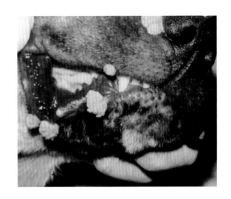

图 7-98　病毒性口腔乳头状瘤

乳腺肿瘤：外观凹凸不平（图 7-99），表面光滑，质地坚实，瘤体较大（图 7-100），触诊乳腺瘤可移动，乳腺瘤表面皮肤由于与地面摩擦而破损（图 7-101）。

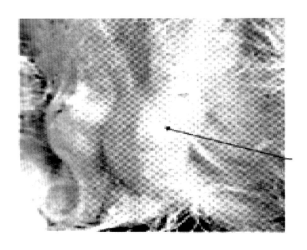

图 7-99　乳腺肿瘤外观凹凸不平

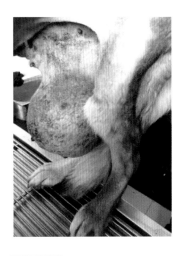

图 7-100　表面光滑，质地坚实

图 7-101　瘤体较大，与地面摩擦破损

　　泌尿生殖系统肿瘤：肾脏肿瘤发生率不高，一般的瘤体较大，甚至侵占整个腹腔，可转移。出现体重、食欲下降，精神差，体温升高，严重时腹部增大，肾性尿毒症。卵巢肿瘤表现腹部异常增大，伴发腹水，超声诊断或腹腔镜检查可发现肿瘤。阴茎肿瘤出现在阴茎黏膜上，偶见于包皮，呈菜花状并有蒂或结节状（图 7-102）、乳头状，也有的呈小叶状（图 7-103）；硬实但易碎，有时尿中带血。阴道软纤维瘤呈团块状或圆球状向外阴部突出（图 7-104、图 7-105），阴道指检可触及，质地坚实、肿胀。阴道低密度恶性肿瘤呈乳头状或葡萄状突出于阴门表面，表面不光滑，触之易出血（图 7-106）。子宫肿瘤，腺瘤个体大，突出于子宫内，有蒂，大小不等，呈囊肿样，囊内有液体。

图 7-102　阴茎头菜花状肿瘤

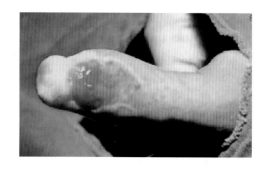

图 7-103　犬阴茎鳞状细胞癌

（三）类症鉴别

1. 黏液囊炎

有外力作用病史，主要发生于腕关节、肘关节和跗关节，局限性圆形肿胀，有明显界

线，热痛不明显，触诊波动明显，穿刺流出橙黄色稍透明的液体。无明显的全身症状。

图 7-104　圆球状阴道软纤维瘤

图 7-105　团块状阴道软纤维瘤

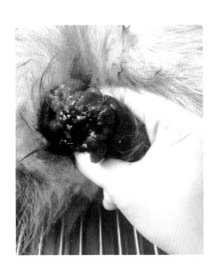

图 7-106　阴道低密度恶性肿瘤

2. 脓肿

局部肿胀，无明显界线，热痛明显，触诊中央波动明显，周围坚实，穿刺流出大量脓汁。全身无明显变化。

（四）预防措施和安全用药

肿瘤治疗最基本的方法为手术疗法，其次为冷冻疗法和化学疗法，放射线疗法及免疫疗法很少应用。手术疗法有摘除法、切除法、结扎法、绞断法及烧烙法，摘除法对良性肿瘤可收到良好效果。对恶性肿瘤，术后往往发生转移和复发，而达不到根治的目的。切除法适用于根蒂小、皮肤被瘤细胞侵害并发生溃疡与坏死的肿瘤，于肿瘤根部同皮肤一起切除。结扎法适用于表在的良性肿瘤，如皮肤、口腔、阴道黏膜上的乳头状瘤。化学治疗是用化学药物治疗恶性肿瘤，根据化学结构和作用机制不同，化疗药物可分为多种类型，包括烷化剂类如环磷酰胺、洛莫司汀等；抗代谢类如氟尿嘧啶、阿糖胞苷等；抗生素类如阿霉素、丝裂霉素等；植物类如长春新碱、紫杉醇等；激素类及其他类药物。各类药物选择性地搭配在一起，形成各种化疗方案，或单药使用治疗各种肿瘤。

参考文献

[1] 李志 . 宠物疾病诊治 [M]. 北京：中国农业出版社，2002.

[2] 侯加法 . 小动物疾病学：第 2 版 [M]. 北京：中国农业出版社，2015.

[3] 高利 . 小动物疾病学 [M]. 北京：科学出版社，2016.

[4] 白景煌 . 养犬与犬病 [M]. 北京：科学出版社，2001.

[5] 孙维平，刘小宝，何海健 . 宠物疾病诊治 [M]. 北京：化学工业出版社，2015.

[6] 董君艳 . 新版犬病诊治图谱 [M]. 长春：吉林科学技术出版社，2001.

[7] 王洪斌，李伟民 . 犬病诊断与治疗 [M]. 北京：科学技术文献出版社，2001.

[8] 林德贵 . 犬猫病诊断与防治手册 [M]. 北京：中国农业大学出版社，1999.